U0077818

C++ 基礎必修課

涵蓋「APCS大學程式設計先修檢測」試題詳解

序

高階程式語言隨著電腦硬體的進步而不斷推陳出新，經過多年來的百家爭鳴，C 語言依然受到程式設計師的喜愛。由於程式語言隨著功能的提升、都朝物件導向程式設計發展，所以 C++就成為 C 語言的主流。

APCS「大學程式設計先修檢測」，目的在檢測考生程式設計的能力，讓高中職學生有一個學習成果具公信力的檢驗，並提供大專院校選才的參考依據。APCS 題目分為程式設計「觀念題」與「實作題」兩大科目，「觀念題」為選擇題 40 題滿分 100 分、「實作題」共有四題程式實作滿分 400 分。目前資訊相關科系都將 APCS 成績，列入多元入學的重要篩選項目中，且電機、機械、數學、人工智慧、數位科技、資訊教育、醫學資訊、資訊傳播與財務金融等科系都開始採計 APCS。通常會要求觀念、實作成績要達 2 級分以上，而頂尖大學則會要求至少 4 級分。甚至大學入學甄選委員會擴大舉辦 APCS 招生名額，是進入資訊類學系另一個管道。

本書將 C++以詳細的說明、具代表性的簡例、學以致用的範例，和豐富的習題提供練習，協助讀者打下程式設計的堅實基礎。並在各章節中，將歷屆相關的觀念題做詳盡的解題說明，期望讀者能融會貫通。最後將 105、106 年四次實作題，從解題的演算法說明，到程式碼的實際撰寫，做深入淺出的解說，幫助讀者能獨立思考，養成具有獨立程式設計上的能力，並能順利高分通過 APCS 檢測。

為方便教學，本書另提供教學投影片，歡迎採用本書的授課教師向碁峰業務索取。同時系列書籍於「程式享樂趣 YouTube」頻道每週五分享補充教材與新知，以利初學者快速上手。有關本書的任何問題可來信至 itPCBook@gmail.com，我們會盡快答覆。本書雖經多次精心校對，難免百密一疏，尚祈讀者先進不吝指正，以期再版時能更趨紮實。感謝周家旬與廖美昭小姐細心校稿與提供寶貴的意見，以及碁峰同仁的鼓勵與協助，使得本書得以順利出書。在此聲明，書中所提及相關產品名稱皆為各所屬公司之註冊商標。

程式享樂趣 YouTube 頻道：https://www.youtube.com/@happycodingfun

微軟最有價值專家、僑光科技大學多媒體與遊戲設計系 助理教授　蔡文龍

張志成、何嘉益、張力元 編著

目錄

01 C++導論

02 C++開發環境與程式架構

03 資料型別與運算子

04 輸出入函式

05 選擇結構

06 重複結構

07 陣列

08 函式與前處理指令

09 遞迴

10 指標

11 自定資料型別

15 APCS 106 年 3 月實作題解析

16 APCS 106 年 10 月實作題解析

◤下載說明

本書範例檔與習題解答請至以下碁峰網站下載
http://books.gotop.com.tw/download/AEL026900，其內容僅供合法持有本書的讀者使用，未經授權不得抄襲、轉載或任意散佈。

CHAPTER 1

C++ 導論

1.1 程式語言的演進

電腦是由硬體 (Hardware) 與軟體 (Software) 兩部分所構成的系統架構，提供給使用者執行應用程式和處理資料。硬體是指具體可見的零件，例如螢幕、鍵盤、滑鼠、中央處理器 (CPU)、硬碟 … 等。軟體則是由許多的程式 (Program) 所組成，而這些程式是用來指揮電腦硬體執行動作。電腦運作產生的結果稱為資料 (Data)，資料會以電腦能處理的格式儲存。

在日常生活中，人與人主要是透過共通的語言 (Language) 來互通訊息。人和電腦溝通也是如此，必須以電腦能了解的語言來下達命令，電腦才能正確按照命令執行動作達成目標。我們就是使用程式語言 (Program Language) 編寫程式，命令電腦來解決複雜的計算和處理龐大的資料。「程式」就是使用「程式語言」提供的語法，所編寫出一行一行敘述 (Statement) 的集合。

程式語言是人類和電腦的溝通橋樑，其種類很多有些適合設計低階程式，如電腦硬體的驅動程式；有些適合設計高階的應用程式，如公司進銷存、人事薪資系統；有些適合設計網路應用程式。程式語言依照演進一般分為五大類：

一. 第一代-機器語言 (Machine Language)

最早期的程式語言是用 0、1 所組成，每個指令 (Instruction) 都能指揮電腦執行一個最基本的操作。機器語言相當於電腦的母語，不必翻譯就能直接執行，所以機器語言執行速度最快。但是，不同類型電腦 CPU 所使用的機器語言不相同，也就是機器語言會和機器相關 (machine-dependent)，因此可攜性極低 (不易做平台間的程式移植)。又因為機器語言只使用 0 和 1 編寫程式，所以學習困難度高而且程式很難維護。

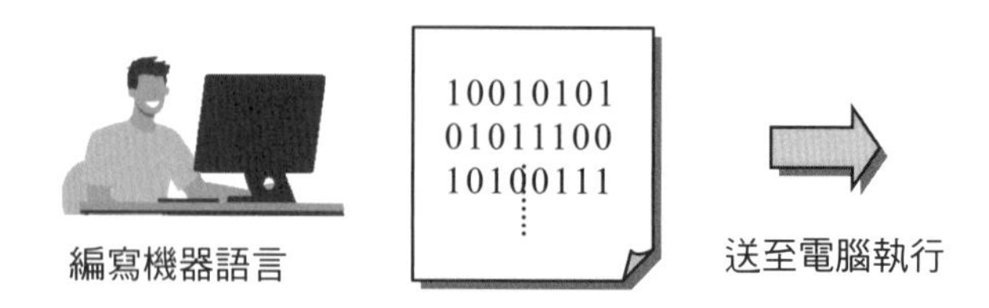

二. 第二代-低階語言 (Low-Level Language)

由於機器語言難懂不易編寫，因此發展出較易接受的低階語言，也稱作「組合語言」(Assembly Language)，所撰寫的程式比較容易學習和維護。低階語言使用助憶符號來取代機器碼，助憶符號是由字母、數字和特殊符號組成，例如 ADD 代表加法、MOV 代表資料搬移。

低階語言所編寫的程式，要經過組譯器 (Assembler) 轉換為機器語言才能執行。低階語言和硬體的相依度仍高因此可攜性低，而且仍要瞭解暫存器和記憶體的運作才能順利編寫，對初學者還是很困難。因此，低階語言只適用於電腦專業人員，設計輸出入介面的驅動程式，或是需要執行速度快的遊戲程式。

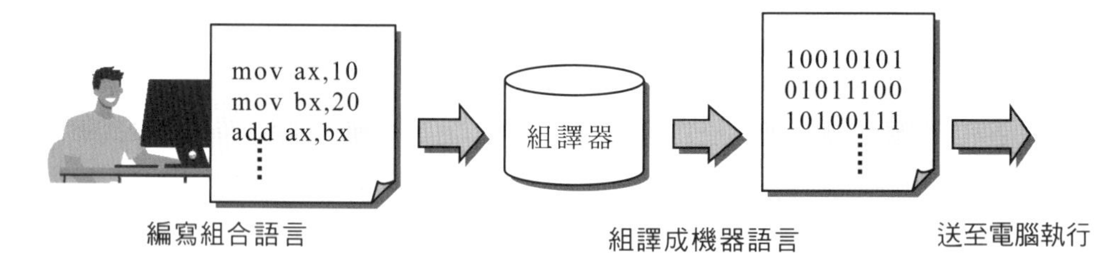

三. 第三代-高階語言 (High-Level Language)

由於機器和組合語言都與機器相依度高且不易學習，因此發展出「高階語言」。高階語言又分為程序導向 (Procedure Oriented)、物件導向 (Object Oriented) 與應用軟體語言。C、BASIC、FORTRAN...等傳統高階語言，按照設計者指定的邏輯順序執行，是屬於程序導向語言。C++、Java、Python ... 等語言，具有物件概念的物件導向語言，適合開發大型應用程式。應用軟體語言則是為使應用軟體本身具有擴充性，代表語言有 VBA 和 JavaScript。

高階語言可攜性高，而且語法接近人類語言和數學表示式，例如：將 y 值加 1 的結果指定給 x 值，數學表示式為：x = y + 1，稍加修改便成為可以執行的程式碼。高階語言程式必須經過編譯器 (Compiler 或稱編譯程式) 或直譯器 (Interpreter 或稱直譯程式) 轉譯為機器語言，才能在電腦上執行。

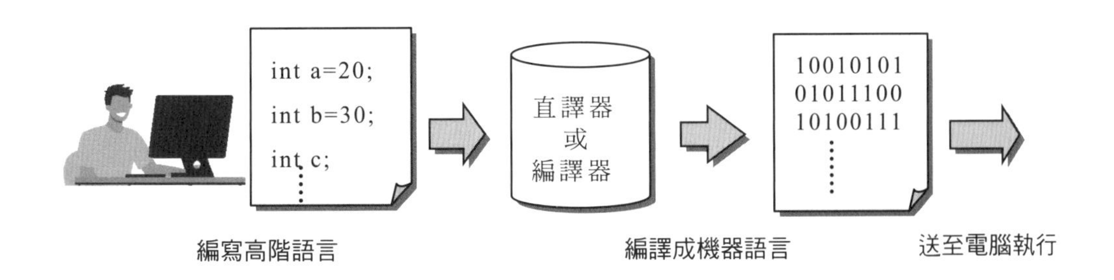

四. 第四代-查詢語言 (Query Language)

查詢語言是屬於非程序化語言 (Non- Procedural Language)，使用者僅需將要電腦做的事表示出來，不必告知或理解電腦如何去執行。也就是說，使用者只要透過語言所提供的操作介面、控制項、工具、資料庫，就能自動產生程式。所以能快速完成程式的開發，提高程式設計的生產力。例如資料庫的結構化查詢語言 (SQL：Structural Query Language) 就是查詢語言。

五. 第五代-自然語言 (Natural Language)

自然語言可以不受指令語法及格式的限制，可用口語直接對電腦下達命令。此種語言必須結合人工智慧，困難度高。例如應用在指紋比對、語音辨識、專家系統、類神經網路…等均屬之。

除了「機器語言」外，其他的程式語言都必須經過「語言翻譯器」(Language Transaltor) 如組譯器、解譯器和編譯器等，轉換成電腦所能認識的「機器語言」，才可以在電腦上執行。下圖為各類型程式語言和電腦與人類語言接近程度示意圖，可看出越接近人類那邊的程式語言，越易於撰寫，但執行速度卻相對慢。

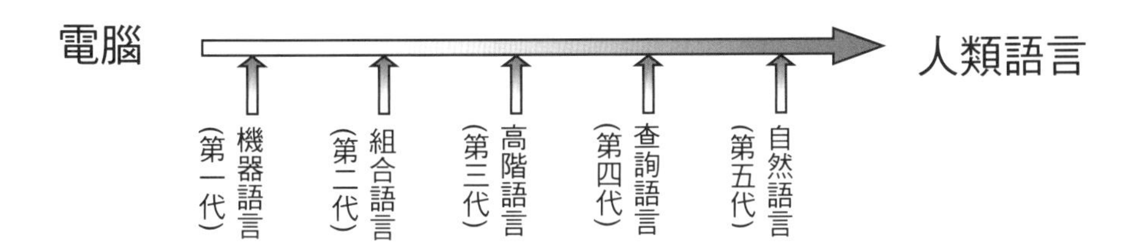

1.2 C++語言的沿革

1963 年英國劍橋和倫敦大學以 ALGOL 60 語言為基礎，推出 CPL 語言。1967 年劍橋大學簡化 CPL 發展 BCPL 語言。1970 年貝爾實驗室根據 BCPL 設計出無資料型別的 B 語言，用在 PDP-7 電腦系統軟體是 UNIX 作業系統的前身。

1972 年貝爾實驗室以 B 語言為基礎開發 C 語言，為 PDP-11 電腦改寫 UNIX 作業系統。此時，C 語言已經具有整數、浮點數、陣列、結構、檔案等資料型別。1973 年 K. Thompson 和 D. M. Ritchie 使用 C 語言改寫 UNIX 5.0 版作業系統，使得該系統 90% 使用 C 語言撰寫。1975 年 UNIX 第 6 版公佈，C 語言的強大功能引起普遍的重視。C 語言是為開發 UNIX 作業系統而誕生，並讓 C 語言所編寫出的程式能在不同的環境上開發系統與執行。

1978 年 Ritchie 和 Brian Kernighan 合寫「The C Programming Language」一書，奠定了 C 語言的完整架構，此種版本的 C 語言稱為 K&R C 語言。此後 C 語言百家爭鳴多種版本陸續推出，由於 C 語言版本太多，美國國家標準協會 (ANSI) 經過六年的努力，於 1989 年 12 月完成制定 ANSI C 標準，使得 C 語言成為真正的工業標準。1991 年初 ANSI C 第一版標準 C 語言終於問世。

C++是 C 語言的沿伸，1980 年貝爾實驗室希望設計與 C 相容，並具物件導向程式設計能力的「C with Class」語言，到 1983 年才正式命名為 C++。經過多次更新版本，1994 年由 C++協會制定出第一份標準化 C++文件。1998 年由國際標準組織 (ISO) 和 ANSI 共同制定 ANSI C++ 標準，是 C++程式設計語言的第一個國際標準。委員會不斷處理各種缺陷報告，多次發布 C++標準的修正版本。

1.3 C++語言的特色

C++是 C 語言的沿伸，C++語言具有如下特色：

一. 高階架構低階功能

C++語言是介於低階和高階的中階程式語言，能快速開發應用軟體，又能控制硬體。C++語言可以像低階語言能處理位元 (Bit)、位元組 (Byte) 運算、位址，直接存取硬體以提高執行速度。也像高階語言有功能強大的函式庫 (Library 或稱程式庫)，讓用 C++語言撰寫程式變得簡單、可讀性高、和容易除錯和維護。

二. 可攜性高跨平台強

C++語言將和機器依存度高的輸出入部分，獨立成一個函式庫。所以撰寫 C++語言程式時，只要將輸出入部分的程式碼稍加改寫，就可輕易轉移到不同作業系統的電腦上執行。因此，C++語言具有移植性高，能為各種電腦撰寫應用程式或作業系統，例如：可以將 DOS 下的程式，轉換 (移植) 到 Windows 下執行。

三. 結構化程式語言

1960 年發展出結構化程式 (Structures programming) 設計概念，去除非結構化程式設計 (例如 goto 指令)，使得程式碼井然有序，易修改和測試。結構化程式主要觀念，是程式流程可由循序、選擇和重複三種結構所組成。結構化程式一般會由上而下逐行執行，除非碰到選擇或重複結構來改變程式的流程。另外，設計程式時可以將具有小功能的程式片段獨立成為模組 (Module)，再將這些模組分工合作，便組成具有模組化的大程式。

四. 具有功能強大的函式庫函式

一般高階語言是由敘述和函式組成一個完整的程式，但是 C++語言的程式卻不一樣，程式都是由函式所構成。C++語言將函式依性質存於不同的標準函式庫中，程式需要時才連結到程式中。由於這些標準函式庫是內建於編譯器中，使得 C++語言的程式碼顯得很精簡。

五. 具有指標運算和動態配置記憶體能力

C++語言提供指標運算，用來間接存取記憶體中的資料，使得對資料的存取更具彈性。C++亦允許程式需要使用到記憶體時，才配置記憶體空間給指定的資料使用，不需要時再釋放掉，將記憶體歸還給系統，可節省記憶體空間。

六. 提供完整物件導向程式設計功能

C++語言除具有 C 語言的特性外，更提供完整物件導向程式設計 (OOP) 功能。將各種事物的抽象特點定義成類別 (Class)，然後根據類別建立出物件 (Object)。因為物件具備封裝、繼承、多型…等特性，使得程式更具可以重複使用、安全性、擴展性，所以容易開發大型應用軟體。

1.4 如何開發應用程式

電腦是協助人類解決問題的工具，因此程式設計者必須充分瞭解問題的需求，才能夠撰寫出適用的應用程式。一般開發應用程式的過程，可以分為下列四大階段：

一. 問題分析（Problem analysis）

電腦是一種工具，最主要目的是為我們解決問題。當有問題需電腦解決時，首先要對問題做分析，瞭解此問題是否適合用電腦來處理。若是的話，就要先解析問題，將問題化繁為簡逐一細分，以了解問題的明確需求。分析出有哪些已知條件需要輸入、哪些結果要輸出，如此才可設計出輸出入介面。問題分析階段很重要，它會影響程式開發的複雜度和困難度。

二. 設計演算法（Design algorithm）

問題分析完畢後，便可根據輸出入的需求，逐步寫下解決問題的步驟。此時，簡單的問題可繪製流程圖來表示；複雜的問題則採用虛擬碼 (即演算法語言) 來表示。所設計出來的流程圖或演算法，必須包含所有的可能狀況，且每一分支都必須正確無誤。當完成流程圖或演算法後，還要想一想是否另有其它更好的方法? 若有，就試著去比較，選出一個較滿意的演算法。還要再進行分析，如何節省記憶體，加快執行速度，操作介面如何更人性化。在設計演算法階段，暫時不需要考慮使用何種程式語言來撰寫。

三. 撰寫程式（Coding）

當演算法確定後，先根據問題的特性選擇適當或熟悉的程式語言，然後便可以按照流程圖或演算法來編輯程式。

四. 程式驗證（Program verification）

程式驗證階段包含程式的測試與除錯。當程式經過編譯，若沒發生錯誤並不代表程式執行時不會發生錯誤。因為編譯時段只檢查程式的語法是否有錯誤，但對程式邏輯上的錯誤是無法察覺。因此在執行程式時，應輸入各種情況下的資料，每一個條件若有不同的流程也都要逐一測試，以便驗證所有流程是否都正確無誤？若執行結果不是預期的結果，就表示程式邏輯即演算法發生錯誤，必須找出錯誤的地方加以修改。這時可能要回階段二 ~ 四反覆的修改與執行，一直到程式驗證無誤為止。

在撰寫程式時，並非一開始便要寫出合乎語法的指令，可先在程式中摻雜文字敘述或數學公式，然後再逐步改寫成合乎語法的程式碼。最好將一個問題分割成很多個小問題，小問題再繼續分割，直到每一部分都成為一個小的邏輯單元為止，這些邏輯單元在C++中就是函式。這種分割問題的方法，就是由上而下設計 (Top-down design) 的觀念，也是目前公認最適合初學者設計程式的方法。下圖是使用流程圖來呈現應用程式研發的過程：

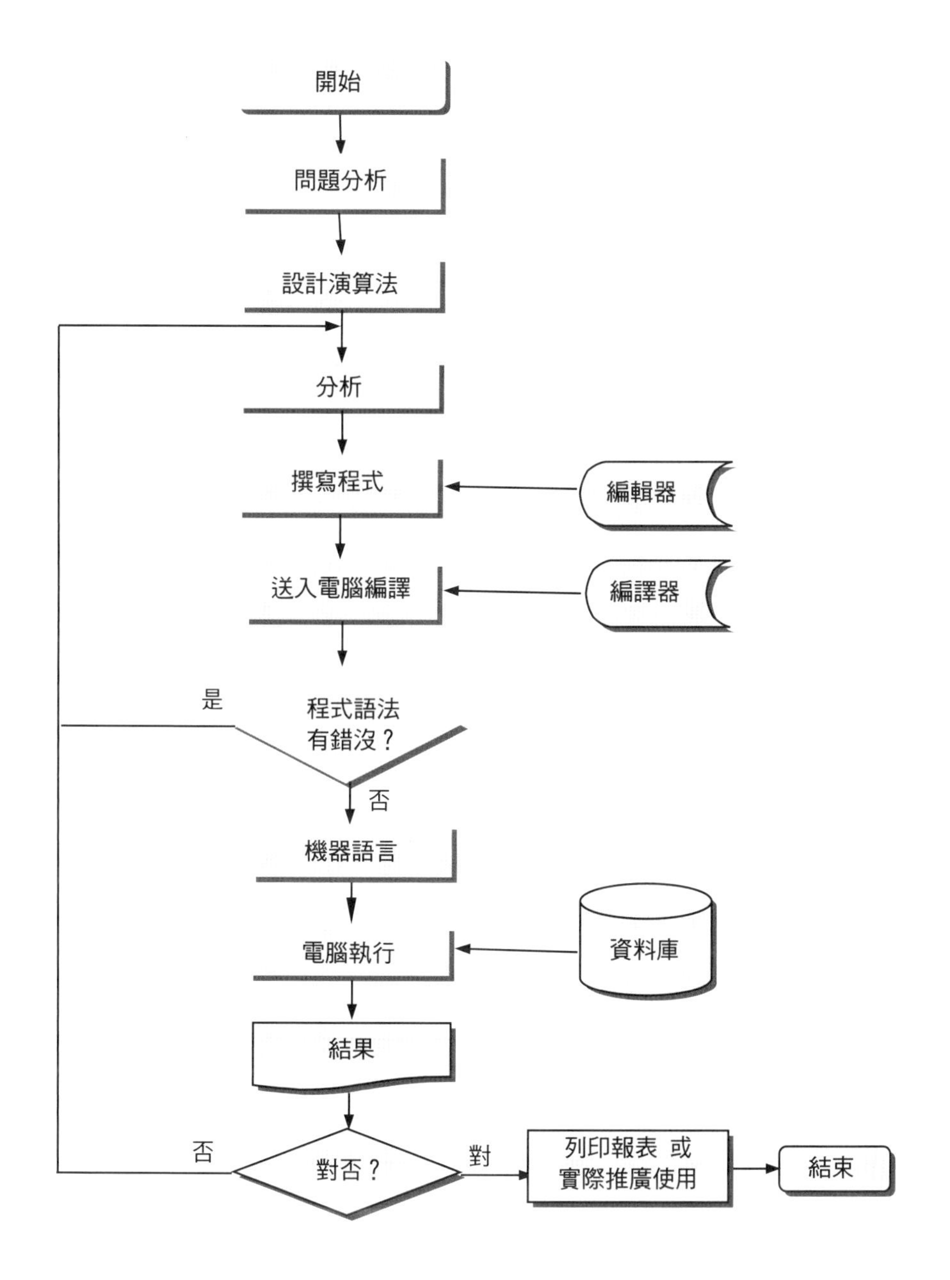

1.5 C++語言的編譯、連結和執行

程式的開發環境是隨著作業系統的發展，而會有所改變。由早期的直譯式、編譯式開發環境，演變為今日的整合開發環境 (Integrated Development Environment:IDE)。由於目前的開發環境都將編輯、編譯、除錯、執行功能整合在同一個環境下操作，提高操作介面的使用者親和力 (User Friendly)，使得程式設計人員能更有效率地開發程式。

在 IDE 整合開發環境使用 C++語言撰寫出的程式，稱為「原始程式」 (Source Program)。由於 C++語言所寫出的程式是屬於高階語言，必須透過編譯器 (Compiler) 轉變成機器碼，才能在電腦環境下執行。

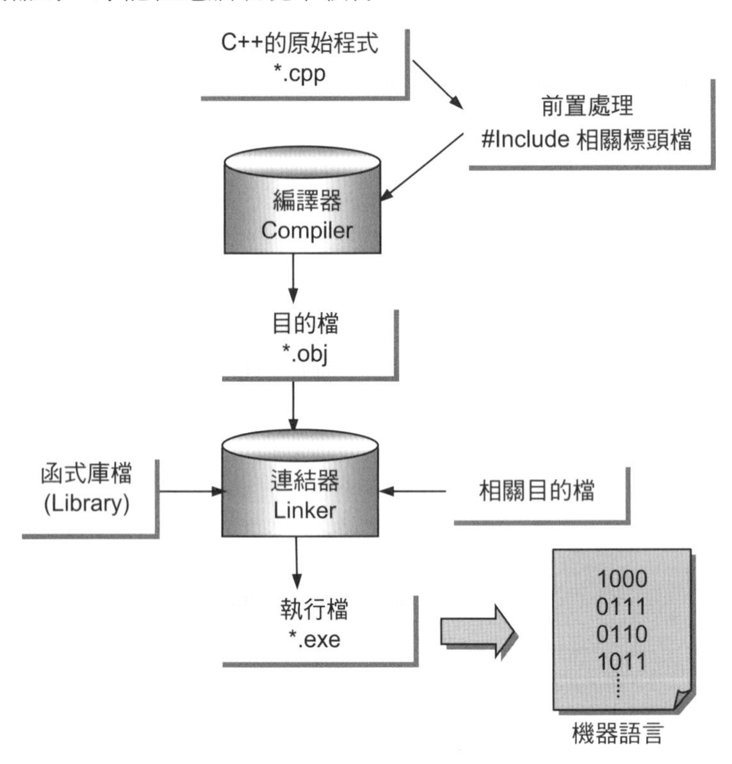

當編譯器在編譯原始程式時，會檢查編寫的程式是否發生語法錯誤 (Syntax Error) 和語意錯誤 (Semantic Error)。「語法錯誤」是檢查是否漏掉某個符號或括號不成對等，就像一般句子漏掉名詞或動詞等文法錯誤。至於「語意錯誤」又稱為邏輯錯誤，可能是敘述中公式寫錯、演算法錯誤、使用未經宣告的變數…等。若編譯時語法或語意兩者都沒有錯誤發生，一般的編譯器會先將高階語言轉譯成目的碼 (Object Code)，再透過「連結器」(Linker)，將此程式需要用到的函式庫 (Library) 或相關的目的檔 (Object File) 連結進來，便可產生一個「執行檔」(Execution File)。產生的執行檔，便可以在電腦環境下執行。

所謂「函式庫」(Library 或稱程式庫) 是指一些事先已經編譯好，而且具有執行特定工作的函式所組成的集合。一般程式語言都將這些函式，直接建立在程式定義上，變成敘述來使用。但 C++語言是將這些經過編譯過的函式，採用庫存函式的方式處理。這些庫存函式依性質放在不同的函式庫檔案中，只要經由連結程式 (Linker) 連結，便可自動將用到的庫存函式連結到執行檔中，至於沒用到的庫存函式是不會連結到程式中。

有些高階語言是使用直譯器 (Interpreter，或稱解譯器) 來解譯程式。其方式是將程式先存檔，再啟動直譯器開啟程式檔，直譯器便逐行讀取敘述，檢查敘述的語法是否有誤？如果沒有，就馬上將此敘述翻譯成機器語言並執行，此種過程稱為「直譯」，如：VBA、Java Script、Python 均屬之。從執行效率方面來看，由於編譯器編譯好一個程式產生執行檔，下次執行不必再編譯一次，但直譯器每次執行都必須再解譯一次較費時。若從程式偵錯方面來看，因為直譯器在執行程式時，可動態修改程式，修改完畢就可繼續往下執行。但是如果編譯器在程式執行過程發現程式有錯誤時，必須中斷執行修改錯誤，再重新編譯才能執行所以較費時。

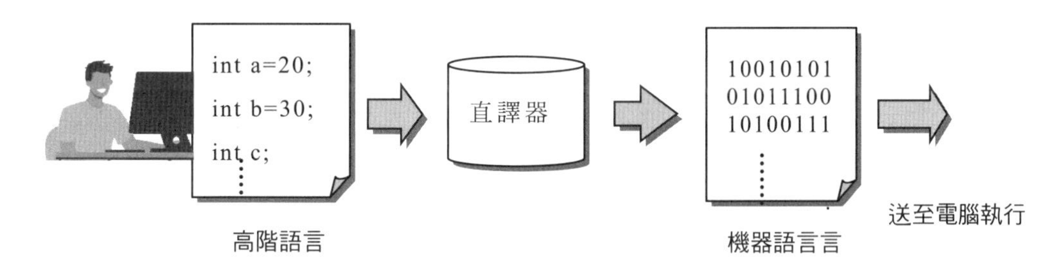

1.6 前置處理指令

一般撰寫 C++語言程式時，在程式的開頭都必須加入一些前置處理指令。主要是因為 C++語言不像 BASIC 語言有提供各種敘述，而是要引用函式庫中的函式，才能快速完成程式的編寫。例如要輸出入或顯示資料時，是要使用 cin、cout 等物件來完成，而這些輸出入相關的原型宣告，都定義在標準函式庫的 iostream 標頭檔中。因此，撰寫程式時，若程式中有輸出入資料時，都必須在程式最前面加上「#include<iostream>」前置處理指令。讓程式在編譯時，由 C++語言的前置處理器 (Preprocessor)，先將 iostream 標頭檔含入 (展開) 到目前程式中。當編譯到「#include<iostream>」時，前置處理器會將 iostream 標頭檔內的函式含入到程式中，取代 #include<iostream> 這行指令。因為前置處理指令不是 C++的語法，所以最後不加「;」字元。

「標頭檔」(Header File) 是指事先寫好供呼叫函式組成的函式庫，若程式中有使用到這些函式，必須先用標頭檔來定義這些函式，才能在程式中正常使用。標頭檔提供函式庫函式的函式原型，如果含入多個標頭檔時，前置處理器會避免函式重複定義。標頭檔又分成標準和自定標頭檔，標準標頭檔是由系統事先寫好以供使用者直接呼叫的函式；自定標頭檔則是程式設計者自己編寫的標頭檔。

在 C++語言中只要敘述是以 # 開頭，就表示此敘述為「前置處理指令」。此敘述主要是在程式編譯時，將該標頭檔內的程式碼轉換到程式內以供電腦執行相關函式做準備。使用 #include 指令，可以將指定的標頭檔含入到目前的程式檔中。含入標準標頭檔的語法如下：

語法

```
#include <標準標頭檔名稱>
```

語法中角括號 < > 內是要含入的標準標頭檔名稱，C++語言的標準標頭檔沒有副檔名；ANSI C 語言的標準標頭檔副檔名則為 *.h。

簡例 含入 C++標準標頭檔 string 寫法如下：

```
#include<string>
```

簡例 含入 ANSI C 標準標頭檔 stdio.h 寫法如下：

```
#include<stdio.h>
```

C++語言為了向下相容 ANSI C 語言，所以仍然支援 C 語言的標準函式庫。C++語言提供新式標頭的寫法，就是將 C 語言的標頭檔名前面加「c」，並省略附檔名「.h」。例如含入 stdio.h，用 C++的新式標頭的寫法為：

```
#include<cstdio>
```

ANSI C 語言中常用的標頭檔，以及常用函式如下表所示：

標頭檔名稱	常用函式
stdio.h cstdio	輸出入庫存函式： getc()、getchar()、gets()、putc()、putchar()、puts()、fopen()、fclose()、feof()、fgets()、fputs()、fread()、fwrite()、scanf()、fscanf()、rewind()、printf()、fprintf()…。
stdlib.h cstdlib	常用庫存函式： abs()、atof()、atoi()、atol()、div()、rand()、srand()、bsearch()、qsort()、exit()…。
ctype.h cctype	字元庫存函式： isalnum()、isalpha()、isdigit()、ispunct()、isspace()、islower()、isupper()、tolower()、toupper()…。

string.h cstring	字串庫存函式： strcat()、strcmp()、strcpy()、strlen()、strtok()...。
math.h cmath	數學庫存函式： abs()、acos()、asin()、atan()、ceil()、cos()、sin()、tan()、exp()、fabs()、floor()、pow()、round()、sqrt()、log()、log10()...。
time.h ctime	時間日期庫存函式： clock()、time()、ctime()、difftime()...。

由上表可知，只要程式中有使用到上表右邊所列的函式時，在程式的最前面必須使用 #include 指令含入指定的標頭檔。

1.7 APCS 觀念題攻略

題目

程式編譯器可以發現下列哪種錯誤?

(A) 語法錯誤 (B) 語意錯誤 (C) 邏輯錯誤 (D) 以上皆是

說明

1. 在測試程式時，可能會發現語法錯誤、語意錯誤（或稱邏輯錯誤）和執行時期錯誤。
2. 語意錯誤和執行時期錯誤，是語法正確但有邏輯錯誤，例如 +1 輸入成 -1，這種錯誤必須由程式設計者自行發現。
3. 語法錯誤是指程式的敘述有文法性的錯誤，例如敘述的結尾忘了加「;」分號等，編譯器會自動檢查出語法錯誤，所以答案為 (A) 語法錯誤。

1.8 習題

選擇題

1. 以下何者不是硬體？
   (A) 隨身碟 (B) 滑鼠 (C) C++ (D) CPU。
2. 以下何種語言最不易被電腦所理解？
   (A) 機器語言 (B) 低階語言 (C) 組合語言 (D) 高階語言。
3. 以下何者程式語言是由二進位數字 0、1 所組成？
   (A) 機器語言 (B) 自然語言 (C) 組合語言 (D) 高階語言。

4. 以高階語言所寫的程式，需先經過哪一個工具處理後，方可讓電腦執行？
   (A) 編譯程式　(B) 編輯程式　(C) 作業系統程式　(D) 除錯程式。

5. C 語言最主要是為了開發下列何種作業系統而誕生？
   (A) DOS　(B) iOS　(C) Windows　(D) UNIX。

6. 以下何者非 C++語言的特性？
   (A) 具結構化　(B) 可以指標運算
   (C) 不支援物件導向　(D) 可攜性高。

7. 以下何者是開發應用程式的第一階段？
   (A) 設計演算法　(B) 問題分析　(C) 撰寫程式　(D) 程式驗證。

8. 程式驗證包含以下哪兩個部份？
   (A) 證明、測試　(B) 測試、除錯　(C) 分析、除錯　(D) 實驗、證明。

9. 關於 C++語言的說明下列何者錯誤？
   (A) 屬於高階語言　(B) 是 C 語言的延伸
   (C) 支援物件導向　(D) 可使用查詢語言。

10. 以下何種錯誤最容易發現？
    (A) 語法錯誤　(B) 語意錯誤　(C) 邏輯錯誤　(D) 執行時期錯誤。

11. C++語言採用下列何者解譯程式？
    (A) 直譯器　(B) 編譯器　(C) 編輯器　(D) 以上皆非。

12. C 語言標頭檔的副檔名為何？
    (A) .c　(B) .cpp　(C) .h　(D) .head。

13. 要含入 stdio 標準標頭檔下列敘述何者正確？
    (A) #include<stdio>　(B) #include<cstdio.h>
    (C) #include<cstdio>　(D) #include"stdio.h"。

14. 要含入 my.h 自定標頭檔下列敘述何者正確？
    (A) #include<my.h>　(B) #include<my>
    (C) #include"my.h"　(D) #include"my"。

15. C++ 語言的前置處理指令敘述會以下列何者開頭？
    (A) $　(B) /　(C) //　(D) #　。

CHAPTER 2

C++ 開發環境與程式架構

2.1 安裝 Code::Blocks 整合開發環境

開發 C++語言的應用程式時，必須使用程式編輯器、編譯器、除錯器 …等多種軟體。目前有多種應用軟體可以支援使用 C++語言開發應用程式，例如 Code::Blocks、eclipse、Dev-C++、Visual Studio … 等。本書為配合 APCS 考場的系統環境，將採用 Code::Blocks 軟體，以便考生平時就能習慣操作環境，應考時自然會有最佳的表現。

Code::Blocks 是將各種相關軟體整合在同一環境中，可以撰寫、除錯、編譯和執行 C++ 和 C 語言的程式，成為一個完整的整合開發環境 (IDE：Integrated Development Environment)。Code::Blocks 支援 Windows、Linux 及 macOS 平台，功能可以用外掛程式自行擴充，是開發 C++ 和 C 語言程式的跨平台利器。Code::Blocks 介面簡潔可以提升程式開發效率，而且是免費的開源軟體，目前最新版本為 20.03 版 (實際版本依官網公布為準)。

2.1.1 下載 Code::Blocks 安裝程式

我們可以使用瀏覽器進入 Code::Blocks 官網，來下載 Code::Blocks 安裝程式。

1. 進入 Code::Blocks 官網：
   開啟瀏覽器後，在網址列輸入 Code::Blocks 官網網址：「https://www.codeblocks.org/」，網頁畫面可能會因官網修改而變動。

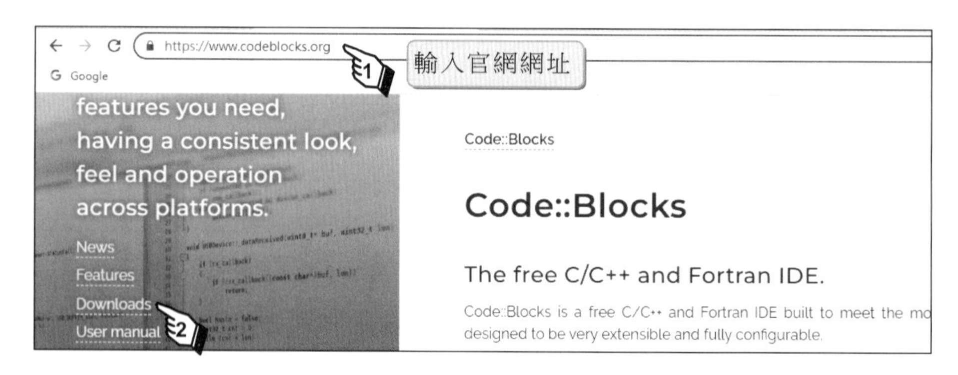

2. 進入下載網頁：

進入官方網頁後，點按左側目錄的 <Downloads> 連結，接著按 <Download the binary release> 連結進入下載網頁。

3. 下載 Code::Blocks 安裝程式：

下載網頁提供多種安裝程式，可以依照主機作業系統自行選擇。以 Windows 64 位元系統為例，選擇「codeblocks-20.03 mingw-setup.exe」，可按 <FossHUB> 或 <Sourceforge.net> 連結來下載安裝程式。可以將安裝程式下載到桌面，或是其他指定的路徑。

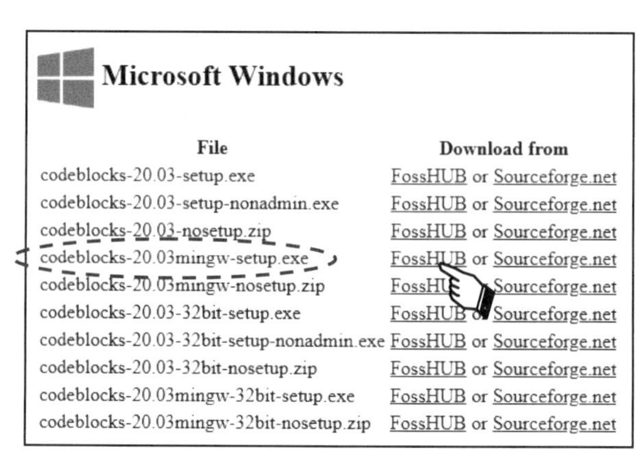

Microsoft Windows

File	Download from
codeblocks-20.03-setup.exe	FossHUB or Sourceforge.net
codeblocks-20.03-setup-nonadmin.exe	FossHUB or Sourceforge.net
codeblocks-20.03-nosetup.zip	FossHUB or Sourceforge.net
codeblocks-20.03mingw-setup.exe	FossHUB or Sourceforge.net
codeblocks-20.03mingw-nosetup.zip	FossHUB or Sourceforge.net
codeblocks-20.03-32bit-setup.exe	FossHUB or Sourceforge.net
codeblocks-20.03-32bit-setup-nonadmin.exe	FossHUB or Sourceforge.net
codeblocks-20.03-32bit-nosetup.zip	FossHUB or Sourceforge.net
codeblocks-20.03mingw-32bit-setup.exe	FossHUB or Sourceforge.net
codeblocks-20.03mingw-32bit-nosetup.zip	FossHUB or Sourceforge.net

2.1.2 安裝 Code::Blocks

Code::Blocks 安裝程式下載後，請依照下面步驟操作完成安裝。

1. 執行安裝程式：

   執行「codeblocks-20.03mingw-setup.exe」檔，開始進行程式的安裝，看到歡迎畫面後按 Next > 鈕進行下一步驟。

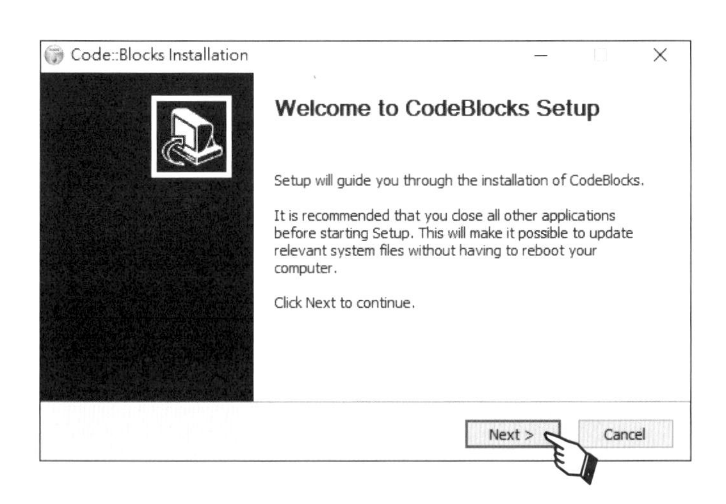

2. 版權同意：

   按 I Agree 鈕同意版權授權注意事項，並進入下一步驟。

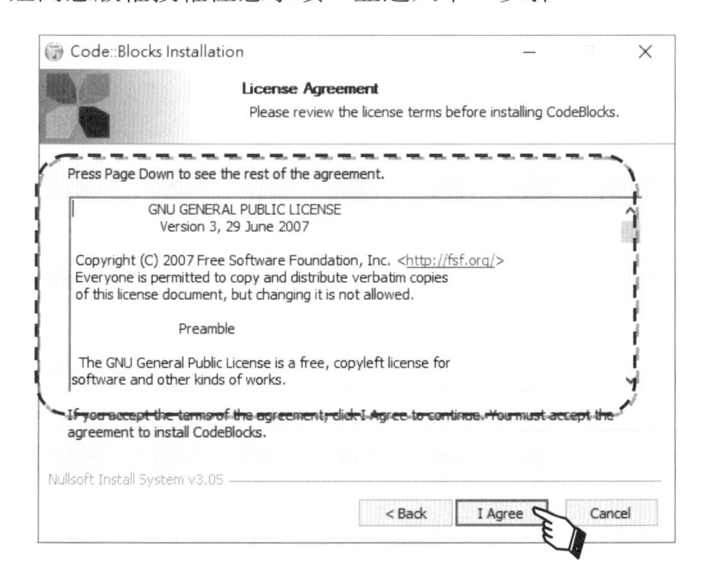

3. 選擇安裝程式內容：

   使用預設值不做更動，按 Next > 鈕進行下一步驟。

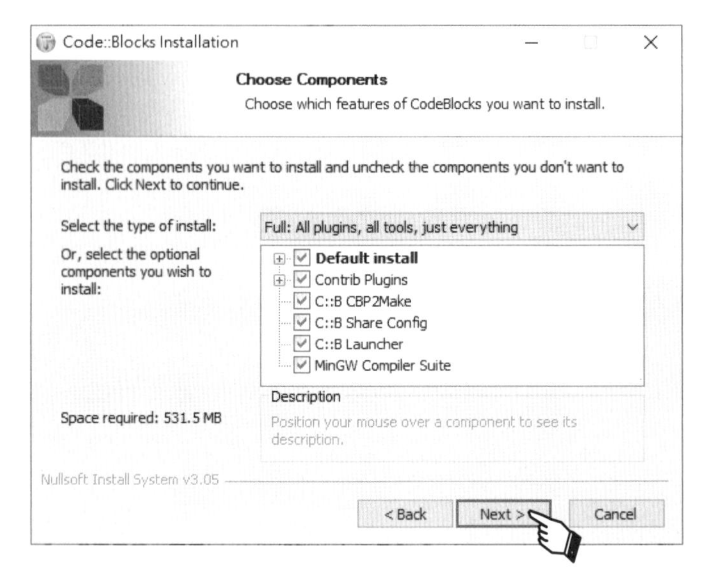

4. 選擇程式安裝路徑：

   使用預設的路徑，按 Install 鈕並進入下一步驟。如果有需要時，可以按 Browse... 鈕指定安裝路徑。

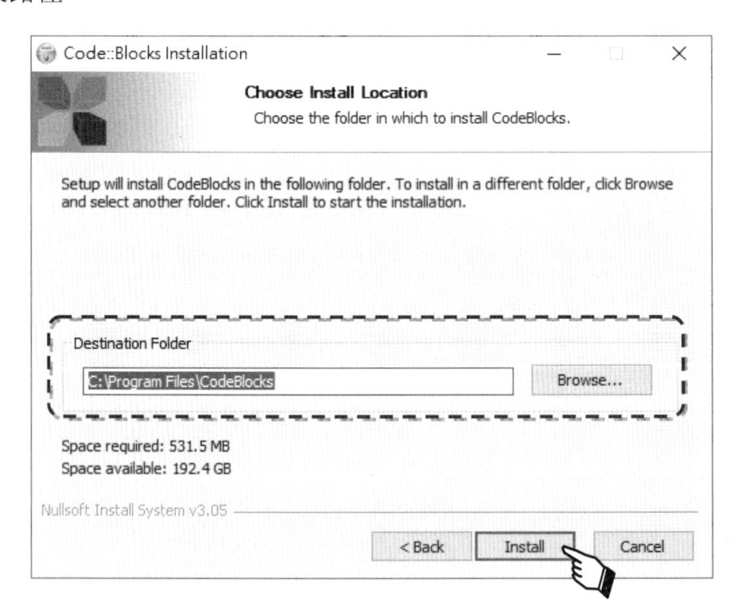

5. 進行安裝：

   在清單中會顯示目前安裝的內容，並以進度條顯示安裝的進度。安裝完成後，按 Next > 鈕進行下一步驟。

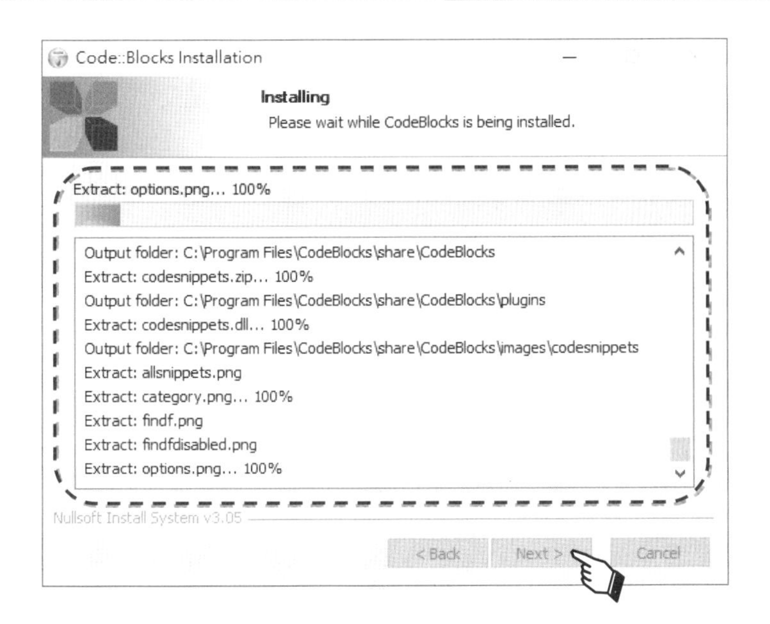

6. 結束安裝：

最後按下 Finish 鈕，就完成 Code::Blocks 的安裝。

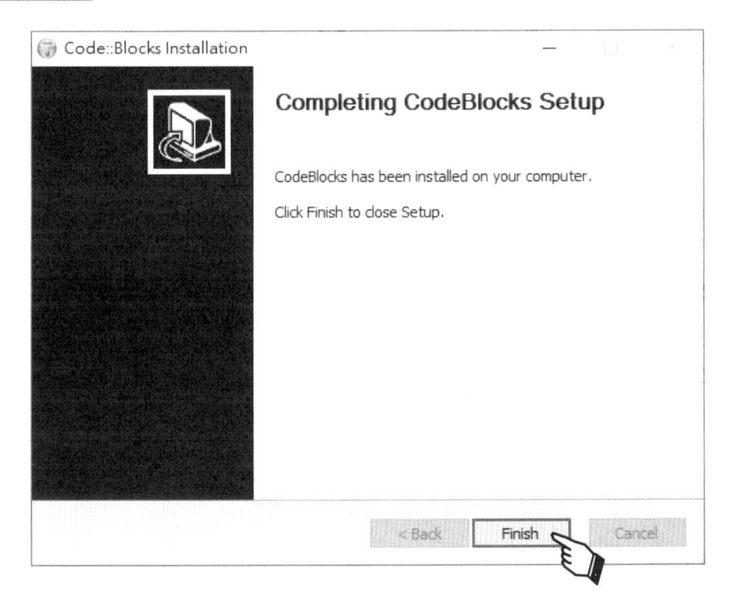

2.1.3 設定 Code::Blocks 環境

完成 Code::Blocks 安裝後，會預設開啟 Code::Blocks 整合開發環境。第一次執行時會要求使用者做一些環境的設定，請依照下列步驟來設定：

1. 選擇預設的編譯器：

先點選「GNU GCC Compiler」為預設的編譯器後，按 Set as default 鈕再按下 OK 鈕。

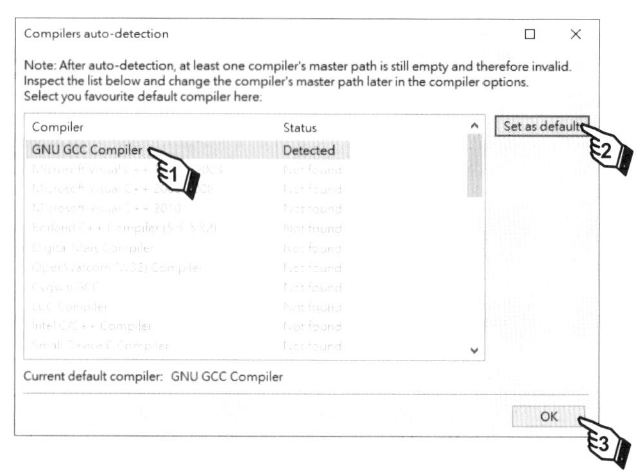

2. 設定預設編輯器：

接著詢問是否設定 Code::Blocks 為 C++/C 程式的預設編輯器，選擇第三個選項「Yes, associate Code::Blocks with C/C++ file types」後，按下 OK 鈕。

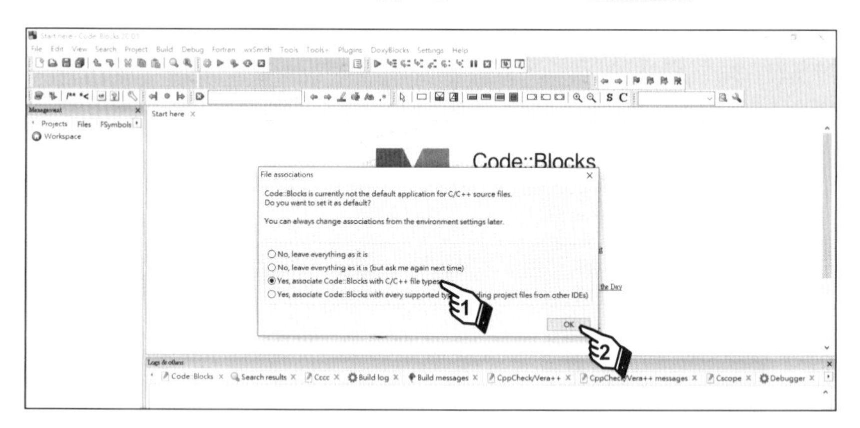

3. 進入整合環境：

完成設定後，就進入 Code::Blocks 整合環境。

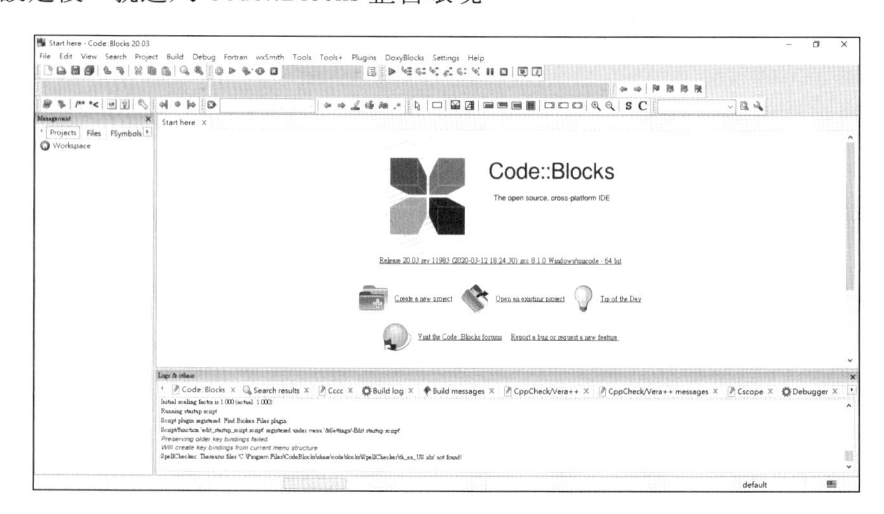

2.2 Code::Blocks 整合開發環境介紹

在本節中將利用開發一個簡單的控制台（或稱主控台）應用程式 (Console application)，介紹在 Code::Blocks 整合開發環境撰寫 C++ 語言應用程式的基本操作步驟。

2.2.1 新增 C++專案

1. 開啟 Code::Blocks 整合開發環境：

   執行工作列【 開始 / CodeBlocks (Launcher) 】，或快按兩下桌面上的 捷徑圖示，就會進入 Code::Blocks 整合開發環境。

2. 新增控制台應用程式專案：

   因為控制台應用程式只有文字輸出入，適合初學者學習程式語言的邏輯設計。操作步驟如下：

   ① 新增專案：

   請執行功能表的【File / New / Project…】指令，會開啟「New from template」對話方塊。

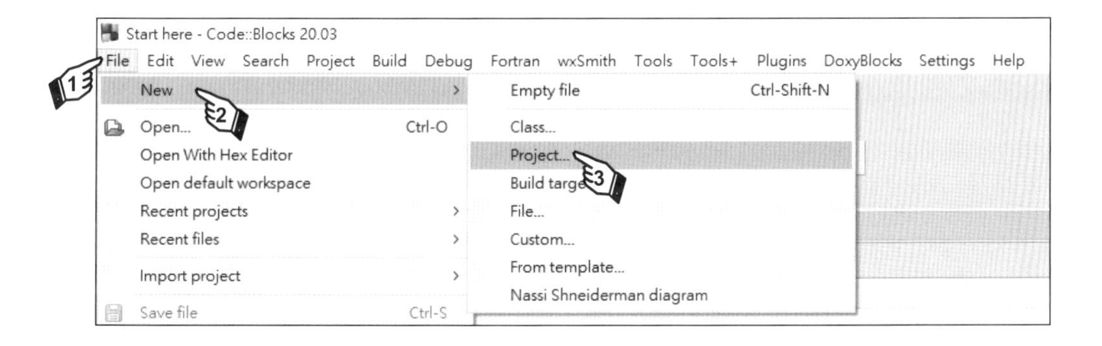

   ② 指定建立控制台應用程式專案：

   在「New from template」對話方塊中，先選擇要新增專案的類型為「Console application」，再按 Go 鈕。此時會出現「Console application」對話方塊的歡迎畫面，按 Next > 鈕進行下一步驟。

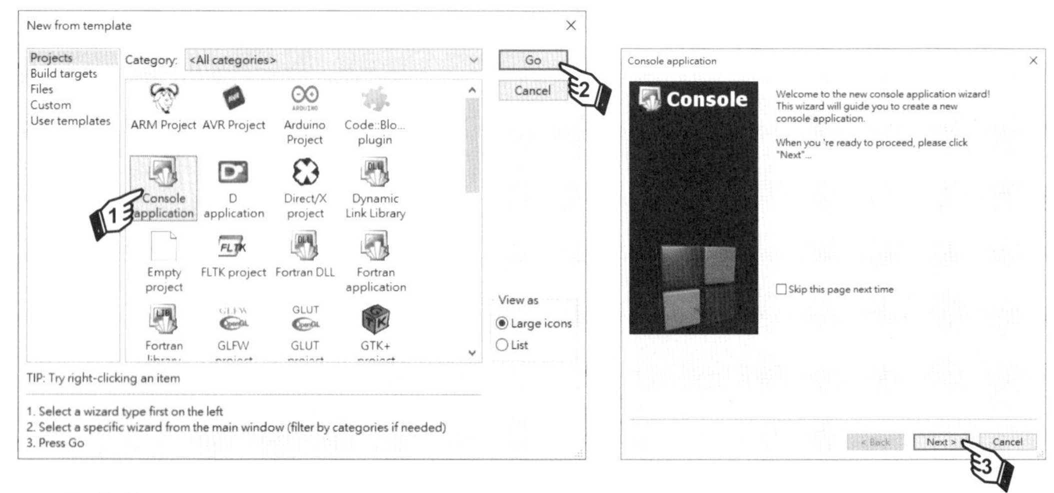

③ 指定使用 C++語言：

請選取「C++」項目，然後按 Next > 鈕進行下一步驟。

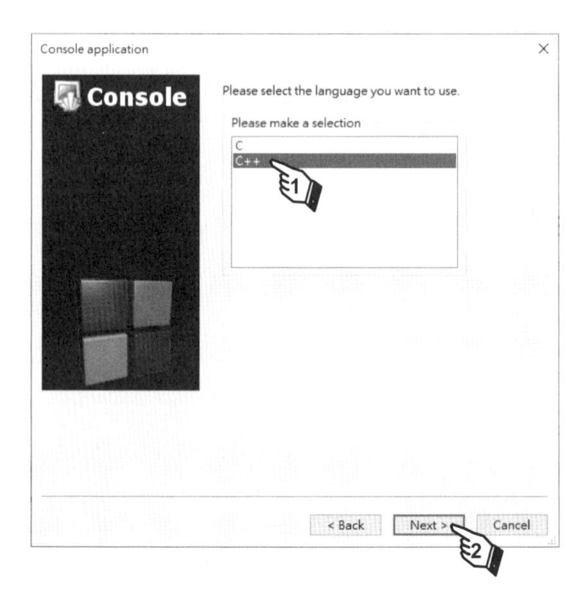

④ 設定 test.cbp 專案的名稱和路徑：

將專案標題 (Project title) 設為「test」，專案路徑 (Folder to create project in) 設為「C:\cpp\ex02」。此時系統會自動設專案名稱 (Project filename) 為「test.cbp」，專案完整路徑名稱 (Resulting filename) 為「C:\cpp\ex02\test\ test.cbp」，也就是我們要建立一個 test.cbp 專案檔，儲存在 C:\cpp\ ex02\test 資料夾中，按 Next > 鈕進行下一步驟。

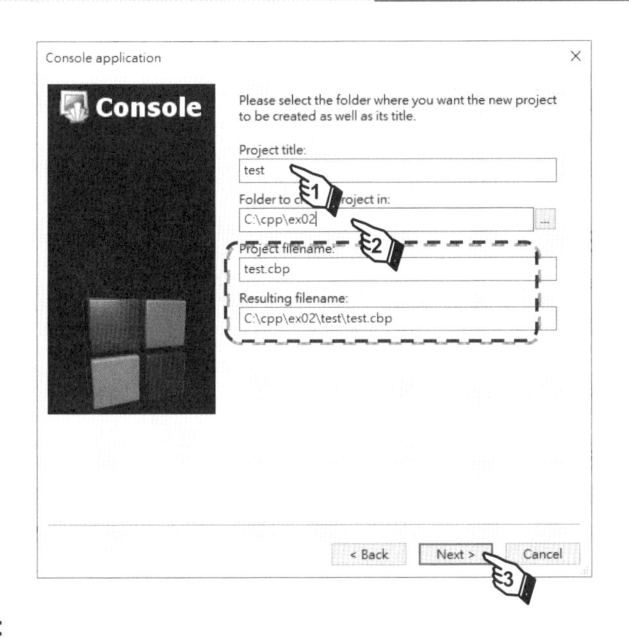

⑤ **選擇編譯器：**

編譯器預設為「GNU GCC Compiler」，相關資料夾為「Debug」和「Release」，我們不需要修改使用預設值，按下 Finish 鈕，就完成 C++程式 test 專案的新增。當編輯和編譯程式時，Code::Blocks 會自動建立多個相關的檔案，所以每個專案應該單獨儲存在專屬的資料夾中，以方便日後維護和複製程式。

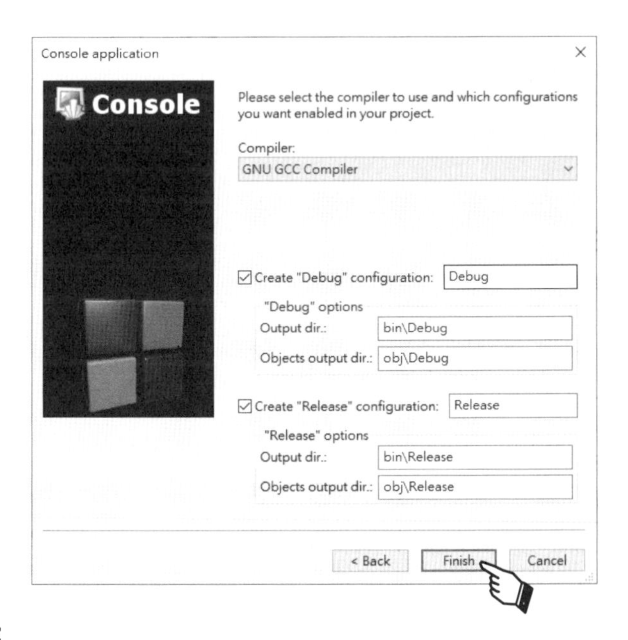

⑥ **產生程式檔：**

新增 test 專案後，系統會自動建立一個 main.cpp 程式檔，並在其中新增一些預設的程式碼。在 Code::Blocks 環境左側的專案視窗，可以看到專案的架構。若使用檔案總管，則會看到 C:\cpp\ex02\test 資料夾下有 main.cpp 程式檔和 test.cbp 專案檔。

⑦ 開啟程式檔：

預設程式檔名稱為 main.cpp，若要更改名稱可在專案視窗的程式檔上按右鍵，執行【Rename file⋯】指令，在此先不修改檔名。

在專案視窗的 main.cpp 程式檔上快按兩下，就會開啟該程式檔，系統會自動在其中加入一些預設的程式敘述。

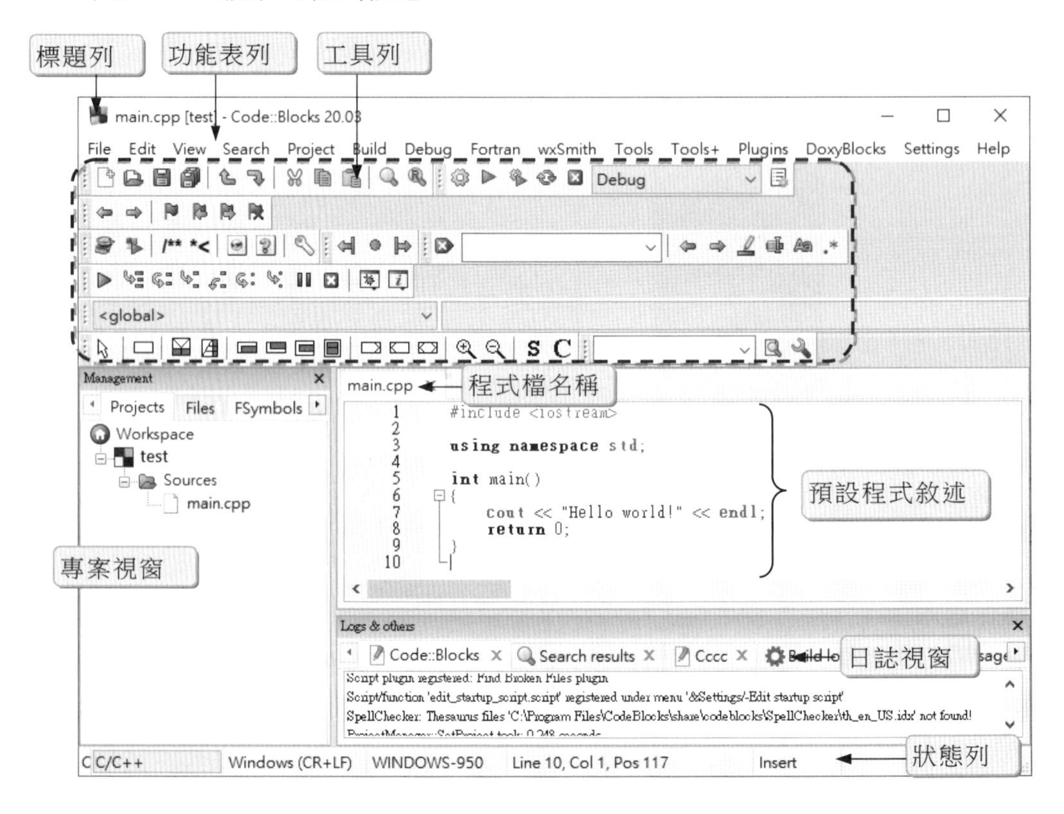

2.2.2 Code::Blocks 整合環境介紹

Code::Blocks 整合了開發 C++和 C 語言應用程式，所需要的編輯器、編譯器、連結器 … 等，提供程式設計者方便使用的操作環境。下面對整合環境中各區域的功能作簡單說明：

1. **標題列：**標題列上會顯示目前編輯程式檔和專案的名稱，以及 Code::Blocks 的版本。另外，標題列的右邊有圖示鈕可以操作視窗。
2. **功能表列：**功能表列中將 Code::Blocks 的功能分類存放，方便使用者選用功能。
3. **工具列：**工具列內將常用的功能以圖示鈕方式顯示，方便使用者直接點選使用。
4. **專案視窗：**在專案視窗中可以執行新增、移除...等動作管理專案中的檔案。另外，也可以按標籤名稱，切換到其他視窗。
5. **程式碼區：**在程式碼區內可以撰寫程式碼。
6. **日誌視窗：**編譯和除錯程式時，所產生的相關訊息都會顯示在日誌 (Logs) 視窗，可以按標籤名稱切換其它日誌視窗。
7. **狀態列：**在狀態列中會顯示程式碼區內編輯狀態的相關訊息。

2.2.3 程式的撰寫、儲存與執行

利用上節所建立的 test.cbp 專案檔，來編寫第一個 C++程式，從中學習編輯程式碼、儲存專案以及編譯並執行程式的操作方式。

1. **新增空白行：**

   將插入點移到 main.cpp 檔第 8 行「return 0; 」敘述的前面，然後按 Enter↵ 鍵會在上面新增一行空白行。如果插入點在敘述的後面，按 Enter↵ 鍵則會在下面新增一行空白行。注意此時標籤的「main.cpp」檔名前面會加上*號，提醒使用者程式碼內容有修改。

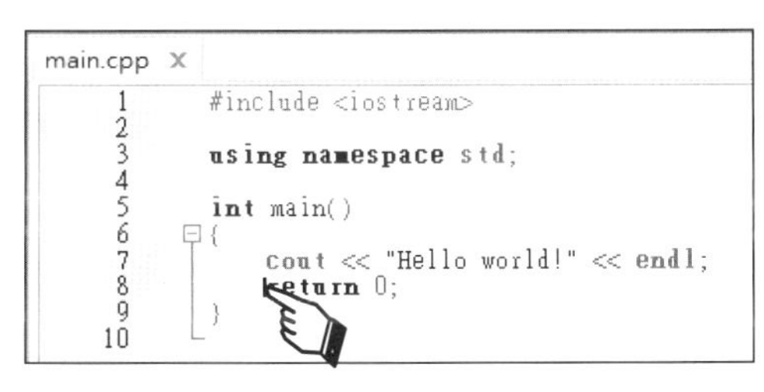

2. 刪除整行敘述：

用滑鼠拖曳選取「cout << "Hello world!" << endl;」敘述，選取後按 Del 鍵可以刪除敘述文字，再按一次 Del 鍵可以刪除空白行。

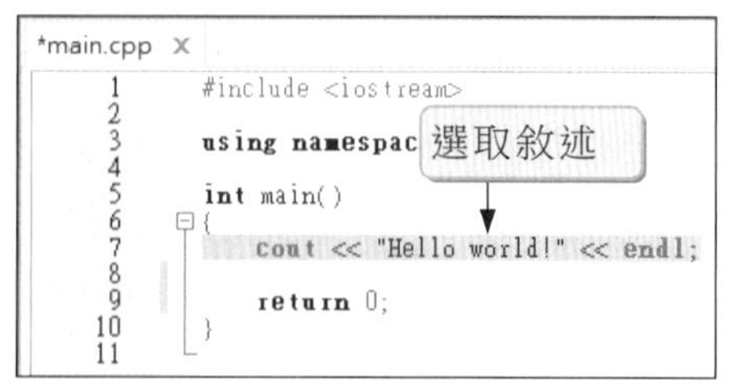

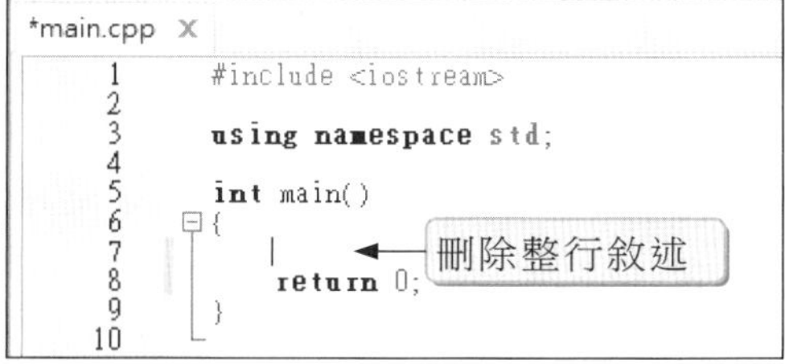

3. 編寫程式碼：

在空白行處輸入下列的程式碼：

```
cout << "Hello C++ 語言";
```

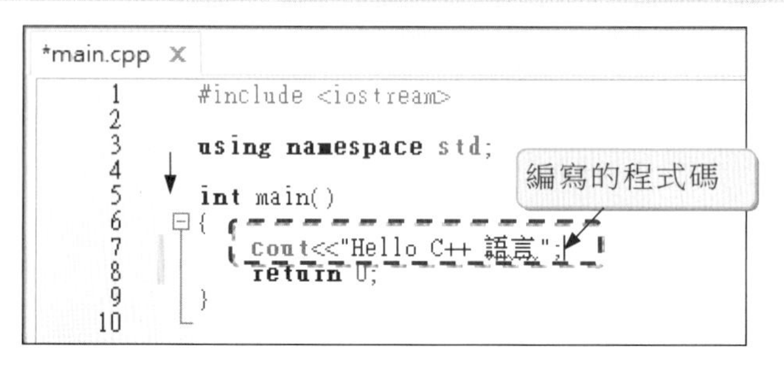

說明

1. main()主函式是程式執行的起點，所有 C++ 程式都必須有 main()函式。main()主函式的程式碼要寫在{ 和 }中間，程式敘述可以使用 Tab 鍵來增加縮排，或用 Backspace 鍵減少縮排以方便程式閱讀。
2. 輸入程式碼時要注意，要用半形文字輸入英文和數字不要使用全形。另外，C++ 語言字母有分大小寫，輸入時要特別注意。
3. 敘述的結尾，必須以「;」分號字元結束。按 Enter 鍵換行，按 空白鍵 會產生空格。
4. 執行「cout << "Hello C++ 語言";」敘述時，會將「Hello C++ 語言」文字顯示在螢幕上。
5. 「cout << "Hello C++ 語言";」敘述的完整寫法為「std::cout << "Hello C++ 語言";」，但是因為第 3 行「using namespace std;」敘述已經引用「std」命名空間，所以可以省略「std::」寫法較精簡。
6. 輸入程式敘述時，編輯器會貼心以清單方式提醒可用的保留字、函式⋯等，可以用滑鼠直接點選採用，若按 Tab 鍵則第一個清單指令就會加入敘述，如此可以加快速度也能避免輸入錯誤。例如輸入「cou」時，會出現如下清單：

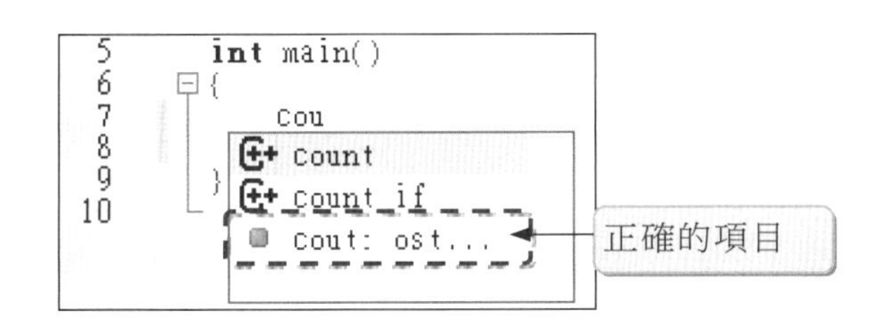

4. 儲存程式檔：

執行功能表的【File / Save File】指令，或點選工具列的 儲存檔案圖示鈕，或按 Ctrl + S 快速鍵，都可以儲存目前編輯的檔案。

5. 編譯並執行程式：

執行功能表的【Build / Build and run】指令、點選工具列 圖示鈕或是按 F9 快速鍵，可以編譯並執行程式來觀看執行結果。

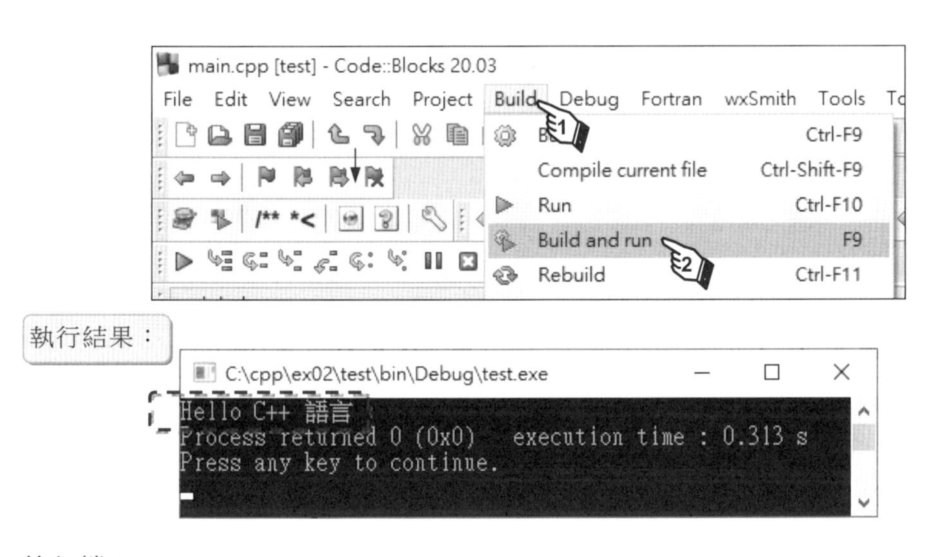

6. 執行檔：

編譯過後系統會自動新增「bin」和「obj」兩資料夾，產生的 test.exe 執行檔會存放在「bin/Debug」資料夾中。使用檔案總管查看，畫面如下：

2.2.4 關閉專案和 Code::Blocks

1. 關閉專案：

   執行功能表的【File / Close project】指令，可以關閉目前編輯的專案。如果程式碼有修改尚未儲存，會出現「Save file」對話方塊：

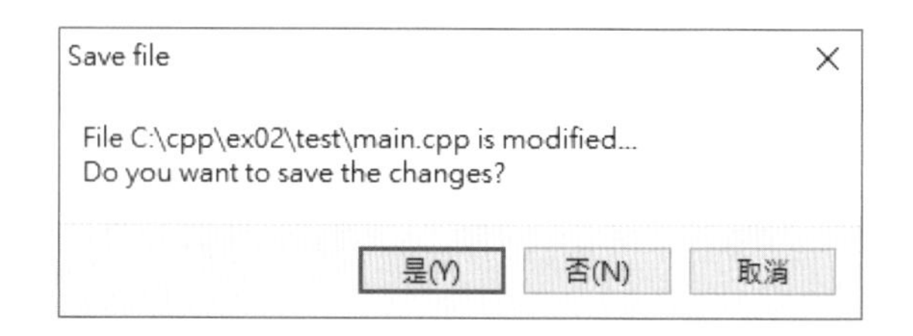

說明

1. 按 是(Y) 鈕會儲存目前的程式碼，然後關閉專案。
2. 按 否(N) 鈕會不儲存目前的程式碼，直接關閉專案。
3. 按 取消 鈕會停止關閉專案，可以繼續編輯專案。

2. 關閉 Code::Blocks：

   執行功能表的【File / Quit】指令，或是按右上角的 × 關閉鈕，可以離開 Code::Blocks 的整合開發環境。

2.2.5 開啟專案和程式檔

如果想編輯或執行程式檔，要先開啟該檔所屬的專案檔，然後再開啟該程式檔。下面以開啟上節建立的 test.cbp 專案檔和 main.cpp 程式檔為例，說明開啟已存在專案和程式檔的操作步驟。

1. 開啟專案檔：

   執行功能表的【File / Open】指令、點選工具列 圖示鈕或按 Ctrl + O 快速鍵，會開啟「Open file」對話方塊。在對話方塊中，選取 test.cbp 專案檔，最後再按 開啟(O) 鈕，就會開啟該專案檔。

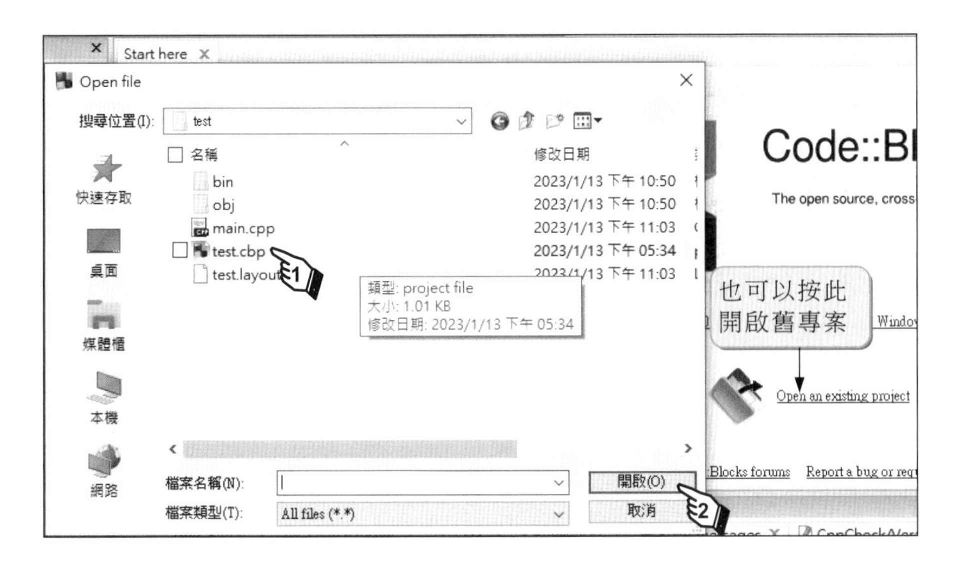

2. 開啟程式檔：

一個專案檔中可以有多個程式檔，在專案視窗中先展開 Sources 資料夾，然後在 main.cpp 程式檔名稱上快按兩下，就會在程式碼區開啟該程式碼。

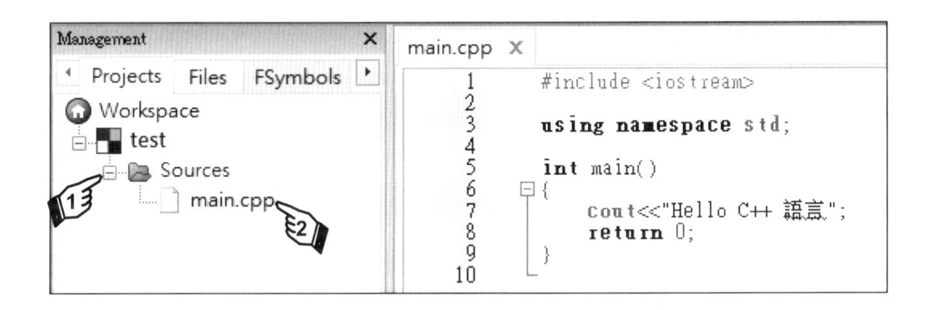

2.2.6 關閉拼字檢查

Code::Blocks 整合環境都是使用英文，是因為官方版本不支援中文。細心的讀者會發現在程式碼的中文字下方，會出現紅色的波浪線，例如 `"Hello C++ 語言";`。是因為編輯器的拼字檢查功能不支援中文，雖然不會影響程式編譯，但是若波浪線過多時會造成程式不易閱讀。此時可執行【Plugins / Manage plugins】指令，在「Manage plugins」對話方塊中，將 SpellChecker 拼字檢查外掛功能移除即可，操作步驟如下：

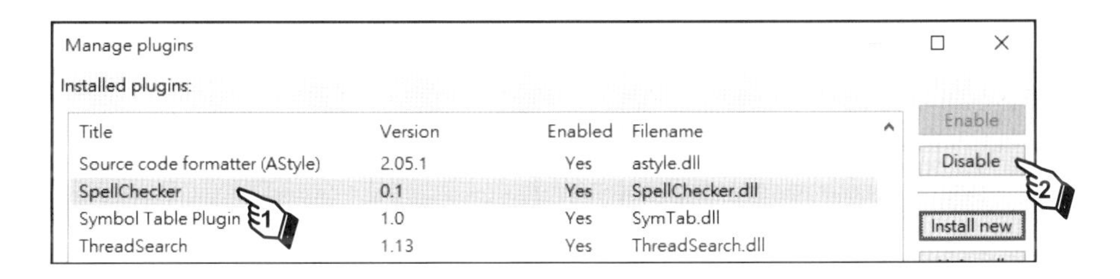

2.3 C++語言的程式架構

2.3.1 程式架構

使用任何程式語言撰寫程式時，都必須依照其規定的架構，才能正確且快速編譯成可執行檔(.exe)，至於 C++ 語言的程式架構主要由下列三個部分構成：

1. 宣告區：可包含下列常用的宣告，依程式碼的需求引用需要的宣告：
   ① 前置處理指令 (Preprocessor Directive)：例如#include、#define、#ifdef 等。
   ② 全域變數或常數宣告：所宣告的變數和常數在整個程式中都可以使用。
   ③ 函式宣告：宣告自定函式的定義。
   ④ 類別、結構、巨集 … 等的宣告。
   ⑤ 引用 (using) 命名空間 (namespace)。

2. 主函式區：每個 C++程式都要有一個 main()函式，是程式執行的進入點 (Entry point)，主要的程式碼就寫在其中。

3. 自定函式區：由程式設計師自行編寫的函式，就稱為自定函式。

範例：hello.cpp

設計顯示姓名和問候語的程式。

執行結果

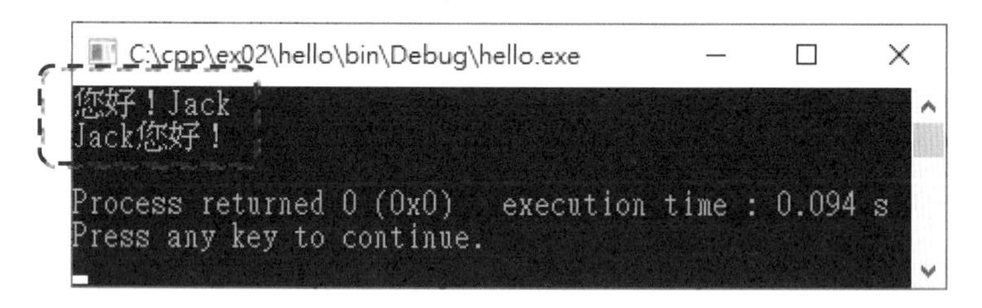

程式碼 FileName：hello.cpp

```
01 #include <iostream>
02 #include <string>         //含入 string 標頭檔
03 using namespace std;
04 string HI = "您好！";     /*宣告 HI 為字串變數，變數值為"您好！"*/
05 /*宣告 say_hi 自定函式，參數和傳回值均為字串資料型別*/
06 string say_hi(string);
07
```

（01～06 行：宣告區）

```
08 int main()
09 {
10     string name ="Jack"; //宣告 name 為字串變數，變數值為"Jack"
11     /*宣告 str 為字串變數，變數值為 say_hi 函式的傳回值*/
12     string str = say_hi(name);
13     cout << HI << name <<endl;
14     cout << str << "\n";
15     return 0;
16 }
17
18 /*串接問候語的自定函式*/
19 string say_hi(string n)
20 {
21    return n + HI;  /*傳回問候語*/
22 }
```

主函式區（08～16 行）

自定函式區（19～22 行）

說明

1. 每行敘述前面的編號稱為行號，只是為了解說方便才特別加入，編寫程式碼時不可以輸入行號。

2. 第 5 行的「/*宣告 say_hi 自定… */」稱為註解，註解是為日後方便閱讀程式所加註的說明文字。為程式寫適當的註解，是程式設計師要養成的習慣。程式編譯時會略過註解不做編譯，所以增加註解不會影響程式執行的速度。註解的方式有下列幾種：

   ① /* … */ 註解：以 「/*」 開頭和 「*/」 結束，符號之間的文字說明為註解，註解文字可以為單行或多行。

   單行註解：

   ```
   /* 學習程式語言真有趣 */
   ```

   敘述註解：註解寫在敘述結尾 ; 字元之後。

   ```
   int num;          /* num 表學生座號 */
   ```

   多行註解：

   ```
   /* 作者： 張三丰
        日期：2023 年 12 月 31 日
        版本：V2.01 */
   ```

   ② // 註解：一行敘述中「//」以後的文字為註解。

   單行註解：

   ```
   // C++ 語言功能強大
   ```

   敘述註解：

   ```
   double score;          // score 表示學生成績
   ```

3. 編寫程式時，可以增加空行來區隔各程式區段，以方便閱讀。

4. 在 C++ 語言中要輸出資料時，可以使用 cout 物件。

① cout 物件定義在 iostream 內，所以使用前必須含入 iostream 標頭檔。

② 因為 cout 物件隸屬於 std 命名空間，如果沒有使用 using namespace std; 敘述，使用時就必須要用 std::cout。

③ cout 物件所要輸出的資料，可以用 << 運算子來指定。字串頭尾會用「"」框住，執行時會顯示兩個「"」中間的內容

```
cout << " C++ 支援物件導向 ";     ⇨ 輸出：C++ 支援物件導向
std::cout << 1 + 2;              ⇨ 輸出：3
```

④ 輸出的資料要串接時，可以使用多個 << 運算子。

```
cout << " 圓周長 = " << 2*PI*r << endl;
cout << " 面 積 = " << area << "\n";
```

⑤ endl 和 "\n" 都代表換行符號，之後的文字會顯示在下一行。

2.3.2 宣告區

當建立 C++ 控制台應用程式時，系統會自動在程式開頭設定含入 iostream 標頭檔。可以視程式的需求，自行新增含入的標頭檔，或是其他的前置處理指令。因為程式中會使用字串，所以在第 2 行含入 string 標準標頭檔。前置處理指令是以 # 字元開頭，程式編譯時系統會將前置處理指令，取代成指定的內容。要特別注意，前置處理指令不屬於 C++ 的指令，所以結尾不加「;」字元。

```
01  #include <iostream>
02  #include <string>
```

使用 using 引用 std 命名空間，方便以簡短方式使用 cout 物件。

```
03  using namespace std;
```

在宣告區宣告的變數是屬於全域 (Global) 變數，其有效範圍為整個程式檔。在函式內宣告的變數，其有效範圍僅限於函式內，是屬於該函式的區域 (Local) 變數。範例的第 4 行程式：「string HI = "您好！";」，所宣告的 HI 為全域變數，變數在 main() 函式和 say_hi() 函式內都有效。第 10、12 行程式所宣告的 name 和 str 為 main() 函式的區域變數，其有效範圍只在 main() 函式 (第 8~16 行) 內。

```
04  string HI = "您好！";
```

當在程式中必須使用到一個函式，而此函式 C++語言標準函式庫沒有提供時，就必須自行依程式需求定義新的函式 (第 19 ~ 22 行)，就稱為自定函式。有自定函式時，必

須在程式前面的函式宣告區，宣告本程式中有使用到自定函式的原形 (第 6 行)。自定函式宣告後，編譯時程式中有呼叫該自定函式時，會自動跳到該函式執行。

```
06    string say_hi(string);
```

宣告自定函式的原形，是定義函式的參數數量和資料型別，以及傳回值的資料型別。上面敘述是宣告 say_hi 為一個自定函式，呼叫此函式時必須傳入一個資料型別為 string 的字串，函式運算的結果，會傳回開頭所指定的 string 資料型別。如果直接將自定函式寫在宣告區，則不用宣告自定函式的原形，但仍然建議宣告。

2.3.3 主函式區

C++所撰寫的程式都是由一個或一個以上的函式所組成，為方便編譯器能辨認是否為函式，因此在每個函式的後面都跟著一對小括號()，小括號裡面可為零或多個參數串列，參數是用來讓函式間能互傳資料。程式中的函式都有自己的名稱不能重複。

每個 C++程式中都必須有一個名稱為 main 的函式，程式執行時就是由 main()函式開始執行，也就是程式執行的進入點 (Entry point)。因此 main()函式被稱為「主函式」，它被視為和作業系統之間的介面。雖然 main()未必放在程式的最前面，但是編譯器會自動找出 main() 的位置，來開始執行程式。main()函式接著是{}大括弧框住的程式碼，是主要程式編寫的位置。當 main()函式內的程式執行到 return，或是 } 右大括號便結束程式，其寫法如下：

```
int main()  或  int main(int argc, char *argv[])  或  int main(int argc, char **argv)
{
   …主程式碼…
    return 0;
}
```

說明

1. main()主函式前面加 int，表示此函式執行完畢，會傳回一個整數。
2. return 0; 是指定函式傳回值為 0，表示 main()函式正常結束。
3. main()主函式可以沒有或有兩個參數串列，如果有參數時表示執行程式時，可以同時傳入參數供程式使用。例如將程式碼修改如下：(完整程式碼請參考 hello2.cbp)

```
08 int main(int argc, char *argv[])
09 {
10      string name = argv[1];    //宣告 name 為字串變數，變數值為傳入參數
```

hello2 程式編譯後，開啟「命令提示字元」程式，輸入「C:\cpp\ex02\hello2\bin\Debug**hell02 Mary**」後按 Enter 鍵，會執行 hello2.exe 執行檔並傳入參數 Mary。執行時會顯示 Mary 參數值，使程式更具有彈性。

進入 main()主函式後程式會從第 10 行開始，向下逐一執行到第 15 行 return 0; 敘述，才離開函式結束程式執行。第 10 行敘述是宣告一個字串變數 name，並指定 name 變數的初值為 "Jack"，程式敘述如下：

```
10  string name = "Jack";
```

第 12 行程式敘述是宣告一個字串變數 str，並指定變數的初值為 say_hi 自定函式的傳回值。執行時會先將 name 變數 (變數值為"Jack") 傳給 say_hi 函式，運算的結果 "Jack 您好！" 會傳回，並指定給 str 變數，程式敘述如下：

```
12  string str = say_hi(name);
```

第 13 行程式敘述是使用 cout 物件輸出資料，輸出的內容可以用 << 運算子來指定。因為 HI 為全域變數所以在 main()函式內也可以使用，其變數值為 "您好！"。輸出的資料可以使用多個 << 運算子來串接，所以本行敘述會輸出「您好！Jack」並換行，程式敘述如下：

```
13  cout << HI << name <<endl;
```

第 14 行程式敘述也是使用 cout 物件輸出資料，其中包含 str 字串變數和 "\n" 換行逸出字元，所以本行敘述會輸出「Jerry 您好！」並換行，程式敘述如下：

```
14  cout << str << "\n";
```

第 15 行程式敘述傳回值 0，表示 main()主函式正確執行完畢，完全沒有問題，程式敘述如下：

```
15  return 0;
```

2.3.4 自定函式區

一個應用程式會由多個函式所組成，這些函式可能函式庫有提供，有些則必須由程式設計師自行編寫。這些自行編寫的函式，就稱為自定函式。自定函式集中在自定函式區中，以方便管理。自定函式可以供其他函式重複呼叫，所以可縮短程式碼，也方便程式碼維護。自定函式的語法如下：

語法

```
傳回值資料型別 函式名稱([資料型別 1 參數 1[, 資料型別 2 參數 2, …]])
{
    …程式碼…
    return 傳回值;
}
```

當 main()函式執行到第 12 行「string str = say_hi(name);」敘述時，程式會呼叫第 19~22 行的 say_hi() 函式，name 變數會傳入 say_hi()函式的 n 引數。當 say_hi()函式執行到第 21 行敘述時，會將字串串接的結果傳回呼叫處(第 12 行)，接著繼續執行其後的程式。因為 HI 為全域變數，所以在 say_hi()自定函式中也可以使用。

```
19 string say_hi(string n)
20 {
21       return n + HI;    /*傳回問候語*/
22 }
```

2.4 APCS 觀念題攻略

題目

下面程式碼執行後，輸出的結果為何?

(A) 3, 3　(B) 5, 3　(C) 5, 8　(D) 產生錯誤無法執行

```
#include <iostream>
int x = 5;
int main() {
        int y = 3;
        y = y + x;
        std::cout << x << "," << y ;
        return 0;
}
```

說明

1. 因為 x 變數是在宣告區宣告，所以是屬於全域變數，在整個程式檔內都有效。宣告時指定 x 變數的初值為 5，在 main()函式內 x 變數值也會為 5。
2. 因為 y 變數是在 main()函式宣告，所以是屬於 main()函式內的區域變數。宣告時指定 y 變數的初值為 3，離開 main()函式 y 變數無效。
3. 指定 y = y + x 時，y=3、x=5(全域變數)，所以 y 的變數值為 8。
4. 使用 std::cout 顯示 x 和 y 變數值，x、y 變數值分別為 5 和 8，所以答案為(C) 5, 8。程式碼請參考 apcs02_01.cbp。

2.5 習題

選擇題

1. C++語言的註解方式以下何者正確？
   (A) ' 這是註解　(B) /*這是註解*/
   (C) / 這是註解 /　(D) ' 這是註解 '　。
2. 以下何者是 C++語言的前置處理命令？
   (A) #include　(B) int n　(C) std::cout << "OK"　(D) return 0;　。
3. C++語言的每個程式皆由哪一個函式開始執行？
   (A) start()　(B) begin()　(C) main()　(D) go()　。
4. C++語言中函式執行到下列何者就會離開函式？
   (A) end(); 或)　(B) exit(); 或 {
   (C) end(); 或 (　(D) return 0; 或 }　。
5. 若變數在函式主體外宣告，該變數稱為？
   (A) 區域變數　(B) 全域變數　(C) 自定變數　(D) 自由變數　。
6. C++語言中敘述的結尾字元為何？
   (A) ;　(B) ,　(C) :　(D) 換行符號　。
7. Code::Blocks 整合開發環境中，C++語言程式的專案檔和程式碼的副檔名為何？
   (A) cpp 和 exe　(B) exe 和 cpp
   (C) cbp 和 cpp　(D) cpp 和 cbp　。

8. 關於 C++語言程式編輯的說明下列何者錯誤？

   (A) 英文字母大小寫有別　(B) 英文和數字不可以使用全形字

   (C) 換行可按 Enter↵ 鍵　(D) 每行敘述應該編上行號　。

9. C++語言中 cout 物件定義在下列哪個標頭檔中？

   (A) iostream　(B) stdio.h　(C) stdlib.h　(D) string　。

10. C++語言中 cout 物件輸出的資料要用下列哪個運算子指定？

    (A) ::　(B) >>　(C) <<　(D) =　。

11. 請問 "\n" 的意義為何？

    (A) 印出資料　(B) 移下一行　(C) 倒退鍵　(D) 取得鍵盤的資料　。

12. 下列何者不是在程式的宣告區宣告？

    (A) 前置處理指令　(B) 函式宣告　(C) 區域變數　(D) 巨集　。

13. C++語言中函式的程式碼要寫在下列何者中間？

    (A) (…)　(B) "…"　(C) '…'　(D) {…}　。

14. 函式宣告為 double fun(int a, float b, char c);，請問函式傳回值的資料型別為何？

    (A) double　(B) int　(C) float　(D) char　。

CHAPTER 3

資料型別與運算子

3.1 識別字

因為應用程式主要功能就是處理資料，所以學習某種程式語言時，首先要了解該語言支援哪些資料型別，以及資料的宣告方式。由於資料在程式中經過宣告後，便可得知該資料是屬於哪種資料型別，會占多少記憶空間，以及允許使用的最大和最小範圍。宣告變數時要選擇適當的資料型別，可避免範圍太小執行時發生資料溢位 (Overflow)，或是範圍太大造成記憶體空間浪費。例如班級的學生人數資料其範圍約為 0~100，可以使用沒有小數的正整數資料型別。又例如商店的折扣其範圍為 0 ~ 1 (85 折為 0.85)，則必須使用有小數的浮點數。

由於 C++語言的語法很嚴謹，程式中所用到的變數 (Variable) 和函式 (Function)，在使用之前都必須先經過宣告。宣告後程式在編譯時，會告知編譯器所宣告的變數或函式，在程式指定位置有定義。變數的宣告，是用來指定變數所能允許使用的有效範圍、生命期、資料型別等。至於函式的宣告，是用來指定其可見度、傳入哪些資料，以及函式將以哪種資料型別將結果傳回。若變數未先經過宣告便直接使用，編譯時會出現錯誤訊息，提示該變數尚未定義。

在真實社會中，無論人或物都會有個名稱以方便識別，在程式中亦是如此。在 C++語言中，「識別字」(Identifier) 可用來當作程式中的一個變數、常數、陣列、結構、函式…等的名稱。

3.1.1 識別字命名規則

識別字是由一個字元，或是多個字元所組成的字串。至於識別字的命名規則如下：

1. 識別字名稱必須以 A-Z、a-z 或 _(底線) 等字元開頭，其後可以接大小寫字母、數字、_ (底線) 和 $ (錢字號)，例如 a3、_ok 是合法的識別字。識別字不允許以數字 0 ~ 9 開頭，所以 3M 是不合法。
2. 識別字最短為一個字元，長度最好在 32 個字元之內。
3. 關鍵字 (保留字)、庫存函式名稱等，不可用來當做為識別字。
4. C++語言的識別字將字母的大小寫視為不相同的字元，譬如：SCORE、 Score、score 視為三個不同的名稱。
5. 識別字的命名最好具有意義、名稱最好和資料有關連，如此在程式中不但可讀性高而且易記。例如：以 salary 代表薪資、total 代表總數，切勿使用 a 和 b 之類無意義的識別字當作重要的變數名稱。另外，雖然 C++允許使用中文字做為識別字，但為了團隊分工合作建議不要使用。
6. 識別字允許多個英文單字連用，單字間使用「_」區隔可增加可讀性，例如用 id_no 代表身份證號碼變數。或是將每個單字的第一個字母大寫，其它字母小寫 (駝峰式)，例如用 TelNo 或 telNo 代表電話號碼變數。

簡例

1. 下列是正確的識別字命名方式：
   GoodLuck、seven_eleven、_score、game9、_test_pass、薪資

2. 下列是錯誤的識別字命名方式：
   good luck (中間不能使用空格)
   7_eleven (第一個字元不可以是數字)
   B&Q、is-int (&、-不是可使用的字元)

3.1.2 關鍵字

C++語言中事先將某些識別字保留給系統使用，當作程式中敘述的組合單元，我們將這些字串稱為「關鍵字」(Keywords)。由於這些字串是保留給系統使用，所以也稱為「保留字」(Reserved word)，這些保留字是不允許用來當做識別字的。透過這些關鍵字，和運算子 (Operator) 和分隔符號 (Seperator) 的結合，就可以編寫出程式的敘述 (Statement)。下表為 C++和 ANSI C 所提供常用的保留字：

C++ 和 ANSI C 共通關鍵字				
auto	break	case	char	const
continue	default	do	double	else
enum	extern	float	for	goto

if	inline	int	long	register
restrict	return	short	signed	sizeof
static	struct	switch	typedef	union
unsigned	void	volatile	while	
C++ 專屬關鍵字				
and	asm	bitand	bitor	bool
catch	class	compl	const_cast	delete
dynamic_cast	explicit	false	friend	mutable
namespace	new	not	not_eq	operator
or	or_eq	private	protected	public
reinterpret_cast	static_cast	template	this	throw
true	try	typeid	typename	using
virtual	wchar_t	xor	xor_eq	

(C++新的版本會有新增的識別字)

3.2 變數和常數的宣告

3.2.1 變數的宣告

程式執行時，變數 (Variable) 的變數值會存放在電腦的記憶體中。變數是為某個資料在程式執行期間，所保留的記憶體空間，以因應程式執行時，不同時間在記憶體中存放不同的值。所以，變數是用來存放程式執行過程中暫時和最後的結果，它會在記憶體中占用一個空間，所占用的大小視所定義的資料型別而有差異。為了方便程式存取變數，每個變數都必須給予一個識別字稱為「變數名稱」。所以，一個變數具有下列三種重要的屬性：

1. **名稱** (Name)：變數名稱必須遵循識別字命名規則。
2. **值** (Value)：值 (或稱變數值) 是存放在變數內的內容。
3. **資料型別** (Data Type)：資料型別用來設定變數的大小和使用空間。

大多數的高階程式語言，都是在程式開頭先宣告 (Declare) 變數，並賦予該變數一個變數名稱和適當的資料型別。當指定該變數初值時，電腦會在記憶體中配置該資料型別大小的記憶體空間，來存放該變數的內容。我們可以先宣告一個變數，然後再指定變數值。或是在宣告變數的同時，使用 = (指定運算子) 來初始化 (Initialize) 變數的初值，此時記憶體會配置指定的空間來存放所設定的初值。宣告變數時可僅宣告變數名稱，也可同時指定初值，宣告的語法如下：

語法一	`資料型別 變數名稱1 [, 變數名稱2 …] ;`
語法二	`資料型別 變數名稱1 = 值1 [, 變數名稱2 = 值2…];`

簡例

```
char chr1;              // 宣告 chr1 為一個字元變數
int price,qty;          // 宣告 price、qty 為整數變數，變數之間用逗號分開
float rate;             // 宣告 rate 為浮點數變數
double sum;             // 宣告 sum 為倍精確度變數
int myVar=20;           // 宣告 myVar 是一個整數變數，並指定初值為 20
int n1=1,n2=1,n3=1;     // 宣告 n1,n2,n3 為整數變數，並將初值都指定為 1
int v1,v2,v3=1;         // 宣告 v1,v2,v3 為整數變數，但只指定 v3 初值為 1
```

變數如果沒有先行宣告就直接使用，編譯時會產生錯誤。變數宣告後，C++語言會從記憶體中配置空間給該變數使用。如果沒有指定初值就直接使用，雖然編譯時不會產生錯誤，但是會因為該記憶體的原有值不一，而造成程式計算結果錯誤。所以，建議應該盡量在變數宣告後立即指定初值，或是在宣告變數時同時指定初值。

3.2.2 常數的宣告

程式中如果有固定不變的資料時，可以將該資料值宣告為常數 (Constant)。常數一經宣告後，在程式執行過程中不能改變該常數的值。使用常數可以避免重要的數值，被不小心修改造成錯誤，例如銀行的利率、所得稅的稅率、圓周率、人名…等。另外，使用常數可以集中管理資料，例如若銀行調整利率時只要修改常數值即可，其他程式碼都不用更動。宣告常數的語法如下：

語法一	`const 資料型別 常數名稱 = 常數值 ;`
語法二	`資料型別 const 常數名稱 = 常數值 ;`
語法三	`#define 常數名稱 常數值`

常數通常在程式宣告區宣告，供程式全域使用。因為常數值不能修改，所以常數名稱習慣會全部用大寫字母，例如 PI。用前置處理指令#define 來宣告常值，是 C 語言的語法，應以 const 語法為優先。用#define 來宣告常值時，要注意敘述結尾不加 ; 字元。

範例: constant.cpp

設計計算顧客購買兩本書的合計金額的程式。

執行結果

```
C:\cpp\ex03\constant\bin\Debug\constant.exe
C++ 基礎必修課 2 本 合計 900
Process returned 0 (0x0)   execution time : 0.062 s
```

程式碼 FileName : constant.cpp

```
01 #include <iostream>
02 using namespace std;
03 const int BOOK_PRICE = 450;
04 #define BOOK_NAME " C++ 基礎必修課 "
05 int main(int argc, char** argv) {
06     int num = 2;
07     //BOOK_PRICE = 500;
08     cout<<BOOK_NAME<<num<<" 本 合計 "<<num*BOOK_PRICE;
09     return 0;
10 }
```

說明

1. 第 3 行：在宣告區用 const 宣告常數 BOOK_PRICE，也可以寫為：
   int const BOOK_PRICE = 450;
2. 第 4 行：用#define 宣告常數 BOOK_NAME，也可以寫為：
   const string BOOK_NAME = " C++ 基礎必修課 ";
3. 第 7 行敘述如果執行時，因為修改常數值編譯器會產生錯誤訊息。

3.3 資料型別

C++語言的資料型別可分成下列五種，本章僅介紹基本資料型別和延伸資料型別，其他型別請參閱後面的相關章節。

1. **基本資料型別**： bool、char、int、float、double。
2. **延伸資料型別**： short、long、signed、unsigned。
3. **結構型別**：陣列、結構。
4. **指標資料型別**
5. **列舉資料型別**

3.3.1 基本資料型別

一. char 字元資料型別

使用 char 關鍵字所宣告的變數，用來存放單一字元 (character)，以該字元對應的 ASCII 碼 (整數) 存放在記憶體。字元常值的表示方式有下列幾種方式：

1. 以 ' ' 單引號框住字元：

   使用 ' 單引號將可顯示的字元左右括起來，例如：'A' 和 'a'。宣告 ch1 字元資料型別變數，變數值為 'A' 寫法如下：

   ```
   char ch1 = 'A';
   ```

2. 以 ASCII 碼表示字元：

   用字元對應的 ASCII 碼表示。例如 'A' 的 ASCII 碼為 65，宣告 ch1 字元資料型別變數，變數值為 'A' 以 ASCII 碼寫法如下：

   ```
   char ch1 = 65;
   ```

3. 以十六進制表示字元：

   將字元對應的 ASCII 碼以十六進制表示之。例如 'A' 的 ASCII 碼為 65，以 16 進制表示為 0x41 (前面為零非字母 O)。宣告 ch1 字元資料型別變數，變數值為 'A' 以十六進制寫法如下：

   ```
   char ch1 = 0x41;
   ```

4. 以八進制表示字元：

   將字元對應的 ASCII 碼以八進制表示之。例如 'A' 的 ASCII 碼為 65，以 8 進制表示為 0101 (前面為零非字母 O)。宣告 ch1 字元資料型別變數，變數值為 'A' 以八進制寫法如下：

   ```
   char chr1 = 0101;
   ```

簡例 (檔案名稱：char.cpp)

```
char ch1, ch2, ch3, ch4;        //宣告四個字元資料型別變數
cout << (ch1 = 'B');            //指定 ch1 變數值為'B'，會顯示 B
cou t<< (ch2 = 35);             //指定 ch2 變數值為 ASCII 碼 35，會顯示 #
cout << (ch3 = 0x25);           //指定 ch3 變數值為十六進制 0x25，會顯示 %
cout << (ch4 = 0100);           //指定 ch4 變數值為八進制 0100，會顯示 @
```

二. int 整數資料型別

使用 int 關鍵字所宣告的變數，是用來存放不含小數點的整數。整數資料型別有 short int (短整數) 和 long int (長整數) 兩種延伸類別，若宣告時只使用 int，前面未加上 short 或 long，會被視為 long int 長整數宣告。整數常值預設為 int 整數，如果要指定為長整數可以在數值後加上 L 或 l (小寫 L)，例如 12L 或 12l。如果要指定為無號整數可以在數值後加上 U 或 u，例如 12U 或 12u。

簡例

```
int num1=1234;              //宣告 num1 為整數變數，變數值為 1234
short int num2=123;         //宣告 num2 為短整數變數，變數值為 123
long int num3=123456;       //宣告 num3 為長整數變數，變數值為 123456
```

三. bool 布林值資料型別

布林值通常用來表示邏輯運算的結果值，布林值只有 1 (代表真、true) 和 0 (代表假、false) 兩種值，所以是屬於整數資料型別。在 C++ 中 true 和 false 為關鍵字，也可作為布林常值。在邏輯和算術運算式中，布林值會先被轉換成整數值，然後才進行運算。布林值和整數值之間是可以互相轉換，其規則如下：

1. 布林值轉成整數時，布林值 false 轉成 0； true 轉成 1。
2. 整數轉成布林值時，整數值若為 0 轉成 false；其餘都轉成 true。

簡例 (檔案名稱：bool.cpp)

```
bool b1 = 3;            //3 不等於 0，所以 b1 值為 true
cout << b1 << '\n';     //b1 值為 true，所以顯示 1
int i1 = true;          //true 的整數值為 1，所以 i1 值為 1
cout << i1 << '\n';     //顯示 i1 值為 1
bool b2 = true;
bool b3 = b1 - b2;      //b1 和 b2 是 true 轉為整數都是 1，b1-b2=0，所以 b3 值為 false
cout << b3 << '\n';     //b3 值為 false，所以顯示 0
int i2 = b1 + b2;       //b1 和 b2 是 true 轉為整數都是 1，所以 i2 值為 2
cout << i2;             //顯示 i2 值為 2
```

四. float 浮點數資料型別

使用 float 關鍵字所宣告的變數，是用來存放帶有小數點的數值，稱之為浮點數或實數。如果常值以 2.0 出現在程式中，電腦會以 float 浮點數儲存。如果是常值為 2，則會以 int 整數儲存。浮點數常值也可以科學符號來表示：

語法 a E|e ±n (即 a x 10 ±n) //a 為浮點數或整數(1 ≤a < 10)、n 為整數

簡例

```
float rate=0.05;        //宣告 rate 為浮點變數，並給予初值為 0.05 (科學記號：5e-2)
float var=2.9856E+6;    //宣告 var 為浮點變數，並給予初值為 2.9856 x 10^6 (2,985,600)
```

五. double 倍精確浮點數資料型別

當使用 float 關鍵字所宣告的變數，無法容納下指定的浮點數值時，可改用 double 關鍵字來存放帶有小數點的數值。浮點數資料型別有 32 位元的 float (單精確)、64 位元的 double (倍精確) 和 128 位元的 long double (長倍精確)。浮點數常值預設為倍精確浮點數，如果要指定為單精確度可以在數值後加上 F 或 f，例如 12.34F 或 12.34f。如果要指定為長倍精確度可以在數值後加上 L 或 l (會和數字 1 混淆應避免使用)，例如 12.34L 或 12.34l。

簡例

```
double rate=1.25e-40;     //宣告 rate 為倍精確浮點變數，設初值為 1.25 x 10^-40
double var=2.9856E+40;    //宣告 var 為倍精確浮點變數，設初值為 2.9856 x 10^40
```

3.3.2 延伸資料型別

在撰寫程式時，為了要增加或降低變數的精確度以及所占用記憶體的空間，C++語言提供資料的延伸類型，允許在上面基本資料型別的前面加上 short、long、signed、unsigned 四種修飾詞：

一. short | long 修飾詞

加上 short 修飾詞用來降低精確度，使得變數的有效範圍比原來基本資料型別大小縮減。int 資料型別占 4 Bytes 記憶體，short int 只占 2 Bytes，short int 也可以寫為 short。

加上 long 修飾詞用來增大精確度，使得變數的有效範圍比原來基本資料型別擴大。double 資料型別占 8 Bytes 記憶體，long double 會占 16 Bytes。但是 int 預設為 long int，所以 int、long int 和 long 都是代表長整數資料型別。

二. signed | unsigned 修飾詞

加上 signed 修飾詞用來表示數值有正負，但是由於一般的變數預設都是有正負號，因此 signed 可以省略。

加上 unsigned 修飾詞用來表示數值只有正數。如果變數只會儲存正數，可在宣告變數時，在資料型別的前面加上 unsigned，則該變數只能存放正數和 0。

下表為 C++ 基本和延伸資料型別所占用記憶體的大小：

資料型別	常值種類	占用記憶體 (Bytes)	有效範圍
char	字元	1	-128~127 或 0~255
unsigned char	字元	1	0~255
bool	整數	1	1 (true)、0 (false)
int (long、long int)	整數	4	-2,147,483,648~2,147,483,647
short int (short)	整數	2	-32,768~32,767
unsigned short	整數	2	0~65,535
unsigned int	整數	4	0~4,294,967,295
float	實數	4	約 $-1.2. \times 10^{-38} \sim 3.4 \times 10^{38}$
double()	實數	8	約 $-2.2 \times 10^{-308} \sim 1.8 \times 10^{308}$
long double	實數	16	約 $-3.4 \times 10^{-4932} \sim 1.2 \times 10^{4932}$

說明

1. 在不同程式語言、編譯器和系統中，所定義資料型別其占用記憶體和有效範圍可能會不相同。要想查看變數所占用記憶體大小，可使用 sizeof()函式來查詢。例如顯示整數變數 num 所占記憶體大小，程式寫法如下：

```
int num = 123;
cout << sizeof(num);          //執行結果為 4
```

2. 在設定變數的資料型別時要適當，如果所設定的資料型別占用的記憶體太小，會造成溢位 (overflow) 使得程式得到不可預期的結果。例如 short 短整數變數的範圍是 -32,768 ~ 32,767，若該變數的值超過 32,767 時，會造成資料溢位而發生錯誤。例如：指定 short 變數值為 32,768 時，其值會為-32,768，若指定為 32,769 時，其值會為-32,767，其餘類推。如果變數資料型別宣告過大，則會浪費記憶體空間。

3. 在 int 前面有加上 short 或 long 修飾詞時，int 可以省略。

4. unsigned 可以和 long 和 short 一起使用，但 long 和 short 不允許同時一起使用。

3.4 運算子

運算子 (Operator) 是用來指定資料做何種運算，運算子配合運算元 (Operand) 就構成一個運算式 (Expression)。所謂運算元是指變數、常數、常值或運算式。例如：num + 1 就是一個運算式，其中 num 和 1 為運算元，+ 為運算子。運算子按照運算時所需要的運算元數目分成：

1. **一元運算子** (Unary Operator)： 例如：-5、k++。
2. **二元運算子** (Binary Operator)：例如：a + b。
3. **三元運算子** (Tenary Operator)：例如：max = (a > b) ? a：b。

運算子按照功能可分成下列五大類：

1. **算術運算子**： 例如：+、-e。
2. **關係運算子**： 例如：>、<。
3. **邏輯運算子**： 例如：&&、||。
4. **指定運算子和複合指定運算子**：例如：=、+=。
5. **遞減和遞增運算子**：例如：++、--。

3.4.1 算術運算子

算術運算子是用來執行一般的數學運算，例如：加、減、乘、除和取餘數等運算。運算子做運算時，前後需要有一個運算元才能運算。C++語言所提供的算術運算子與運算式實例如下表：

運算子符號	義意	實例（設 j=4）
+	相加	i = j + 1; ⇨ i = 5
-	相減	i = j – 1; ⇨ i = 3
*	相乘	i = j * 2; ⇨ i = 8;
/	相除	i = j / 2; ⇨ i = 2
%	取餘數	i = j % 2; ⇨ i = 0
>>	右移位元	i = j >> 1; ⇨ i = 2 (等於除以 2^1)
<<	左移位元	i = j << 2; ⇨ i = 16 (等於乘以 2^2)

範例： count.cpp

設計顧客購買 120 和 345 元貨品，付現 1000 元時顯示找錢的程式。

執行結果

```
C:\cpp\ex03\count\bin\Debug\count.exe
應找 535 元
Process returned 0 (0x0)   execution time : 0.062 s
```

程式碼 FileName : count.cpp

```
01 #include <iostream>
02 using namespace std;
03 int main()
04 {
05     int money;
06     money = 1000 - 120 - 345;
07     cout<<" 應找 " << money << " 元";
08     return 0;
09 }
```

說明

1. 第 5 行：因為通常金額計算到元，所以宣告找錢變數 money 的資料型別為 int 整數。如果要計算更精確，可以宣告成 double 資料型別，然後再做四捨五入運算。
2. 第 6 行：為計算找錢金額的運算式，付現金額用「-」運算子減去購物金額。

3.4.2 關係運算子

關係運算子 (Relational Operator) 是用來判斷，位於關係運算子前後運算元的關係是否成立。若成立結果為真 (True) 以布林值 true、1 表之；若不成立結果為假 (False) 以 false、0 表之。撰寫程式時常透過關係運算式的結果，來決定程式的執行流向。下表是 C++語言的關係運算子與關係運算式：

關係運算子	意義	數學表示式	關係運算式
1. ==	相等	A = B	A == B
2. !=	不相等	A ≠ B	A != B
3. >	大於	A > B	A > B
4. <	小於	A < B	A < B
5. >=	大於或等於	A ≧ B	A >= B
6. <=	小於或等於	A ≦ B	A <= B

簡例

如果 x=3 和 y=2

```
bool b = x > y;    // 因為 3 大於 2 為真，所以 b 值為 1(true)
bool b = x == y;  // 因為 3 等於 2 為假，所以 b 值為 0(false)
```

3.4.3 邏輯運算子

「邏輯運算式」可連結多個關係運算式，一般用來測試較複雜的條件。譬如：(a > b) && (c > d)，其中 (a > b) 和 (c > d) 為關係運算式，兩者利用 && (且)邏輯運算子 (Logical Operator) 來連結。邏輯運算式的結果只有 1 (真、true) 或 0 (假、false)。下表為 C++語言所提供的邏輯運算子種類與邏輯運算式的用法：

邏輯運算子	意義	邏輯運算式	運算結果
&&	且	A && B	當 A、B 都為真時，結果才為真。
||	或	A || B	若 A、B 其中只要有一個為真，結果為真。
!	非(反相)	! A	若 A 為真，結果為假； 若 A 為假，結果為真。

下表中 A 和 B 兩個都是邏輯運算元，每個運算元的值若為非零值 (true 表示之)，零值 (false 表示之) 兩種。因此有下列四種輸入組合，現列出經過 &&、||、! 三種邏輯運算後所有可能的結果：

A	B	A && B (A 且 B)	A || B (A 或 B)	! A (非 A)
true	true	true	true	false
true	false	false	true	false
false	true	false	true	true
false	false	false	false	true

簡例

```
bool b = 1 > 2 && 1 != 2;      // b 值為 0，因前者為假後者為真，&&須兩者都真才為真
bool b = 'A' == 'a' || 'A' < 'a';  // b 值為 1，因前者為假後者為真，|| 只要一個為真就為真
bool b = !(1 <= 2);              // b 值為 0，因 1<=2 為真，真相反後為假
```

3.4.4 位元運算子

& (And、且)、| (Or、或) 和^ (Xor、互斥) 等為位元運算子 (Bitwise Operator)，做法是先將運算元轉成二進制，然後根據位元運算子的運算規則做運算。下表為各個位元運算子的運算結果：

A	B	A & B (且)	A | B (或)	A ^ B (互斥)
1	1	1	1	0
1	0	0	1	1
0	1	0	1	1
0	0	0	0	0

簡例 示範 &、|、^ 運算子的使用

```
int i = 5 & 3;      // i 值為 1
int i = 5 | 3;      // i 值為 7
int i = 5 ^ 3;      // i 值為 6
```

說明

```
 0101 ⇦ 5 的二進制       0101 ⇦ 5 的二進制       0101 ⇦ 5 的二進制
&0011 ⇦ 3 的二進制      | 0011 ⇦ 3 的二進制     ^0011 ⇦ 3 的二進制
 0001 ⇦ 1 的二進制       0111 ⇦ 7 的二進制       0110 ⇦ 6 的二進制
```

簡例 利用和 1 做 & 運算判斷奇偶數

```
int i = 5 & 1;      // i 值為 1，所以 5 為奇數
int i = 6 & 1;      // i 值為 0，所以 6 為偶數
```

說明

```
 0101 ⇦ 5 的二進制       0110 ⇦ 6 的二進制
&0001 ⇦ 1 的二進制      &0001 ⇦ 1 的二進制
 0001 ⇦ 1 的二進制       0000 ⇦ 0 的二進制
```

範例：code.cpp

設計一個字元編密和解密的程式。

執行結果

程式碼 FileName：code.cpp

```
01 #include <iostream>
02 using namespace std;
03 int main()
04 {
```

```
05     char c1 = 'A';
06     int code = 5;
07     char c2 = c1 ^ code;
08     cout << c1 << " 編密後-> " << c2 << '\n';
09     char c3 = c2 ^ code;
10     cout << c2 << " 解密後-> " << c3;
11     return 0;
12 }
```

說明

1. 利用 ^ 互斥位元運算子和同值運算兩次後，會復原成原值的特性，設計字元的編解密程式。A 字元的 ASCII 碼為 65，ASCII 碼 68 對應的字元為 D。

01000001 ⇦ 65 的二進制	01000010 ⇦ 68 的二進制
^00000011 ⇦ 5 的二進制	^00000011 ⇦ 5 的二進制
01000010 ⇦ 68 的二進制	01000001 ⇦ 65 的二進制

2. 第 6 行的 code 變數值改變時，編密的結果也會改變。

3.4.5 指定運算子與複合指定運算子

若一個指定運算式在等號的兩邊都有相同的變數，就可以採複合指定運算子 (Combination Assignment Operator) 來表示。譬如：i = i + 5 為一個指定運算式，由於指定運算子 (=、等號) 兩邊都有相同的變數 i，因此可改寫為 i += 5。下表為 C++常用的複合運算子的意義和實例：

運算子符號	義意	實例
=	指定	x = y;
+=	相加後再指定	x+=y; 相當於 x=x+y
-=	相減後再指定	x-=y; 相當於 x=x-y
*=	相乘後再指定	x*=y; 相當於 x=x*y
/=	相除後再指定	x/=y; 相當於 x=x/y
%=	餘數除法後再指定	x%=y; 相當於 x=x%y
&=	作 AND 運算後再指定	x&=y; 相當於 x=x&y
|=	作 OR 運算後再指定	x|=y; 相當於 x=x|y
^=	作 XOR 運算後再指定	x^=y; 相當於 x=x^y
<<=	左移指定運算	x<<=y; 相當於 x=x<<y
>>=	右移指定運算	x>>=y; 相當於 x=x>>y

簡例

```
x += 1;          //等於 x = x + 1;
x /= (y + 1);    //等於 x = x + (y + 1);
x <<= 2;         //等於 x = x << 2;
```

3.4.6 遞增與遞減運算子

++遞增 (Increment Operator) 和 --遞減 (Decrement Operator) 運算子都是屬於一元運算子，可以使運算元加 1 和減 1。譬如：i++；敘述等於 i = i + 1，i--;敘述等於 i = i - 1。另外，遞增及遞減運算子可以寫在運算元的前面或後面。若將遞增運算子放在變數之前，表示為前遞增，例如：++i。若放在之後則為後遞增，例如：i++。--遞減運算子亦是如此。若 a 變數值為 2，各種遞增、遞減運算結果如下：

遞增、遞減運算式	一般運算式	執行結果

b = ++a; //前遞增	a = a + 1; // a 變數先加 1
	b = a; // a 變數值指定給 b
		a = 3 、 b = 3

b = a++; //後遞增	b = a; // a 變數值先指定給 b
	a = a + 1; // a 變數才加 1
		a = 3 、 b = 2

b = --a; //前遞減	a = a - 1; // a 變數先減 1
	b = a; // a 變數值指定給 b
		a = 1 、 b = 1

b = a--; //後遞減	b = a; // a 變數值先指定給 b
	a = a - 1; // a 變數才減 1
		a = 1 、 b = 2

簡例

```
int i = 5; int j = 5; int k = 5;
i += 3 * (++j) - (k--) * 2;
```

說明

1. 將運算式運算的步驟分解條列如下：

   ①i = i + (3 * (j + 1) - (k--) * 2);　⇨ j 為前遞增所以先加 1，j=6

   ②i = 5 + (3 * 6) - (5 * 2)　⇨ k 為後遞減所以先用原值 5 做運算

   ③i = 5 + 18 - 10　⇨ k 運算後減 1，k=4

   ④i = 13

2. 運算的結果：i = 13、j=6、k=4。

3.4.7 運算子的運算優先順序

程式碼中的運算式經常非常複雜，C++語言有一套規則來確保計算出正確結果。基本的規則是運算式中優先順序較高的運算子要先運算，優先順序相同時由左向右依序運算。為避免運算子的優先順序影響到計算結果，應該善用 ( ) 括號。() 內的運算式會獨立計算，如此會減少錯誤而且容易閱讀。下表為 C++常用運算子的優先順序：

<table>
<tr><th>優先順序</th><th>運算子(Operator)</th><th>運算次序</th></tr>
<tr><td>1</td><td>x.y、f(x)、a[x]、x++、x--、new、sizeof、typeof、()</td><td>由內至外</td></tr>
<tr><td>2</td><td>! 、+(正號)、-(負號)、++x、--x、*(取值)、&(取址)</td><td>由右至左</td></tr>
<tr><td>3</td><td>*(乘)、 / (除)、 %(取餘數)</td><td>由左至右</td></tr>
<tr><td>4</td><td>+(加)、 -(減)</td><td>由左至右</td></tr>
<tr><td>5</td><td><< (左移) 、 >> (右移)</td><td>由左至右</td></tr>
<tr><td>6</td><td>< 、 <=、 >、 >= (關係運算子)</td><td>由左至右</td></tr>
<tr><td>7</td><td>== (相等) 、 != (不等於)</td><td>由左至右</td></tr>
<tr><td>8</td><td>& (位元運算 AND)</td><td>由左至右</td></tr>
<tr><td>9</td><td>^ (位元運算 XOR)</td><td>由左至右</td></tr>
<tr><td>10</td><td>| (位元運算 OR)</td><td>由左至右</td></tr>
<tr><td>11</td><td>&& (條件式 AND)</td><td>由左至右</td></tr>
<tr><td>12</td><td>|| (條件式 OR)</td><td>由左至右</td></tr>
<tr><td>13</td><td>?: (條件運算子)</td><td>由右至左</td></tr>
<tr><td>14</td><td>= 、 += 、 -= 、 *= 、 /= 、 %=、<<=、>==、&=、^=、!=(指定、複合指定運算子)</td><td>由右而左</td></tr>
<tr><td>15</td><td>, (逗號)</td><td>由左至右</td></tr>
</table>

簡例

5 + 4 * 3 / 2 % 3

說明

1. 將運算式運算的步驟分解條列如下：

   ①5 + ***12 / 2*** % 3　　⇨ + 順序低後運算，其餘順序相同由左開始運算

   ②5 + ***6 % 3***　　⇨ 先是 / 運算，然後是 % 運算

   ③***5 + 0***　　⇨ + 順序低最後運算

   ④5　　⇨ 運算的結果為 5。

2. 本運算式可以改為 5 + (4 * 3 / 2 % 3)，會比較容易閱讀。

3. 若改為 (5 + 4) * (3 / 2) % 3 結果會不同，因為 () 會改變運算的順序。

簡例

```
2 >= 3 && 2 != 3 || 2 * 2 > 3
```

説明

將運算式運算的步驟分解條列如下：

①***2 >= 3*** && 2 != 3 || 4 > 3　　⇨ >=、>順序最高，左邊的>=先，結果為 0(假)

②0 && 2 != 3 || ***4 > 3***　　⇨ 接著算右邊的 >，結果為真所以為 1

③0 && ***2 != 3*** || 1　　⇨ != 順序高，結果為真所以為 1

④***0 && 1*** || 1　　⇨ &&、|| 順序相同，左邊的&&先，結果為 0

⑤***0 || 1***　　⇨接著 || 運算

⑥1　　⇨結果為 1(或只要一個真就為真)

3.5 型別轉換與轉型

運算式中如果包含不同資料型別的數值時，運算前必須將資料型別調整為相同。在 C++語言中有自動型別轉換 (Automatic Type Conversion) 和強制型別轉換兩種方式。

3.5.1 自動型別轉換

撰寫四則運算式時，常需要將資料型別不同的數值做運算，此時 C++語言能自動做型別轉換 (Automatic Type Conversion)。例如：1 + 2.5 兩數相加時，C++語言會自動先將整數常值 1 轉換成 double 資料型別 1.0，再做相加的工作。如果宣告 total 為 double 資料型別變數，程式中撰寫 total = 0 時，C++語言會自動將 0 轉成 0.0 來處理。如果宣告 k 為 int 資料型別變數，程式中撰寫 k = 1.9999 時，C++語言也會自動將小數部分去掉，將 1 指定給 k 變數。

運算式中若使用多種資料型別時，編譯器會在運算前先將變數轉換為彼此相容的資料型別，其規則是將占記憶空間較小的變數轉換成占記憶空間較大的資料型別，其規則如下：

(低階等級)　char | short ⇨ int ⇨ float ⇨ double　(高階等級)

3.5.2 強制型別轉換

資料的型別除了交由系統做自動型別轉換外，也可以自行強制轉換資料型別。轉換時在變數名稱前面加上小括號，小括號內指定要轉換的資料型別，此種強制轉換資料型別的方式稱為「轉型」(casting)，其寫法如下：

語法一 static_cast<新資料型別>(變數|常值);

語法二 (新資料型別)變數|常值;

兩種語法都能將變數或常值強制轉換成指定的資料型別，語法一是 C++新增的語法；語法二是 C 的語法。要注意，低階資料型別資料轉換成高階的資料型別一般不會發生問題，例如將整數轉換成浮點數。但是如果是由高階資料型別資料換成低階資料型別，會因為占用的記憶體空間縮小，可能會降低該變數的精確度，甚至造成溢位的錯誤，例如將浮點數轉換成整數。

簡例

```
01 cout << 9 / 2;
02 cout << static_cast<float>(9) / 2;
```

說明

1. 第 1 行：輸出 4，因為所有運算元都是整數，所以結果也會是整數。
2. 第 2 行：輸出 4.5，因為先將 9 轉型為浮點數。本行也可以寫為：

```
cout << (float)9 / 2;
```

範例：off.cpp

設計商店打折的程式。

執行結果

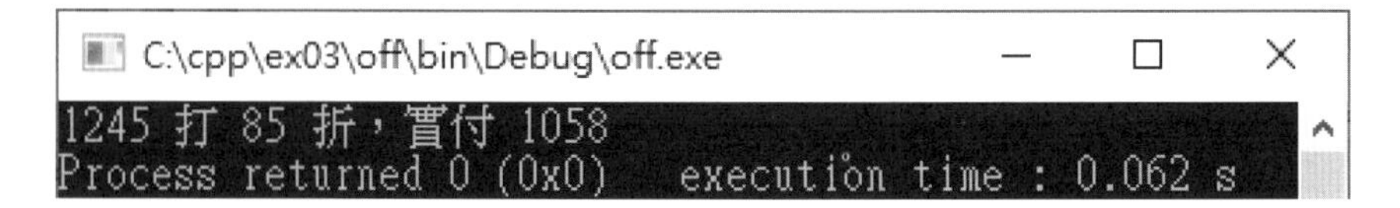

程式碼 FileName : off.cpp

```
01 #include <iostream>
02 using namespace std;
03 int main()
04 {
```

```
05    int money = 1245;
06    float off = 0.85;
07    cout<<money<<" 打 "<<(int)(off*100)<<" 折，實付 "<<(int)(money*off);
08    return 0;
09 }
```

說明

1. 因為日常的金額是使用到元，所以利用(int)強制轉型為整數。
2. 第 7 行敘述也可以改寫為：

```
std::cout<<money<<" 打 "<< static_cast<int>(off*100)<<" 折，實付 "
        << static_cast<int> (money*off);
```

3.6 變數的生命期

在所有函式主體外所宣告的變數是屬於「全域變數」(Global Variable)，變數有效範圍由宣告位置開始一直到程式結束為止，程式內任何函式均可參用此變數。「區域變數」(Local Variable) 除在函式本體內所宣告的變數外，還包括由 { … } 程式區段內所宣告的變數，例如 for … 等結構所宣告的變數。

宣告變數時，應該視變數的功能宣告在適當的位置。下列程式中，gVar 是全域變數，有效範圍是整個程式。lVar1 和 lVar2 是屬於 main()函式的區域變數，有效範圍僅在 main() 函式內。lVar1 是 fun()函式的區域變數，有效範圍僅在 fun()函式內，雖然和 main() 函式的 lVar1 變數名稱一樣但不會互相影響。

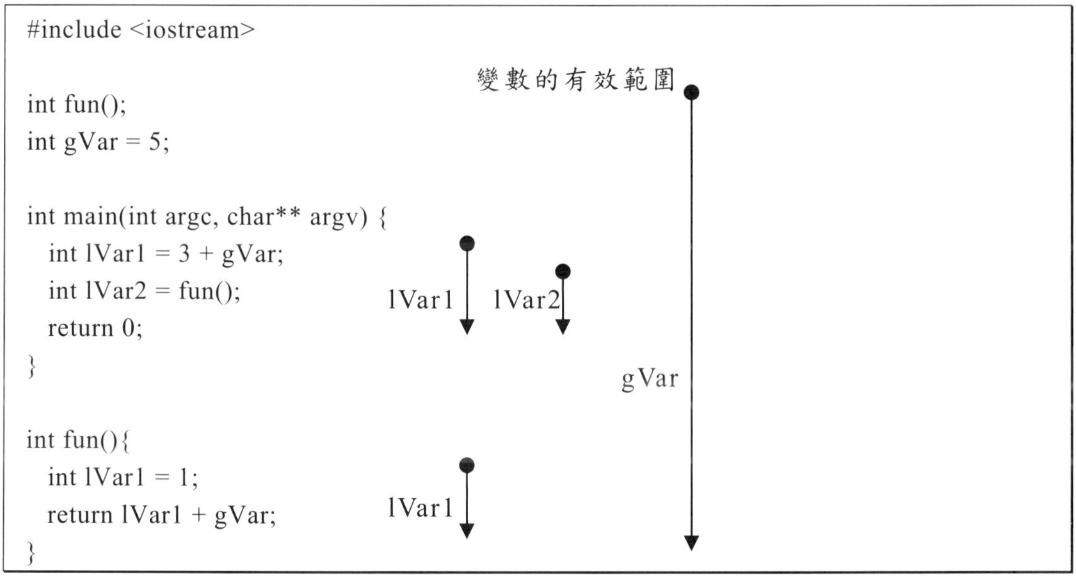

```
#include <iostream>

int fun();
int gVar = 5;

int main(int argc, char** argv) {
  int lVar1 = 3 + gVar;
  int lVar2 = fun();
  return 0;
}

int fun(){
  int lVar1 = 1;
  return lVar1 + gVar;
}
```

變數的有效範圍

lVar1 lVar2 gVar lVar1

範例：lifetime.cpp

寫一個程式來驗證全域變數和區域變數的有效範圍。

執行結果

程式碼 FileName：lifetime.cpp

```
01 using namespace std;
02 void fun(int);
03 int x = 0;
04
05 int main()
06 {
07     int b = 3;
08     fun(b);
09     b = 6;
10     fun(b);
11     b = 9;
12     fun(b);
13     return 0;
14 }
15
16 void fun(int a){
17     int b = 1;
18     cout << a << " + " << b << " + " << x << " = " << a + b + x << "\n";
19     x++;
20     b++;
21 }
```

說明

1. 第 3 行：宣告整數變數 x，並設定初值為 1。因為 x 是宣告在所有函式外面，所以 x 為全域變數在程式任何位置都有效。
2. 第 7,17 行：宣告整數變數 b，雖然變數名稱相同，但是在不同的函式內宣告，所以分別屬於 main() 和 fun() 函式的區域變數，彼此之間獨立互不影響。
3. 第 8,10,12 行：分別呼叫 fun() 函式，傳入值為 3、6 和 9。
4. 第 17,20 行：整數變數 b 為 fun() 的區域變數，不會被 main() 函式的 b 變數值影響。雖然變數 b 在第 20 行加 1，但是每次執行函式時都會重設為 1。
5. 第 19 行：變數 x 在第 19 行加 1，因為 x 為全域變數所以變數值會保留。

3.7 APCS 觀念題攻略

題目 (一)

程式執行時，程式中的變數值是存放在何處？
(A) 記憶體 (B) 硬碟 (C) 輸出入裝置 (D) 匯流排

說明

在電腦系統中，電腦硬體的記憶單元是用來儲存程式和資料的地方。輸入單元的資料會先寫到主記憶體，CPU 再由主記憶體讀取資料。CPU 處理後的資料也會先寫到主記憶體，然後才傳到輸出單元。所以程式執行時，變數值會存放在記憶體中，答案為(A)。

題目 (二)

若 a、b、c、d、e 均為整數變數，下列哪個算式計算結果與 a + b * c - e 計算結果相同？
(A) (((a+b)*c)-e) (B) ((a+b)*(c-e)) (C) ((a+(b*c))-e) (D) (a+(b*(c-e)))

說明

* 運算子優先順序高於+、-，因此 b*c 會最先運算。+、-子順序相同，左邊會先運算，答案為(C) ((a+(b*c))-e)，程式請參考 test03_2.cpp。

題目 (三)

程式執行過程中，若變數發生溢位情形，其主要原因為何？
(A) 以有限數目的位元儲存變數 (B) 電壓不穩定
(C) 作業系統和程式不甚相容 (D) 變數過多導致編譯器無法完全處理

說明

在 C++語言中，每種資料型別都有一定的大小範圍。如果變數值超過最大值時，就會發生資料溢位(Overflow)的現象。如果變數值小於最小值也會發生資料不足位(Underflow)的現象。所以本題答案為(A)以有限數目的位元儲存變數。

題目 (四)

下列程式碼執行後輸出結果為何？

(A) 3　(B) 4　(C) 5　(D) 6

```
int a=2, b=3;
int c=4, d=5;
int val;
val = b / a + c / b + d / b;
printf("%d\n", val);
```

說明

1. 因為 / (除)運算子的優先順序高於 + (加)，所以會先做除法才作加法運算。
2. 因為變數的資料型別都是整數，所以除法會採用整數除法，也就是小數部份會被無條件捨去。(3 / 2) + (4 / 3) + (5 / 3)運算式計算結果為 3(1 + 1 + 1)，所以答案為(A) val = 3，程式請參考 test03_4.cpp。

題目 (五)

假設 x、y、z 為布林(boolean)變數，且 x = TRUE、y = TRUE、z = FALSE。

請問下面各布林運算式的真假值依序為何？(TRUE 表真、FALSE 表假)

(A) TRUE FALSE TRUE FALSE　(B) FALSE FALSE TRUE TRUE

(C) FALSE TRUE TRUE FALSE　(D) TRUE TRUE FALSE TRUE

```
!(y || z) || x
!y || (z || !x)
z || (x && (y || z))
(x || x) && z
```

說明

1. !(y || z) || x ⇨ !(TRUE || FALSE) || TRUE ⇨ !(TRUE) || TRUE ⇨ FALSE || TRUE ⇨ TRUE。
2. !y || (z || !x) ⇨ !TRUE || (FALSE || !TRUE) ⇨ FALSE || (FALSE || FALSE) ⇨ FALSE || FALSE ⇨ FALSE。
3. z || (x && (y || z)) ⇨ FALSE || (TRUE && (TRUE || FALSE)) ⇨ FALSE || (TRUE && TRUE) ⇨ FALSE || TRUE ⇨ TRUE。。
4. (x || x) && z ⇨ (TRUE || TRUE) && FALSE ⇨ TRUE && FALSE ⇨ FALSE。
5. 根據各邏輯運算式的結果，答案為(A)TRUE FALSE TRUE FALSE，程式請參考 test03_5.cpp。

題目 (六)

下列程式碼是自動計算找零錢程式的一部分，程式碼中的三個主要變數分別為Total(購買總額)、Paid(實際支付金額)、Change(找零金額)。但是此程式片段有冗餘的程式碼，請找出冗餘程式碼的區塊。

(A) 冗餘程式碼在 A 區　(B) 冗餘程式碼在 B 區

(C) 冗餘程式碼在 C 區　(D) 冗餘程式碼在 D 區

```
01  int Total, Paid, Change;
02  Change = Paid - Total;
03  printf("500: %d pieces\n", (Change - Change % 500) / 500);
04  Change = Change % 500;
05
06  printf("100: %d pieces\n", (Change - Change % 100) / 100);
07  Change = Change % 100;
08
09  // A 區
10  printf("50: %d pieces\n", (Change - Change % 50) / 50);
11  Change = Change % 50;
12
13  // B 區
14  printf("10: %d pieces\n", (Change - Change % 10) / 10);
15  Change = Change % 10;
16
17  // C 區
18  printf("5: %d pieces\n", (Change - Change % 5) / 5);
19  Change = Change % 5;
20
21  // D 區
22  printf("1: %d pieces\n", (Change - Change % 1) / 1);
23  Change = Change % 1;
```

說明

1. 第 2 行：計算出找零總額 Change 變數。
2. 第 3 行：計算出找 500 元紙鈔的張數。
3. 第 4 行：計算出找 500 元後剩餘的找零總額。
4. 其餘程式碼分別計算找 100、50、10、5、1 元的數量。但是 19 行 Cnange 的值就已經是找 1 元的數量，所以第 22、23 行為冗餘程式碼答案為(D) ，程式請參考 test03_6.cpp。第 22、23 行可改寫為：

```
printf("1: %d pieces\n", Change);
```

題目 (七)

若函數 rand()的回傳值為一介於 0 和 10000 之間的亂數，下列哪個運算式可以產生介於 100 和 1000 之間的任意數(包含 100 和 1000)？

(A) rand() % 900 + 100　(B) rand() % 1000 + 1

(C) rand() % 899 + 101　(D) rand() % 901 + 100

說明

1. 要利用會回傳 0 ~ 10000 亂數值的 rand() 函式，設計可以產生介於 100 和 1000 之間任意數的運算式，其運算式為 rand() % 901 + 100，答案為(D)。
2. 利用 % 取餘數的運算子可以算出 0 ~ 除數-1 之間的值，因為最小值為 100，所以運算式要加 100。最大值為 1000，所以除數為 901 (1000 – 100 + 1)。

題目 (八)

若要邏輯判斷式 !(x1 || x2) 計算結果為真 (True)，則 x1 與 x2 的值分別應為何？

(A) x1 為 False，x2 為 False　(B) x1 為 True，x2 為 True

(C) x1 為 True，x2 為 False　(D) x1 為 False，x2 為 True

說明

1. !(x1 || x2) 計算結果要為 True，則 x1 || x2 必須為 False，那 x1 與 x2 就都要為 False，所以答案為(A)。

3.8 習題

選擇題

1. 以下何者是 C++語言之保留字？

   (A) good　(B) int

   (C) ok　(D) price

2. 為何變數 My Number 為錯誤的名稱？

   (A) 第一個字元不可以是大寫　(B) 中間不能使用空格

   (C) 變數應全為大寫　(D) 該變數名稱無誤

3. 變數 _Hello 的名稱是否正確?

   (A) 不正確，第一個字元不可以是 _　(B) 不正確，變數應全為小寫

   (C) 不正確，變數應全為大寫　(D) 正確

4. 下列何者不能作為變數名稱？

   (A) _a2z (B) 3M (C) num3 (D) num_4

5. 下列哪個常數的宣告敘述不正確？

   (A) const PI = 3.14;　(B) const float PI = 3.14;

   (C) float const PI = 3.14;　(D) #define PI = 3.14

6. 下列哪個資料型別占用的記憶體最多？

   (A) char (B) double (C) int (D) short

7. 下列哪個資料型別占用的記憶體最少？

   (A) char (B) float (C) short (D) unsigned short

8. 以下哪一種資料型別所占用記憶體大小與其他三者不同？

   (A) short int (B) short (C) unsigned short int (D) unsigned char

9. 下列哪個資料型別可容納的正整數值最大？

   (A) char (B) int (C) short (D) unsigned short

10. 有小數的數值，請問不能使用下列哪種資料型別？

    (A) double (B) float (C) long double (D) long int

11. 下列何者不是代表字元 A？

    (A) 0101 (B) 0x41 (C) "A" (D) 'A'

12. 常值為 123，請問是屬於下列哪種資料型別？

    (A) int (B) double (C) short int (D) unsigned short

13. 常值為 12.3L，請問是屬於下列哪種資料型別？

    (A) double (B) float (C) long double (D) long

14. C++語言中，以下何者為一元運算子？

    (A) / (B) ++ (C) && (D) ?

15. C++語言中，以下何者為取餘數運算子？

    (A) mod (B) % (C) div (D) \

16. C++語言中，不相等符號為何？

    (A) == (B) != (C) <> (D) ><

17. 若 i=10，則 p=++i*5; p 的值為何？

    (A) 15 (B) 50 (C) 51 (D) 55

18. 以下哪個函式可以取得變數或資料型別占用記憶體大小？

    (A) cout (B) std::cout (C) sizeof (D) pow

19. a = a + b; 可以改寫為？

    (A) a = +b; (B) a++; (C) b++; (D) a += b;

20. 下列何者為 s 介於 50~59 的條件式？

    (A) s<60 && s>49 (B) s>50 && s<59

    (C) s>50 || s<59 (D) s>=50 || s<=59

21. (2 == 2) + 2 * 3 運算式的值為何？

    (A) 4 (B) 6 (C) 7 (D) 12

22. 5 / 2 運算式的值是屬於下列哪種資料型別？

    (A) char (B) double (C) float (D) int

23. 若 n1、n2、n3、n4 變數都是整數，請問 n1-n2/n3+n4 和下列哪個運算式的結果相同？

    (A) (((n1-n2)/n3)+n4) (B) ((n1-n2)/n3)+n4

    (C) ((n1-(n2/n3))+n4) (D) (n1-n2)/(n3+n4)

24. 請問 x 和 y 的值為下列何者，會使運算式 !(x && y) 的結果為 0(假)？

    (A) x=1、y=0 (B) x=1、y=1

    (C) x=0、y=0 (D) x=0、y=1

25. 請問 16>>2 之結果為何？

    (A) 4 (B) 8 (C) 32 (D) 64

CHAPTER 4

輸出入函式

4.1 printf()輸出函式

輸出入介面是使用者和電腦之間的溝通橋樑，是撰寫程式時不可忽略的一部份。有效地格式化輸出入介面，可讓您設計出來的輸出介面更富親和力且容易操作。

4.1.1 格式化輸出

C++及 C 皆可透過 printf() 函式由標準輸出裝置 (螢幕)，來顯示字串或以指定的格式將資料輸出。由於 printf() 是 C 語言的標準輸出函式，該函式一些相關定義放在 stdio.h 標頭檔內，程式中若有使用到 printf() 函式時，必須在程式開頭先使用 #include 將 stdio.h 標頭檔含入到程式中。

```
# include <stdio.h>
```

上面是沿用 C 語言的語法，若是以 C++程式語言撰寫，也可以使用新式標頭檔，寫法如下：

```
# include <cstdio>    // 標頭檔前面加 c，後面的.h 省略
```

至於 printf() 函式的語法如下：

```
語法  printf("格式字串…", 變數 1, 變數 2…);
```

printf() 函式中的格式字串頭尾必須使用雙引號括住，格式字串是由一般字元、轉換字串和逸出字元三個部分構成：

一. 一般字元 (ordinary character)

格式字串中的一般字元包括：A ~ Z、0 ~ 9、+、-、*、/、...等任何可顯示的符號字元，都會原封不動完整輸出到螢幕上。

二. 轉換字串 (conversion character)

轉換字串是以「%」開頭結合下列四個欄位所組成的字串。

%[修飾字元] [寬度] [.小數位數] 型態字元

說明

1. **修飾字元**

   ① －(負號) ：設定輸出字元向左靠齊；省略時輸出字元均向右對齊。

   ② ＋(正號) ：設定不論正負數均加正負號；省略時只有負數才加負號。

   ③ 空白 ：設定正數前加一個空白；省略時正數前不留空白。

   ④ 0(零) ：數字前空格補 0；省略時數字前不補 0。

   ⑤ # ：加「#」時，強迫列印前導 (prefix) 字元，八進制前加「0」、十六進制前加「0x」，省略時不輸出前導字元。

2. **寬度** ：設定顯示資料欄位的總長度。例如：%5d 表示長度為 5 的整數。若輸出為小數時，寬度包括小數點和小數點後面的數字以及正負號。若設定的寬度小於資料本身的寬度時，此設定無效資料會全部顯示；若設定寬度夠大，輸出的字元會向右靠齊。

3. **小數位數** ：設定浮點數小數位置，以及字串的輸出格式。例如：浮點數 %7.2f 表示總寬度 7 位，含小數點、小數位數佔 2 位，超過部分四捨五入。例如：字串 %10.2s 表示總寬度 10 位，只印字串最前面 2 個字元。

4. **型態字元** ：用來設定顯示的資料型別

資料型別	%型態字元	說　明
字元 char	%c	以單一字元顯示。
	%s	以字串顯示。
整數 integer	%d 或 %i	以有號的十進位整數顯示。
	%o	以無正負號八進位整數顯示。
	%x %X	以無正負號 16 進位整數顯示。如：59_{10} 會以 $3b_{16}$ 輸出。 以無正負號 16 進位整數顯示。如：59_{10} 會以 $3B_{16}$ 輸出。
	%u	以無正負號十進位正整數顯示。
	%l	以長整數顯示，有%ld、%lu、%lo、%lx 四種方式。
浮點數 float	%f	以[-]mmm.nnnnnn 小數型態形式來顯示 float 或 double 的資料。n 是精確度預設小數位數有 6 位。
	%e 或 %E	以[-]m.nnnnnn[e|E][+]xx 指數形式來顯示 float 或 double 的資料。n 是精確度預設為 6 位。 %e：指數符號以 e 表示、%E：指數符號以 E 表示。

資料型別	%型態字元	說　　明
	%g 或 %G	以浮點數顯示，預設小數位數有 3 位，如果數值最後是 0 或小數點則不顯示。數字的絕對值如果大於等於 0.0001，則以%f 浮點數的形式印出，否則以%e 或%E 科學符號表之。 %g：按照 double 數值，自動選擇以%f 或%e 較短格式。 %G：依照 double 數值，自動選擇以%F 或%E 較短格式。

在 % 轉換字元和上表型態字元之間，各資料型別可視狀況加入下列參數，每一組中括號內的參數若需要時可擇一，若不需要時可省略：

① **字　　元**：%[-] [寬度] **c**

② **字　　串**：%[-] [+] [寬度][.小數位數] **s**

③ **有號整數**：%[+] [-] [寬度][l] **d**

④ **無號整數**：%[-] [#] [寬度] [l] **u**|**o**|**x**

⑤ **浮 點 數**：%[+] [-] [寬度] [.小數位數] **f**|**e**|**g**

簡例

練習在格式字串內設定修飾字元，並觀察輸出結果。(Δ代表空格)

```
01 printf("|%d|", 1234);          //未設寬度，輸出「|1234|」
02 printf("|%3d|", 1234);         //寬度小於實際寬度，等同無效，輸出「|1234|」
03 printf("|%6d|", 1234);         //設定寬度為 6，輸出「|ΔΔ1234|」
04 printf("|%-6d|", 1234);        //設定靠左對齊及寬度為 6，輸出「|1234ΔΔ|」
05 printf("|%+6d|", 1234);        //設定顯示正負號，輸出「|Δ+1234|」
06 printf("|%06d|", 1234);        //設定寬度為 6，且數字前補 0，輸出「|001234|」
07 printf("|%6.2s|", "123456"); //設定寬度 6.2，代入字串，輸出「|ΔΔΔΔ12|」
```

簡例

練習在格式字串內代入浮點數，並觀察輸出結果。(Δ代表空格)

```
01 printf("%f", 12.345);          //輸出「12.345000」，小數位數預設 6 位
02 printf("%e", 12.345);          //輸出「1.234500e+01」，小數位數預設 6 位
03 printf("%g", 12.3456);         //輸出「12.3456」，總寬度預設 7 位
04 printf("%g", 123456.78);       //輸出「123457」，最後 1 位為小數點不顯示
05 printf("%g", 1234567.8);       //輸出「1.23457e+06」，整數部分超過 7 位改用
          //指數顯示，正負號佔 1 位，指數位數佔 2 位，非指數小數點佔 5 位
06 printf("%.2f", 12.345);        //輸出「12.35」，小數位數 2 位，第 3 位四捨五入
07 printf("%8.3f", 12.345);       //輸出「ΔΔ12.345」，總寬度 8 位，小數位數 3 位
08 printf("%3.1f", 12.345);       //輸出「12.3」，寬度不足設定無效，小數位數 1 位
```

三. 逸出字元 (escape character)

由於 C 語言字元常值採用一對單引號括住字元，如：'a' 來表示。輸出字串頭尾需要使用到雙引號來框住，因為雙引號必須成對出現為避免造成混淆，所以採用 \" 來輸出雙引號。我們將「\」倒斜線稱為「逸出字元」(Escape character)，將逸出字元和接在其後的字元一起稱為「逸出序列」(Escape sequence)。當編譯器碰到逸出字元時，將緊接其後的字元當成正常字元處理，而不視為特殊字處理，printf() 透過下表逸出序列用來控制游標的位置或在輸出字串中印出一些特殊的符號字元：

字元	說明
\a	發出警告音
\b	使游標倒退一格
\r	使游標倒退至行首
\n	使游標跳到下一行
\0(零)	空字元(null character)
\t	使游標移到下一個水平定位
\\	印出一個 \ 字元
\'	印出一個單引號「'」
\"	印出一個雙引號「"」
\ooo	以八進制輸出
\xhh	以十六進制輸出

簡例

練習在格式字串內使用逸出序列，並觀察輸出結果。(Δ代表空格)

```
01 printf("123456789\a0"); //輸出「0」之前發出警告音
02 printf("ABC\bDEF");    //輸出「ABDEF」，遇到\b 時游標會倒退，覆蓋字元 C
03 printf("ABCD\rDEF");   //輸出「DEFD」，遇到\r 時游標會移至行首，覆蓋字元 ABC
04 printf("ABCD\tEF");    //輸出「ABCDΔΔΔΔEF」，遇到\t 時游標會移至下個定位點
05 printf("A\\B\'C\"DEF"); //輸出「A\B'C"DEF」
06 printf("A～\x5a");     //輸出「A～Z」
```

4.1.2 引數串列

printf() 函式由目前的游標處，將雙引號內的資料顯示出來。如下寫法碰到雙引號內 %d 處是以引數串列中的 引數 1 來取代，而該 引數 1 變數值是採 %d 十進數值顯示；%f 處以引數串列中的 引數 2 取代，是採浮點數的型態顯示：

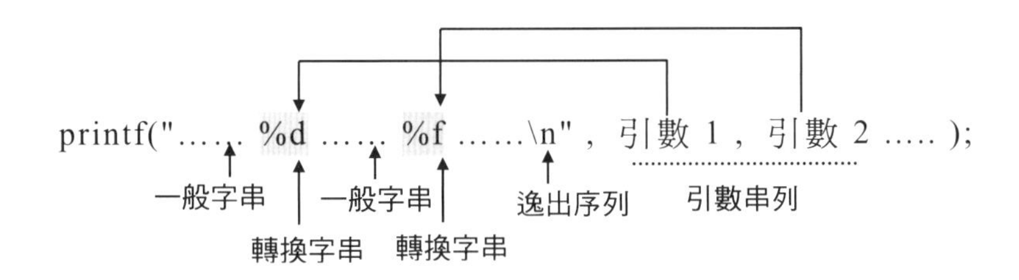

說明

1. printf() 函式會將雙引號內的一般字元，原封不動地顯示在螢幕上。
2. printf() 函式碰到第一個轉換字串 %d 時，會被引數串列中的第一個引數 (即 引數 1) 的十進數值取代顯示。所以轉換字串和引數必須成對出現。
3. 第二個轉換字串 %f 處，會被引數串列中的第二個引數 (即 引數 2) 含有小數位數數值取代顯示。
4. 引數串列中的引數可以為變數名稱、運算式、常數、陣列元素、字串、字元等。至於會以哪種資料型別顯示，是由接在 % 轉換字元後面的資料型別字元來決定。

簡例

```
printf("今年%d 是%s 年", 2023, "兔");   //輸出結果「今年 2023 是兔年」
```

說明

1. 執行上述 printf() 函式時，會在目前游標位置先輸出一般字元「今年」。
2. 遇到轉換字元 %d 時會代入 引數 1，輸出「2023」。接著輸出一般字元「是」。
3. 遇到轉換字元%s 時會代入 引數 2，輸出「兔」。接著輸出一般字元「年」。

簡例

```
printf("字元%c 的 ASCII 碼是%#X", 65, 65);   //輸出結果「字元 A 的 ASCII 碼是 0X41」
```

說明

1. 在本例中遇到轉換字元 %c 時會代入第 1 個引數，並且以字元型態輸出。
2. 遇到轉換字元「#」會輸出進制的前導字元。遇到 X 時會代入第 2 個引數的十六進制。

簡例

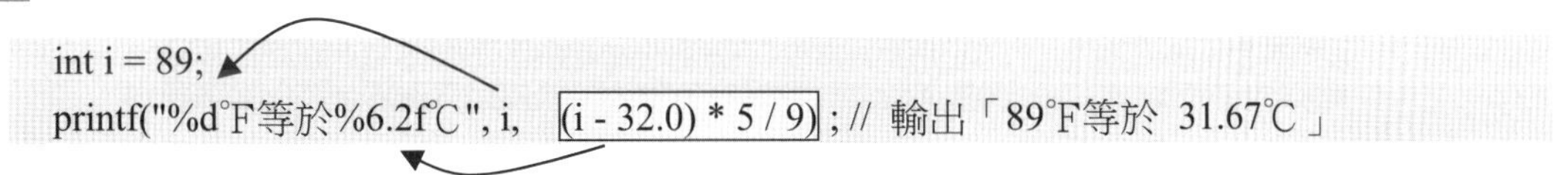

```
int i = 89;
printf("%d°F等於%6.2f°C", i,  (i - 32.0) * 5 / 9) ; // 輸出「89°F等於 31.67°C」
```

說明

1. 引數可以是變數或者是運算式，如本例中第 1 個引數是變數、第 2 個引數是運算式。
2. 第二個轉換字元%6.2f 表示輸出格式為總寬度 6 個字元，小數點佔 2 位，超過部份以四捨五入處理。

4.2 scanf()輸入函式

一般輸入資料最常用的方法就是由鍵盤鍵入資料，在 C 語言由於未提供輸入敘述，因此，只能透過 scanf() 函式由標準輸入裝置 (鍵盤) 來鍵入資料，將輸入的資料以指定的資料型別和格式放入對應的變數內。至於 scanf() 輸入函式和 printf() 輸出函式的語法有很多相似之處，兩者主要的差異在於 scanf() 輸入函式是用來做輸入的動作，後者 printf() 輸出函式是用來做輸出的動作。當程式執行到此函式時，會暫時停止程式的執行，等待使用者由鍵盤鍵入資料後按下 Enter↵ 鍵，scanf() 函式會將鍵入的資料放入對應的變數中。若有多個變數輸入時，可以用 blanks (空白鍵)、tabs (跳位鍵)、newlines (換行) 等這些空白字元來區隔。程式中有使用 scanf() 函式時，要含入 stdio.h 標頭檔。scanf() 函式的語法如下：

語法 `scanf("格式字串 1△格式字串 2△… ", &變數 1, &變數 2…);`

說明

1. 「格式字串 1」配合引數串列中的第一個引數「變數 1」，「格式字串 2」配合引數串列中的第二個引數「變數 2」...以此類推。各格式字串之間可使用空白字元來分隔或省略，所有的格式字串使用一對雙引號括起來。常見的格式字串可由下面四個欄位來組合：

   [一般字元] % [寬度] 資料型別

2. 格式字串如果加入一般字元，鍵入資料時必須跟著鍵入同樣的字元。例如執行下列簡例敘述時，輸入資料格式必須如下圖方式，在年、月、日之間鍵入橫線，輸入完畢再按 Enter↵ 鍵。若輸入格式正確，會將輸入的資料 2023 存入 yy 變數、2 存入 mm 變數、21 存入 dd 變數。

```
BirthDay (yyyy-mm-dd) : 2023-2-21
year:2023  month:2  date:21
```

簡例

```
01 int yy, mm, dd;
02 printf("BirthDay (yyyy-mm-dd) : ");
03 scanf("%d-%d-%d", &yy, &mm, &dd);
04 printf("year:%d    month:%d    date:%d \n", yy, mm, dd);
```

1. scanf() 函式內的變數前面必須加上「&」位址運算子，代表將資料以指定的字串格式放到此變數的位址內。變數與變數之間必須以逗號隔開。至於輸出資料時，printf() 函式內的變數前面則不必加上&。

2. 資料型別字元與 printf() 函式相同，常用的型別字元如下：
   ① 字元資料：%c，可讀取一個字元。
   ② 字串資料：%[寬度]s，可讀取一個字串，讀字串時會忽略開始的空格，然後讀到空格為止，因此只能讀取一個單字，不能讀一段句子。
   ③ 整數資料：%[寬度] d|u|o|x，可讀取一個整數。
   ④ 浮點資料：%[寬度] f|e|g，可讀取一個浮點數。

簡例

```
char c1, c2, c3;
scanf("%c%c%c", &c1, &c2, &c3);    // 輸入三個字元，並依序存入 c1、c2、c3
```

說明

1. 由於%c 只要求輸入一個字元，因此後面不必使用空白字元來分隔前後兩個字元。
2. 如果輸入「abc Enter↵」，輸入完畢分別將 a、b、c 指定給 c1、c2、c3。

簡例

```
int a, b;
scanf("%d%d", &a, &b);    // 輸入兩個十進制整數資料
```

說明

1. 因為要接受兩個整數資料，所以使用兩個%d，兩個 %d 之間可以用空白字元來分隔或省略。
2. 輸入資料可以是下列方式，輸入完畢分別將 10、20 指定給 a、b。
   ① 輸入資料：10Δ20 Enter↵ (使用一個空白鍵間隔)
   ② 輸入資料：10ΔΔΔ20 Enter↵ (使用一個以上的空白鍵間隔)
   ③ 輸入資料：10 Tab 20 Enter↵ (使用 Tab 間隔)
   ④ 輸入資料：10 Enter↵ 20 Enter↵ (使用 Enter↵ 間隔)

簡例

```
float f1;
int a;
printf("請輸入浮點數和整數，中間用 ，區隔：");
scanf("%f,%d", &f1, &a);    // 輸入浮點數和整數資料
```

說明

1. 因為要接受浮點數和整數資料，所以使用 %f 和 %d，兩個格式字串間用「,」分隔。接受輸入資料時，可先用 printf() 顯示提示訊息。
2. 如果輸入「12.5,34 Enter↵」，輸入完畢分別將 12.5、34 指定給 f1、a。輸入資料時，兩筆資料必須用「,」分隔。

簡例

```
char str[50];
scanf("%s", &str);    // 輸入字串資料
```

說明

1. 因為要接受字串資料，所以使用 %s 格式字串，並宣告字元陣列。
2. 如果輸入「Good! Enter↵」，輸入完畢會將 "Good!" 指定給 str。
3. 如果輸入「GoodΔmorning! Enter↵」，輸入完畢會將 "Good" 指定給 str，因為只會讀取到空白字元。

簡例

```
int a;
scanf("%3d" , &a);    // 輸入資料限 3 位十進位整數
```

說明

1. 因為只接受輸入 3 位十進位整數資料，所以格式字串使用 3 來指定。
2. 如果輸入「123Enter↵」，輸入完畢會將 123 指定給 a。
   如果輸入「1234Enter↵」，會將 123 指定給 a。(只取前面三個字元)
   如果輸入「-123Enter↵」，會將 -12 指定給 a。(只取前面三個字元)

簡例

```
float f1, f2;
scanf("%f%4f", &f1, &f2);    // 使用轉換字元 f
```

說明

1. 因為要接受兩個浮點數資料，第二個浮點數限制長度為 4，所以格式字串使用 %f 並加 4 來指定長度。
2. 如果輸入「123.4Δ123.4」Enter↵，輸入完畢會將 123.4 指定給 f1，123 指定給 f2 (限制長度為 4，小數點會省略)。

簡例

```
float f1=0.98;
scanf("%6.2f", &f1);    // 格式字串內部不允許使用精確度
```

說明

1. 格式字串內只能指定長度，但是不允許指定小數位數。
2. 如果輸入「12.3Enter↵」，輸入完畢 f1 依然是 0.98。

4.3 cout 物件

cout (唸成 see out) 是由 ostream 類別所建構出來的物件，它是 C++事先在 iostream.h 標頭檔已定義好的標準輸出串流。所謂「串流」(stream) 即是由一連串的字元排列而成的流動資料。「標準輸出串流」(Standard output stream) 預設將資料流到螢幕上去顯示，當然也可以轉向 (Redirection) 到其他的周邊裝置。在使用 cout 物件來顯示資料到螢幕時，必須配合一個 "<<" (Overloaded shift-left operator) 稱為「輸出串流插入導向運算子」(output stream inserter)。它將放在 "<<" 運算子右邊變數內的內容，插入到流出的資料串流內 (outflowing data stream)，也就是說將變數放到插入導向運算子左邊的 cout 物件做輸出準備。當碰到輸出緩衝區內的資料滿時、或碰到 endl 和 '\n' 換行時、或輸出列結束時、或程式結束時，便馬上將資料顯示在螢幕上。

cout 物件的語法說明如下：

```
  cout        <<    "Hello, World" ;
ostream&      ostream::operator << (char *)
```

在程式中使用 cin、cout 串流物件來作資料輸出入工作時，不需要再宣告任何串流物件。因為這些標準串流物件都已經在 iostream.h 標頭檔內有宣告，且是宣告在 std 名稱空間下。因此，只要在程式的宣告區，先撰寫下面兩行敘述即可，其寫法如下：

```
#include <iostream>
using namespace std;
```

下面簡例分別說明 cout 物件可將字串常數、變數、字串、字元、運算式輸出到螢幕上顯示，或寫入檔案、或是其他指定的輸出裝置的寫法：

簡例

```
cout << "hello, world ";
```

說明

在螢幕目前游標處顯示 "hello, world " 字串常值，顯示完畢游標停在此字串尾端下一個字元。

簡例

```
cout << "hello, world " << endl;
cout << "hello, world " << '\n';
cout << "hello, world \n ";
```

說明

1. 使用 endl(end of line) 或是 '\n'，可以將游標移到下一行最開頭。
2. 本例會顯示三行 hello, world。

簡例

```
cout << "hello,world " << "\n\n" ;
```

說明

1. 在螢幕目前游標處顯示 "hello, world "，顯示完畢游標停在下兩行 (空一行) 的最開頭。
2. 注意：連續兩次 \n 會變成字串，必須使用雙引號而不能使用單引號。

簡例

```
int price = 15;
cout << price;
```

說明

在螢幕目前游標處顯示 price 整數變數的內容 15。

簡例

```
int price = 15;
cout << "總價：" << price * 3 << "元" << '\n';
```

說明

先顯示 "總價：" 後，再輸出運算式「price * 3」運算結果，接著輸出 "元" 及換行字元，完整輸出結果為「總價：45 元」。

4.4 cin 物件

4.4.1 cin 物件的使用方式

「標準輸入串流」(Standard input stream) 預設資料是由鍵盤輸入，同樣地也可以轉向 (Redirection) 到其他的週邊裝置。在使用 cin 物件由鍵盤鍵入資料時，必須配合一個 ">>" (Overloaded shift-right operator) 稱為「輸入串流萃取 (取出) 運算子」(input stream extractor)，將由鍵盤鍵入的資料置入流入的資料串流 (inflowing data stream) 內，再依序放入">>" 運算子右邊指定的變數中，也就是說將鍵盤鍵入的資料置入變數內。cin 物件的語法說明如下：

```
cin        >>     myvar ;
istream&          istream::operator >> (char * )
```

使用 cin 物件時，必需在程式最開頭撰寫下面兩行敘述。

```
#include <iostream>
using namespace std;
```

接著使用以下簡例來介紹 cin 物件的使用方法。

簡例

```
int age;                // 宣告整數變數 age
cout << "請輸入你的年齡" ;
cin >> age ;            // 等待使用者輸入資料
cout << "\n 你" << age << "歲";
```

說明

本例用來取得由鍵盤輸入的整數資料，並指定給 age 變數。

簡例

```
int chi, eng, math;     // 宣告整數變數 chi, eng, math
cout << "請輸入國文、英文、數學的成績 ：" ;
cin >> chi >> eng >> math ;
cout << "\n 國文" << chi << "分";
cout << "\n 英文" << eng << "分";
cout << "\n 數學" << math << "分";
```

說明

輸入資料可以用「99Δ88Δ77 Enter↵」或「99 Enter↵ 88 Enter↵ 77 Enter↵」，這兩個方式皆可，輸入完畢將 99、88、77 分別指定給 chi、eng 和 math。

簡例

```
char name[11] ;            // 宣告字元陣列
cout << "輸入姓名" ;
cin >> name ;              // 執行此行程式時，會等待使用者可輸入資料
cout << "Hello!!" << name ;
```

說明

本例可由鍵盤輸入 10 個字元的字串，然後依序指定給 name 字元陣列變數。

範例：cin1.cpp

使用 cin 物件取得輸入 3 位學生身高資料，並且計算這 3 位同學的平均身高，最後輸出計算結果。

執行結果

```
請輸入A、B、C三人的身高：173 175 182
三人的平均身高是176.7公分

Process returned 0 (0x0)   execution time : 39.615 s
Press any key to continue.
```

若 cin 物件可連續輸入資料，每個輸入資料之間必需以空白來區隔

程式碼 FileName：cin1.cpp

```
01 #include <iostream>
02 #include <iomanip>  //使用 setprecision(n)格式化操控子，必須含入此標頭檔
03 using namespace std;
04 int main()
05 {
06     double s1, s2, s3;
07
08     cout << "請輸入 A、B、C 三人的身高：";
09     cin >> s1 >> s2 >> s3;
10     cout << "三人的平均身高是";
11     cout << setprecision(1) << fixed << (s1 + s2 + s3) / 3 << "公分\n";
12     return 0;
13 }
```

說明

第 11 行：setprecision(n) 可以設定有效精確度或浮點小數位數的個數，setprecision(1) 可指定輸出有效位數 1 位的浮點數。

範例：cin2.cpp

使用 cin 物件取得使用者的輸入地名及週一~三的氣溫，計算氣溫平均值，並且輸出地名及平均氣溫。

執行結果

```
地名：台中市
週一氣溫：21.5
週二氣溫：23.0
週三氣溫：22.6

台中市近期平均氣溫：22.37

Process returned 0 (0x0)   execution time : 51.085 s
Press any key to continue.
```

程式碼 FileName：cin2.cpp

```
01 #include <iostream>
02 #include <iomanip>  //使用含參數的格式化操控子 setprecision，必須含入此標頭檔
03 using namespace std;
04
05 int main()
06 {
07     char name[15];
08     float f1, f2, f3;
09     cout << "地名：";
10     cin >> name;
11     cout << "週一氣溫：";
12     cin >> f1;
13     cout << "週二氣溫：";
14     cin >> f2;
15     cout << "週三氣溫：";
16     cin >> f3;
17     cout << endl << name << "近期平均氣溫：";
18     cout << setprecision(2) << fixed << (f1 + f2 + f3) / 3 << endl;
19     return 0;
20 }
```

4.4.2 cin.getline()方法

如下圖若我們在 cin2.cpp 範例的地名中輸入 "Los Angeles"，則會得到不可預期的輸出情形，這是因為 cin 物件若遇到字串中間有空白，則馬上停止讀取的動作，而接在空白後面的字串便無法讀取。

```
地名：Los Angeles
週一氣溫：週二氣溫：週三氣溫：
Los近期平均氣溫：0.00

Process returned 0 (0x0)   execution time : 5.024 s
Press any key to continue.
```

此處可使用 cin.getline() 方法來解決這個問題，cin.getline() 方法允許由鍵盤連續鍵入任何字元，一直到按下 Enter↵ 鍵為止，此時系統自動在讀取一系列字串後面加上字串結束字元(\0 空字串)，形成一個字串，再將此字串放入指定的字元陣列中。cin.getline() 方法說明如下：

語法一	`cin.getline(char *, int);`
語法二	`cin.getline(char *, int, char)`

說明

1. cin.getline()方法有三個參數，第一個參數可設定輸入的字串變數。
2. 第二個參數用來設定輸入字串的最大長度。例如此參數設定 15，若輸入的字串長度若超過 15 則只保留 14 個字元。簡例如下：

```
char name[15];
cin.getline(name, 15);        //假設我們輸入 "123456789012345" 字串
cout << name << endl;         //印出 12345678901234
```

3. 第三個參數可省略，用來設定輸入字串的結束字元符號。簡例如下：

```
char name[15];
cin.getline(name, 15, 'r');   //假設我們輸入 "Peter Lee" 字串
cout << name << endl;         //印出 Pete
```

範例：cin3.cpp

延續上例，使用 cin 物件的 getline()方法來解決上一個範例的問題。

執行結果

```
地名：Los Angeles
週一氣溫：5.6
週二氣溫：4.5
週三氣溫：2.1

Los Angeles近期平均氣溫：4.07
```

輸入含空白的字串，可正常的顯示資料

程式碼 FileName：cin3.cpp

```
01 #include <iostream>
02 #include <iomanip>  //使用含參數的格式化操控子，必須含入此標頭檔
03 using namespace std;
04
05 int main()
06 {
07     char name[15];
08     float f1, f2, f3;
09     cout << "地名：";
10     cin.getline(name, 15);
11     cout << "週一氣溫：";
12     cin >> f1;
13     cout << "週二氣溫：";
14     cin >> f2;
15     cout << "週三氣溫：";
16     cin >> f3;
17     cout << endl << name << "近期平均氣溫：";
18     cout << setprecision(2) << fixed << (f1 + f2 + f3) / 3 << endl;
19     return 0;
20 }
```

4.5 C++檔案物件

C++提供了檔案處理的類別物件，將程式與資料分開存檔；需要資料時才從輔助記憶體中，開啟指定的資料檔，將它載入到變數或陣列 (即主記憶體中) 進行處理。如此資料不但易維護，且同一個程式可處理多個相同資料格式的資料檔，增加了程式的彈性。

「資料檔」可分為文字檔 (Text File) 和二進位檔 (Binary File) 兩種格式。所謂「文字檔」表示每個字元包括數字都以該字元的 ASCII 碼來儲存；至於「二進位檔」表示資料採用二進位格式存檔，如一般的執行檔 (.exe 或.com)、聲音檔 (.wav)、影像檔 (.avi)、圖形檔 (.jpg) 等都是使用二進位格式存檔。

4.5.1 fstream 類別

C++負責檔案輸出入的類別為 fstream，此類別可以讀取檔案中的資料，或將資料寫入檔案中。想要使用 fstream 類別操作檔案的 I/O，就必須先宣告 fstream 類別物件。其寫法如下：

```
#include <fstream>    //引用 fstream 才能使用 fstream 類別
fstream f;            //宣告 fstream 類別物件 f
```

fstream 類別提供如下方法，可讓開發人員進行開啟、關閉、存取檔案：

方法名稱	說明
open	開啟指定的檔案。
close	關閉目前操作的檔案。
eof	判斷檔案指標是否指到檔案的結尾 (即 EOF 符號)。

上表的 eof() 方法可用來檢查檔案指標是否指到檔案結束符號 (EOF:End Of File)。若還沒碰到檔案結束符號，可將目前檔案指標所指的資料讀取出來；若是碰到檔案結束符號，則使用 close()方法來關閉檔案。要記得一個資料檔的結構是以檔案開始符號 (BOF:Begin Of File) 開始，而以 EOF 符號結束，兩個符號之間所存放的便是資料。如下圖所示：

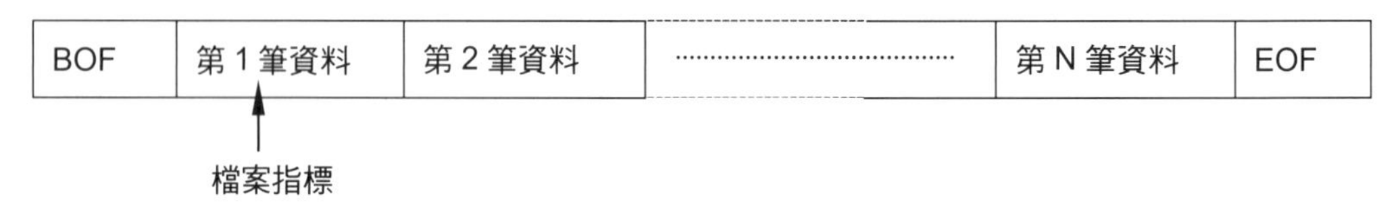

4.5.2 開啟檔案

欲存取資料檔的第一個步驟就是先使用 fstream 類別宣告 f 物件，接著透過 open() 方法將該資料檔打開，同時設定存取模式以及指定實際的資料檔名。open() 語法如下：

語法

```
fstream f;
f.open("資料檔名", 存取模式);
```

說明

1. 資料檔名：

   可以為一個字串，用它來代表欲打開的檔案或裝置，若檔案不在目前的資料夾下，必須在檔名前加上路徑名稱。但要記得所指定的資料夾必須在執行之前，透過「檔案總管」預先建立。

若目前預設路徑在 C 磁碟機的 test 資料夾下，而欲開啟的資料檔是位於 C 磁碟機 c:\cpp\ex04 資料夾下的 student.dat 檔，其路徑與檔名有下列兩種設定方式：

① c:\\cpp\\ex04\\student.dat

② c:/cpp/ex04/student.dat

由於在指定路徑時會使用到「\」符號，此符號在程式中會視為逸出字元，因此必須在該符號前面再重複此符號一次變成「\\」，亦可改用上面第二種寫法使用「/」斜線。

2. 存取模式：

用來設定資料檔的存取模式，若省略不寫預設為 ios:in 模式。

模式	說明
ios::app	由檔案結尾新增資料。
ios::out	將資料寫入檔案。(以覆蓋的方式)
ios::in	由檔案讀取資料。(預設)
ios::binary	以二進位隨機檔進行存取檔案。

4.5.3 存取資料檔

如下寫法是將 data 變數的資料寫入到與執行檔同路徑的 sample.txt 檔案中，程式中可看到 open()方法指定開啟 sample.txt 資料檔，其存取模式為 ios::out 即表示 f 物件為寫入模式，使用「<<」是將 data 變數 (即資料流) 輸出到 f 物件操作的 sample.txt 資料檔。

```
string data = "C++ APCS";          //宣告變數
fstream f;                         //宣告 fstream 類別物件 f，用來存取資料檔
f.open("sample.txt", ios::out);    //指定 f 物件可寫入資料到 sample.txt
f << data;                         //將 data 的資料寫入 f 物件代表的 sample.txt
```

寫入資料檔和讀取資料檔的寫法類似，不同的地方是使用 open() 方法要讀取資料檔，其存取模式要指定為 ios::in 讀取模式，因為是讀取資料，所要使用「>>」將 f 物件讀取的資料存入 data 變數。其寫法如下：

```
string data;  // 宣告變數
fstream f;                        // 宣告 fstream 類別物件 f，用來存取資料檔
f.open("sample.txt", ios::in);    // 指定 f 物件可以讀取 sample.txt
f >> data;                        // f 物件代表的資料檔內容一次讀入 data 變數
```

4.5.4 關閉檔案

程式執行時，若資料檔不再使用時應記得使用 close() 方法將該檔案關閉。若檔案是讀取模式，沒關檔不會發生問題。但是資料檔若設成寫入模式，close()方法會先將輸出緩衝區內尚未寫入的資料，先寫回指定磁碟機中指定資料夾下的資料檔，同時在資料檔的尾端加上一個檔案結束符號 (End of file:EOF)，表示資料到此結束。由此可知，在寫入模式未使用 close()方法來關檔，會將最後放在緩衝區的資料遺漏掉而未寫回磁碟，下次讀入此資料檔會發現找不到這些遺漏的資料。所以，寫入模式一定要記得使用 close() 方法來關檔。關檔除了具有上面所述的功能外，還會將這個檔案所使用的資源和緩衝區都一起釋放掉。其語法如下：

語法
```
f.close();;
```

範例：WriteFile01.cpp

使用 fstream 類別將指定的變數資料寫入與執行檔同路徑的 sample.txt 資料檔中，寫入完成後程式會顯示 "存檔完成！" 的訊息。

執行結果

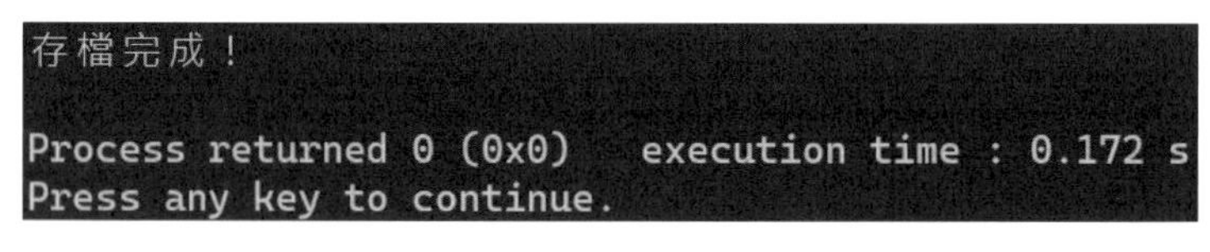

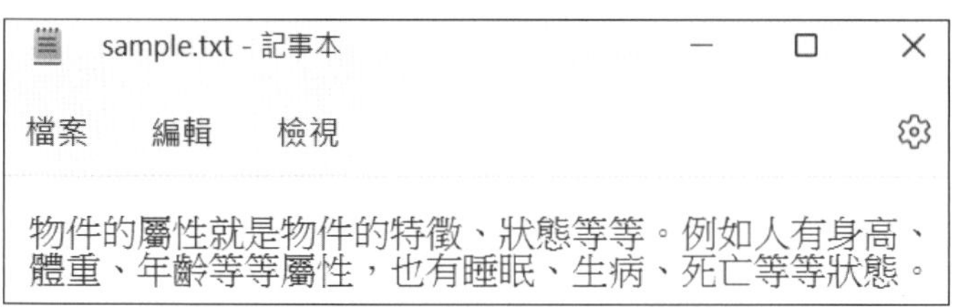

▲將資料寫入 Sample.txt 資料檔內

程式碼 FileName：WriteFile01.cpp

```
01 #include <iostream>
02 #include <fstream>
03 #include <string>
04 using namespace std;
05
06 int main()
07 {
08     string data="物件的屬性就是物件的特徵、狀態等等。例如人有身高、體重、年齡等等屬性，也
                   有睡眠、生病、死亡等等狀態。";
09     fstream f;
```

```
10      f.open("sample.txt", ios::out);
11      f << data;
12      f.close();
13      cout << "存檔完成！" << endl ;
14      return 0;
15 }
```

說明

1. 第 2 行：使用 fstream 類別必須引用此標頭檔。
2. 第 8 行：宣告 data 字串變數並指定內容。
3. 第 9 行：宣告 fstream 類別物件，物件名稱為 f。
4. 第 10 行：指定 f 物件用來開啟 sample.txt，存取模式為寫入模式。
5. 第 11 行：將 data 字串變數的內容寫入 f 物件操作的 sample.txt。
6. 第 12 行：關閉 sample.txt，省略此行敘述則無法寫入資料到 sample.txt。

4.5.5 判斷檔案是否存在

當要存取資料檔時，若資料檔開啟失敗，可能會發現不可預期的錯誤，所以最好的做法即是在開啟檔案時先判斷檔案是否成功開啟，以利做對應的處理。判斷檔案是否成功開啟的寫法如下：

```
fstream f;                          // 宣告 fstream 類別物件 f，用來存取資料檔
f.open("sample.txt", ios::in);  // 指定 f 物件可以讀取 sample.txt
if(!f){        //判斷檔案是否開啟成功，若!f 為 true，表示無法開啟檔案
       cout << "無法開檔，可能檔案不存在!" << endl;
       exit(1);      //結束程式
}
```

範例：ReadFile01.cpp

將前一範例所寫入的 sample.txt 的資料取出來，若讀取成功則顯示檔案內容及訊息；若開檔失敗，則顯示錯誤訊息。

執行結果

```
物件的屬性就是物件的特徵、狀態等等。例如人有身高、
體重、年齡等等屬性，也有睡眠、生病、死亡等等狀態。
讀檔完成！

Process returned 0 (0x0)   execution time : 0.047 s

Press any key to continue.
```

▲開啟檔案成功

```
無法開檔，可能檔案不存在!

Process returned 1 (0x1)   execution time : 0.032 s
Press any key to continue.
```

▲開啟檔案失敗

程式碼 FileName：ReadFile01.cpp

```
01 #include <iostream>
02 #include <fstream>
03 #include <string>
04 using namespace std;
05
06 int main()
07 {
08     string data;
09     fstream f;
10     f.open("C:\\cpp\\ex04\\WriteFile01\\sample.txt", ios::in);
11     if(!f){
12         cout << "無法開檔，可能檔案不存在!" << endl;
13         exit(1);
14     }
15     f >> data;
16     f.close();
17     cout << data << endl ;
18     cout << "讀檔完成！" << endl ;
19     return 0;
20 }
```

說明

1. 第 10 行：使用讀取模式開啟 sample.txt。
2. 第 11~14 行：判斷是否開檔成功，若開檔失敗則執行 12~13 行。
3. 第 13 行：結束程式。
4. 第 15 行：將 sample.txt 的資料一次放入 data 字串變數。
5. 第 16 行：關閉檔案。
6. 第 17 行：將 data 字串變數 (即 sample.txt 內容) 顯示在畫面上。

4.5.6 eof 方法

由於每個資料檔案的最後面都會有一個 EOF 檔案結束符號。因此，讀取資料檔時，可以藉由 eof()方法來檢查是否已指到 EOF 符號，若還沒指定到 EOF 符號，則 eof()方法會傳回 0；如果已指到 EOF 檔案結束符號，表示資料已讀完，此時 eof()方法會傳回 1。

語法
```
f.eof();
```

說明

一般在循序檔讀取資料時，eof()方法是用來判斷該資料檔的資料是否讀完。因此可使用 while 迴圈配合 fstream 類別物件的 eof()方法來逐一讀取資料檔中的每一行資料。寫法如下：

```
while(!f.eof()){
    //資料處理
}
```

範例：eofSample.cpp

books.txt 內有三筆書籍資料，試使用 while 迴圈與 fstream 類別物件的 eof()方法逐一讀出三筆書籍資料並顯示於畫面上。

執行結果

```
Visual C# 基礎必修課
Excel VBA 基礎必修課
Visual BASIC 基礎必修課
讀檔完成！

Process returned 0 (0x0)   execution time : 0.187 s
Press any key to continue.
```

程式碼 FileName：eofSample.cpp

```
01 #include <iostream>
02 #include <fstream>
03 #include <string>
04 using namespace std;
05 int main()
06 {
07     string data;
08     fstream f;
09     f.open("books.txt", ios::in);
10     if(!f){
11         cout << "無法開檔，可能檔案不存在!" << endl;
12         exit(1);
13     }
14     while(!f.eof()){
15         getline(f, data);
16         cout << data << endl;
17     }
```

```
18     f.close();
19     cout << "讀檔完成！" << endl ;
20     return 0;
21 }
```

說明

1. 第 14~17 行：判斷是否到 EOF 檔案結尾，若還有資料未到檔案結尾則執行 15~16 行。
2. 第 15 行：將 f 物件指到的這一行資料含空白部份放入 data 變數。

範例：ScoreList.cpp

score.txt 學生成績資料檔內有三筆學生成績記錄資料，試使用 while 迴圈與 fstream 類別物件的 eof()方法逐一讀出三筆學生成績記錄，同時計算每一位學生國、英、數三科成績的總分，最後將結果顯示在畫面上。

執行結果

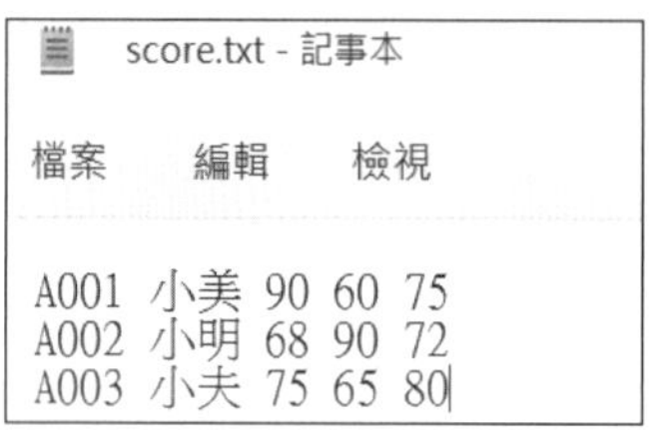

▲score.txt 資料檔

```
學號 姓名 國 英 數 總分
A001 小美 90 60 75 225
A002 小明 68 90 72 230
A003 小夫 75 65 80 220

Process returned 0 (0x0)
Press any key to continue.
```

▲score.txt 的內容

程式碼 FileName：ScoreList.cpp

```
01 #include <iostream>
02 #include <fstream>
03 #include <string>
04 using namespace std;
05 int main()
06 {
07     string d1, d2, s1, s2, s3;
08     fstream f;
09     f.open("score.txt", ios::in);
10
11     cout << "學號 姓名 國 英 數 總分" << endl;
12     while(!f.eof()){
13         f >> d1 >> d2 >> s1 >> s2 >> s3 ;
14         cout << d1 <<" "<< d2 <<" "<< s1 <<" "<< s2 <<" "<< s3 <<" ";
15         //計算每一位學生的總分
```

```
16        cout << atoi(s1.c_str()) + atoi(s2.c_str()) + atoi(s3.c_str())
                 << endl;
17     }
18     f.close();
19     return 0;
20 }
```

說明

1. 第 12 行：判斷是否到 EOF 檔案結尾，若還有資料未到檔案結尾則執行 13~16 行。
2. 第 13 行：每一筆學生資料有五欄，且欄位以空白隔開。使用 f 物件將目前指到的學生記錄，使用「>>」運算子將 "學號 姓名 國 英 數" 欄位資料依序讀入至變數中。
3. 第 14 行：輸出學生基本資料及國、英、數三科成績。
4. 第 16 行：計算出國、英、數三科成績總分，並輸出至畫面上。

4.6 APCS 觀念題攻略

題目 (一)

下面程式碼執行過程中，請問下列哪一個輸入格式無法正確輸入資料?

(A) 520 △1314 Enter (△表示空白)

(B) 520 Tab 1314 Enter (Tab 表示 Tab 鍵)

(C) 520 , 1314 Enter

(D) 520 Enter 1314 Enter

```
int a, b;
cout << "請輸入整數 A、整數 B：";
cin >> a >> b;
```

說明

1. 以 cin 接收多個輸入值時，輸入值之間必需間隔 1 個或多個空白字元。
2. 答案是 (C)，數值以逗點分隔是錯誤的

4.7 習題

選擇題

1. 使用 printf()函式前，應先含入哪一個標頭檔？
   (A) conio.h (B) stdio.h (C) io.h (D) math.h
2. 以下何者非 printf() 函式之浮點數轉換字元？
   (A) %f (B) %e (C) %x (D) %g
3. C++語言中利用哪一個函式可由鍵盤讀取資料？
   (A) inputf() (B) scanf() (C) read() (D) gertf()
4. cout 及 cin 物件定義在下列哪個標頭檔中？
   (A) ios.h (B) istream.h (C) iostream.h (D) std.h
5. endl 的功能相當於？ (A) '\n' (B) '\t' (C) '\b' (D) '\\'
6. 若要取得使用者由鍵盤輸入含有空白的字串，必須使用 cin 的什麼方法？
   (A) setf (B) boolalpha (C) fill (D) getline
7. 使用 fstream 檔案輸出入類別，必須引用那個標頭檔？
   (A) iostream (B) fstream (C) string (D) cstdlib
8. 資料檔的寫入或附加，最後一定要呼叫什麼方法，才能成功將資料寫入資料檔內？
   (A) open (B) close (C) eof (D) read
9. 資料檔的存取模式中何者可以使用二進位隨機檔進行存取檔案？
   (A) ios:app (B) ios::out (C) ios::in (D) ios::binary
10. 資料檔的存取模式中何者可以使用檔案結尾新增資料(附加)的方式進行存取檔案？
    (A) ios:app (B) ios::out (C) ios::in (D) ios::binary
11. fstream 物件的什麼方法可用來判斷資料檔的資料是否讀完？
    (A) bof (B) aof (C) eof (D) kof

CHAPTER 5

選擇結構

5.1 演算法介紹

所謂「演算法」(Algorithm) 就是為解決某一問題，所規劃出來一系列有次序而且明確的步驟。當利用電腦來解決問題時，在撰寫程式之前，先要構思出可行且有效率的處理程序。這樣的抽象思考過程就是採用演算法來作具體的呈現，以做為即將要撰寫程式的依據。

一個好的演算法，必須滿足下列五個條件：

1. **有限性**：整個演算法要在有限的步驟內解決問題。
2. **明確性**：演算法中的每個步驟都必須清楚地表達出來。
3. **輸入資料**：演算法中包含零個或一個以上的輸入資料。
4. **輸出資料**：演算法中至少產生一個輸出。
5. **有效性**：每一個步驟如果利用紙和筆來執行，必須能在有限的時間內完成。

常用的演算法表示方式有兩種：一種是使用「流程圖」，另一種是使用一般語言或「虛擬碼」來表示。

5.1.1 流程圖 (Flow Chart)

「流程圖」是利用簡明的圖形符號，來表示程式處理問題的步驟和方法。每一種圖形代表一種作業功能，而箭頭代表流程的方向。流程圖的優點，可協助我們設計出周詳的程式不致漏掉某些部份。流程圖的缺點，在於只能表示細部邏輯，對整個程式的結構比較難表達出來，所以複雜的演算法大都不會採用流程圖而採用虛擬碼。

流程圖常用的符號如下表：

符號	符號名稱	功能	範例
	起始 / 結束	表示流程圖的起點或終點	起始 結束
	處理	表示處理的步驟	a = 2 ; b = a + 3 ;
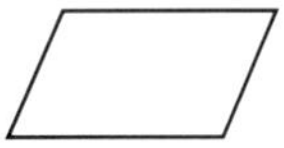	輸入 / 輸出	表示資料的輸入或輸出	輸入半徑 r
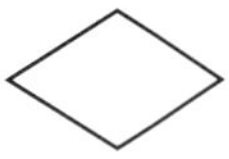	決策符號	表示根據某種條件決定下一步驟的流向	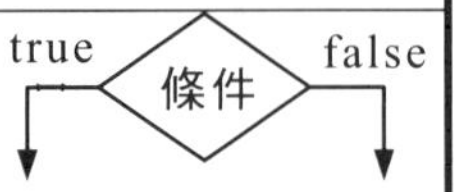 true 條件 false
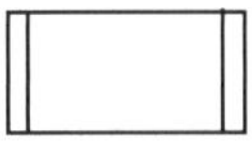	已定義處理	呼叫已定義函式	函式
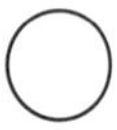	連結	表示流程圖中的連接點	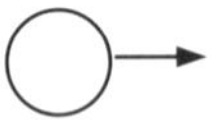
	隔頁連結	表示流程圖中的連接點，連接到隔頁	P12
	流向	表示工作流程的方向	

5.1.2 虛擬碼 (Pseudo Code)

「虛擬碼」是使用文字敘述來說明處理問題的步驟，有點類似程式語言，由於此種表示方式比較容易改寫成任何程式語言，複雜的演算法大都採用此種方式來描述。

簡例

假設有一個問題為 "求 sum = 1 + 2 + 3 + ··· + n 的結果"，現在分別運用流程圖和虛擬碼來描述求總和的步驟及方法。

一. 使用流程圖表示

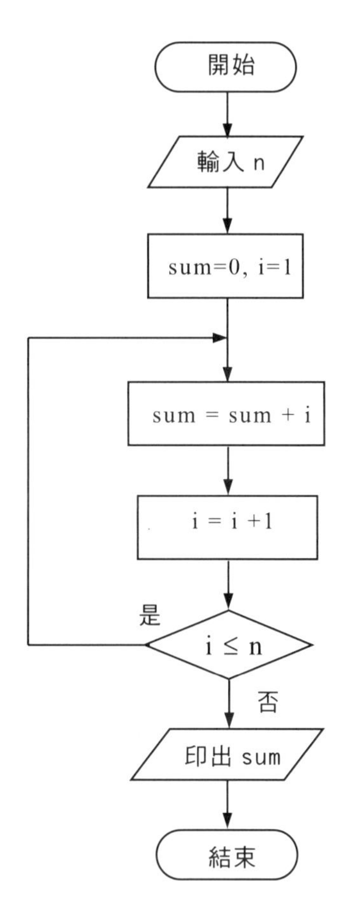

二. 使用虛擬碼表示

輸入：輸入一個正整數 n

輸出：列印 sum，而 sum = 1 + 2 + ⋯ + n

步驟

Step 1 輸入一個正數 n。

Step 2 令 sum = 0，用來存放總和。

Step 3 令 i = 1，用來當作輸入值。

Step 4 令 sum = sum + i。

Step 5 令 i = i + 1。

Step 6 若 i <= n，則跳回步驟 4 繼續執行；否則執行步驟 7。

Step 7 印出 sum。

Step 8 結束程式執行。

5.2 結構化程式設計

「結構化程式設計」(Structured programming) 是發展軟體時，所採用的一項基本程式設計技術。所謂「結構化程式設計」就是把需要使用電腦解決的問題，將問題採「由上而下」設計(Top-down design)，由上而下逐步切割成多個小問題。若這些小問題還是很複雜，仍無法使用一個「函式」(Function) 來解決時，就將這個小問題再切割成更小的問題，一直到可用一個函式來解決為止。每個函式都是一個小功能或稱一個「模組」(Module)，再透過主程式來呼叫各個函式，這些模組最後再組合成一個大的完整程式軟體。有關函式請參閱第八章。

C++ 語言是結構化的程式設計語言，透過程式的模組化和程式的結構化，簡化程式設計的流程，降低邏輯錯誤發生的機率。結構化程式設計採用「循序結構」、「選擇結構」、「重複結構」這三個基本流程架構來設計程式。

在程式語言中的條件是透過運算式來設定，C++ 語言中能產生條件的運算式有「關係運算式」和「邏輯運算式」。運算式的結果，有條件成立與條件不成立兩種情況，由 bool (布林) 型別的資料來記錄運算結果。當條件成立時，運算結果的布林值為「true」(真) 或為「1」；當條件不成立時，運算結果的布林值為「false」(假) 或為「0」。「結構化程式設計」具備下列主要技巧：

1. 使用三種基本的邏輯結構：循序、選擇和重複結構。
2. 由上而下的設計。
3. 模組獨立性。

一. 循序結構

如果程式執行時，是依照一定的順序由上往下，一個敘述緊接著下面一個敘述依序執行，就是所謂的「循序結構」，也是最簡單而常用的結構。

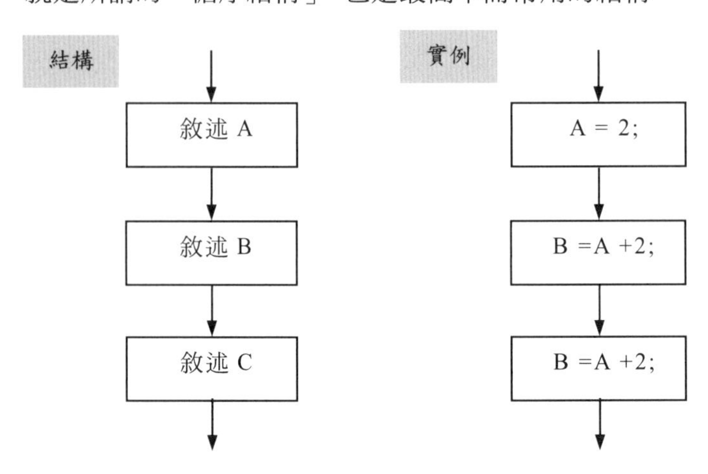

二. 選擇結構

較複雜的程式會因應程式的需求，依照條件式的不同進行不同的執行流程，而得到不同的結果。舉一個日常生活的例子：如果 (if) 今天天氣好就去郊遊，否則 (else) 就待在家裡看電視，這種架構就是「選擇結構」。C++ 語言提供的 if 選擇結構一般分為下列三種：

1. **單一選擇結構**(if 敘述)

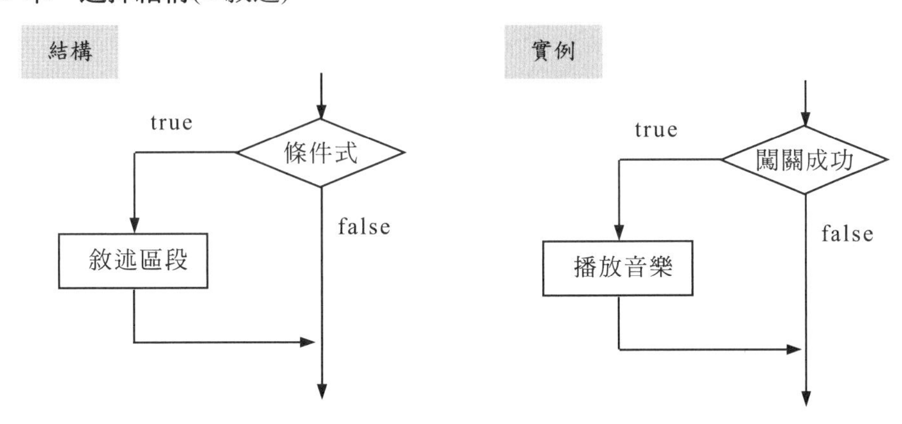

2. **雙向選擇結構**(if…else 敘述)

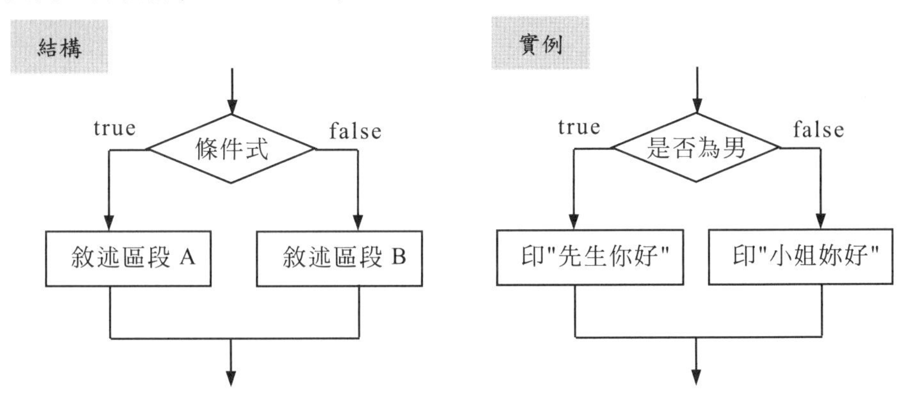

3. **多向選擇結構**(if…else if…else 或 switch 敘述)

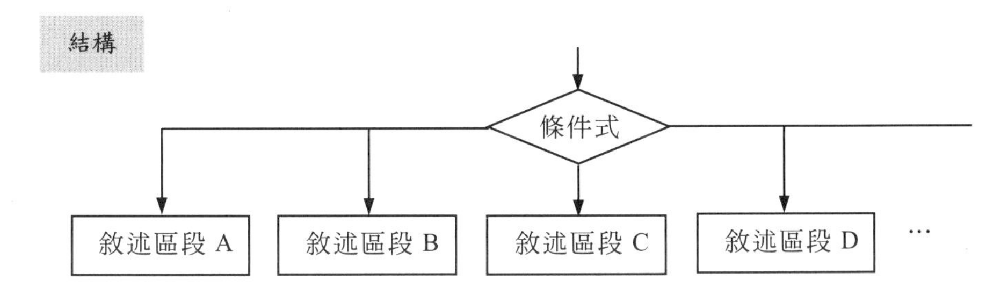

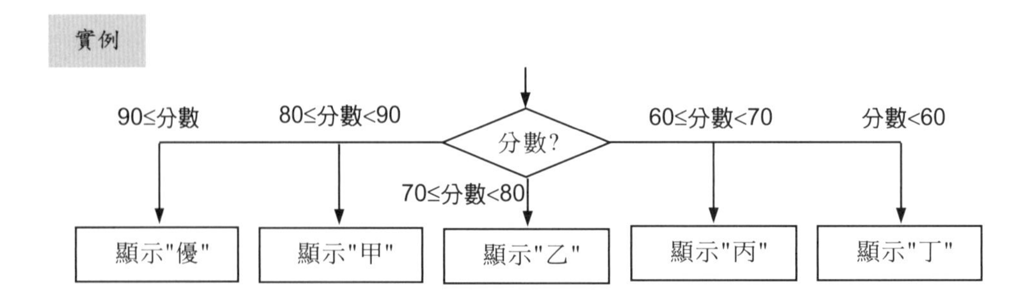

三. 重複結構

所謂「重複結構」就是程式中某一敘述區段需要反覆地執行，一直到符合或是不符合某一條件時，才離開重複執行的敘述區段。這些條件是由關係、邏輯及算術運算式組合而成，我們常將重複結構稱為「迴圈」(Loop)。重複結構可分為下列兩種：

1. **前測式重複結構**(for 或 while 敘述)

「前測式重複結構」是進入迴圈之前先測試條件式。若條件式成立，即條件式運算結果的布林值為 true 或 1，則執行 敘述區段 A 一次，再重回測試條件式，當條件式再成立，仍繼續執行 敘述區段 A；若條件式的結果為 false 或 0，則離開迴圈，往下執行緊接在迴圈後面 敘述區段 B。所以，在 敘述區段 A 中必須有改變條件式為 false 的敘述，否則會變成無窮迴圈。前測式重複結構中，若第一次條件式就不成立，則跳過迴圈內的 敘述區段 A，直接執行 敘述區段 B。

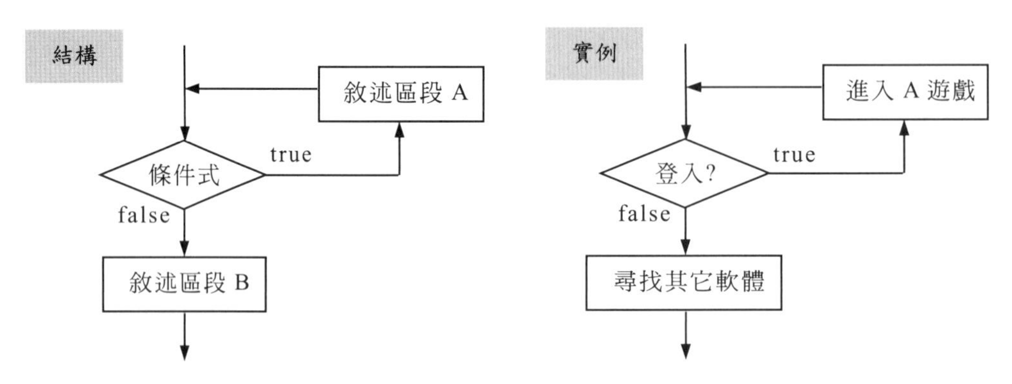

2. **後測式重複結構** (do…while 敘述)

所謂「後測式重複結構」至少先執行 敘述區段 A 一次，才測試條件式，若條件式成立，再執行 敘述區段 A；否則離開迴圈往下執行 敘述區段 B。所以 敘述區段 A 至少執行一次。

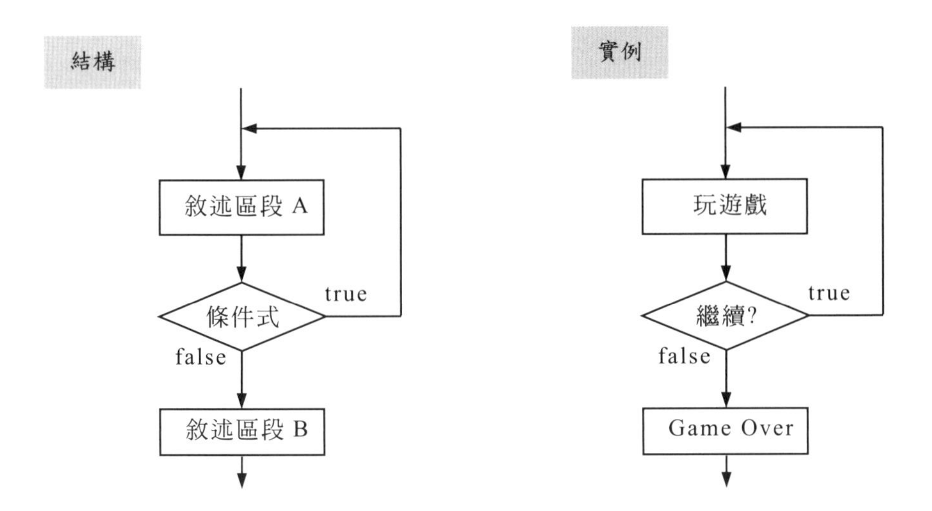

5.3 選擇敘述

在 C++語言中所提供選擇結構的敘述有下列四種：

1. 單向選擇：if …
2. 雙向選擇：if … else
3. 三元運算子：條件式 ? 運算式 1: 運算式 2
4. 多向選擇：if … elseif … else …或 switch

一. 單向選擇

所謂「單向選擇」是指當條件式成立(true)時，才執行接在 if 後面的敘述區段；若條件式不成立(false)時，則跳過 if 後面的敘述區段不執行，而執行 if 結構之後的敘述。單向選擇結構的中文意思為「假如 … 就 …」。寫法如下有單行敘述與多行敘述 2 種：

<table>
<tr><th>單行敘述</th><th>多行敘述(稱為敘述區段)</th></tr>
<tr><td>寫法 1：
if (條件式)
敘述 A；
敘述區段 C；

寫法 2：
if (條件式) 敘述 A；
敘述區段 C；</td><td>if (條件式) {
敘述 A；
敘述 B；
}
敘述區段 C；</td></tr>
</table>

單行敘述	多行敘述(稱為敘述區段)
說明 ① 若 (條件式) 的運算結果為 true，先執行 敘述 A，再執行 敘述區段 C。 ② 若(條件式)的運算結果為 false，跳過 敘述 A 不執行，直接執行 敘述區段 C。	**說明** ① 若(條件式)的運算結果為 true，先執行 敘述 A和 敘述 B，再執行 敘述區段 C。 ② 若(條件式)的運算結果為 false，跳過 敘述 A和 敘述 B 不執行，執行 敘述區段 C。

簡例

1. C++ 語言中敘述區段若有一行以上就必須使用大括號來表示範圍，若未使用大括號，表示 if的敘述區段只有一行。如下寫法：

```
x=20;
if (x>=15)
      x+=5;
x+=10;
```

```
x=10;
if (x>=15)
      x+=5;
x+=10;
```

上面左邊程式條件式結果為 true，會執行 x+=5 敘述，最後 x 值為 35。右邊程式條件式結果為 false，跳過 x+=5 敘述不執行，直接執行 x+=10，最後 x 值為 20。

2. 若上述程式片段改成下面敘述：

```
x = 10;
 if ( x >= 15) {
     x+= 5;
     x += 10;
}
```

上面程式執行中，因為 x 值沒有大於等於 15，條件式不成立 (false)，因此，不會執行 x+=5 和 x+=10 敘述，最後 x 值仍為 10。

範例：sale.cpp

使用單向選擇敘述，若購買金額超過 500 元打九折，否則不打折。單價設為 25 元，數量由鍵盤輸入。單價 (price) 和數量 (qty) 設為整數，折扣 (discount) 預設為 1.0 屬於浮點數。輸出入畫面如下圖所示：

執行結果

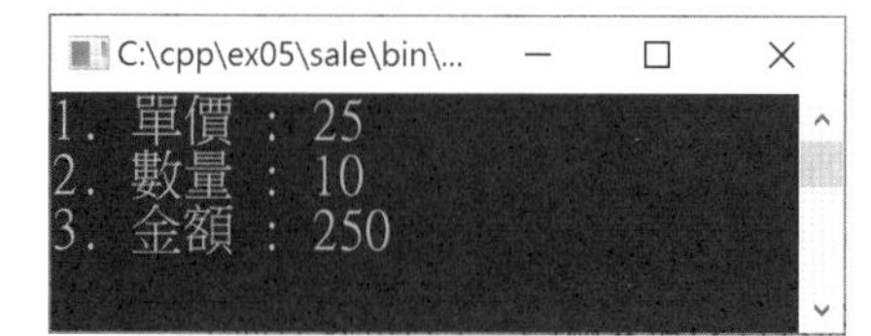

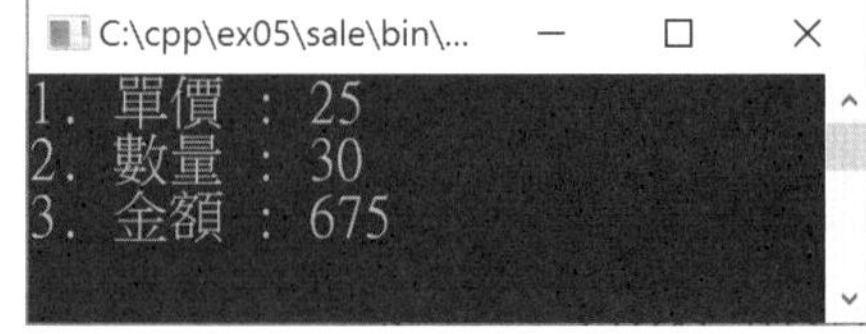

流程圖

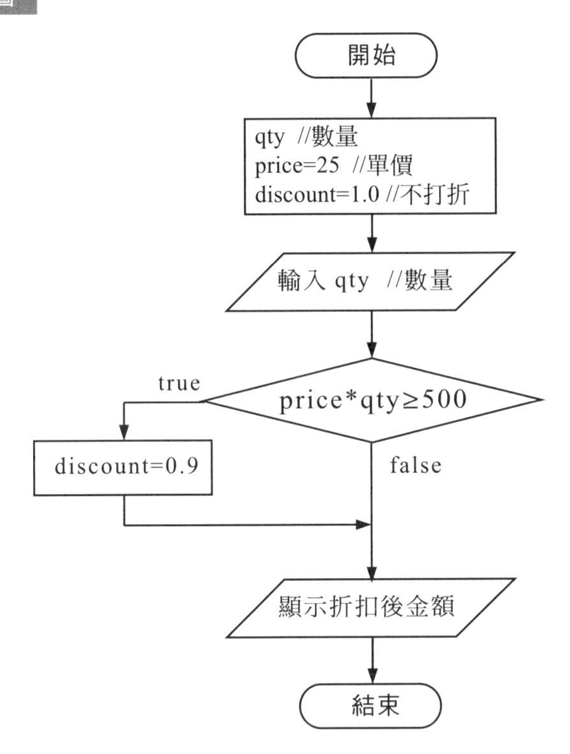

程式碼 FileName : sale.cpp

```
01 #include <iostream>
02 using namespace std;
03 int main()
04 {
05     int qty, price=25;           // qty:數量,price:單價
06     float discount=1.0;          // discount:折扣,預設不打折
07     cout << "1. 單價 : " << price << "\n";    // 顯示預設單價:25
08     cout << "2. 數量 : ";
09     cin >> qty;                  // 輸入數量
10     if (price*qty >= 500)        // 檢查金額是否超過 500
11         discount=0.9;            // 若是,打九折;否則維持不打折
12     cout << "3. 金額 : " << price*qty*discount << "\n\n";    // 顯示金額
13     return 0;
14 }
```

二. 雙向選擇

「雙向選擇」是指當條件式成立時，執行緊接在 if 後面的敘述或敘述區段；若條件式不成立時，則執行緊接在 else 後面的敘述或敘述區段。雙向選擇結構的中文意思為「假如…就…，否則…」，其語法如下：

語法

```
if (條件式) {
        敘述區段 A        // 成立時執行此區段
} else {
        敘述區段 B        // 不成立時執行此區段
}
```

說明

1. 若條件式結果為 true (或為 1)，則執行 敘述區段 A；若條件式結果為 false(或為 0)，則執行 敘述區段 B。
2. 條件式是運算式，前後必須使用小括號括住，否則編譯時會發生語法錯誤。

範例: lunar.cpp

使用雙向選擇，判斷輸入年份是否為閏年？若是閏年，則顯示「xxxx 年為閏年」；若不是則顯示「xxxx 年不是閏年」。計算閏年的公式如下：

① 若年份除以 4 除餘數為 0，而且除以 100 有餘數者即為閏年。

② 若年份除以 400 餘數為 0 者即為閏年。

執行結果

流程圖

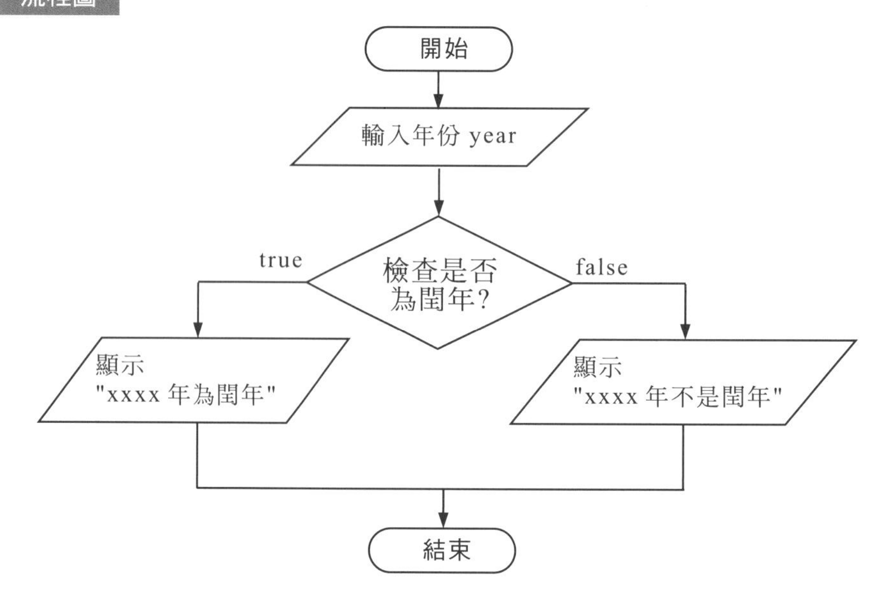

程式碼 FileName : lunar.cpp

```
01 #include <iostream>
02 using namespace std;
03
04 int main()
05 {
06     int year;
07     cout << "\n 請輸入年份：";
08     cin >> year;
09     if ( ((year%4)==0 && (year%100)!=0) || (year%400)==0 )
10     {
11         cout << "\n " << year << "年";
12         cout << "是閏年 ! \n\n ";
13     }
14     else
15     {
16         cout << "\n " << year << "年";
17         cout << "不是閏年 ! \n\n ";
18     }
19     return 0;
20 }
```

說明

1. 第 8 行：使用 cin 指令取得年份，置入 year 變數中。
2. 第 9 行：判斷輸入年份是否符合閏年條件：
   ① 若該年份能用 4 除餘數為 0 而且用 100 除有餘數的條件式：
      ((year%4)==0) && ((year%100)!=0)
   ② 若該年份能用 400 除餘數為 0 的條件式：
      ((year%400)==0))

三. 巢狀選擇

所謂「巢狀選擇」是指 if 或 else 敘述裡面還有 if..else 敘述，透過巢狀選擇結構可以使得雙向選擇變成多向選擇，如下語法：

語法

```
if (條件式 1) {
    if (條件式 2) {
        敘述區段 A ;    // 條件式 1 與條件式 2 同時成立時執行
    } else {
        敘述區段 B ;    // 條件式 1 成立時執行
    }
} else {
    敘述區段 C ;        // 條件式 1 不成立時執行此區段
}
```

範例：max.cpp

連續輸入三個整數，使用巢狀選擇結構來找出三個整數中的最大數。

執行結果

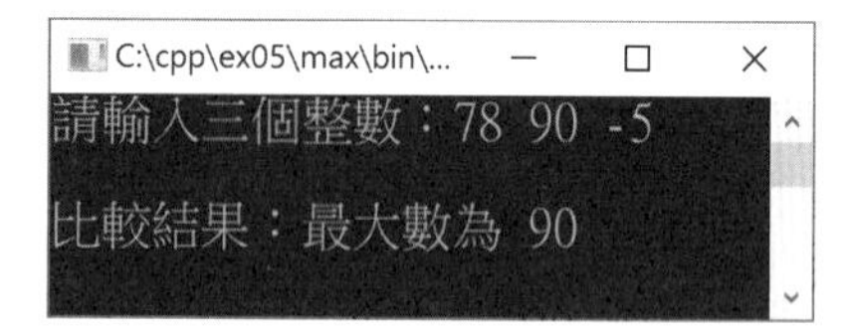

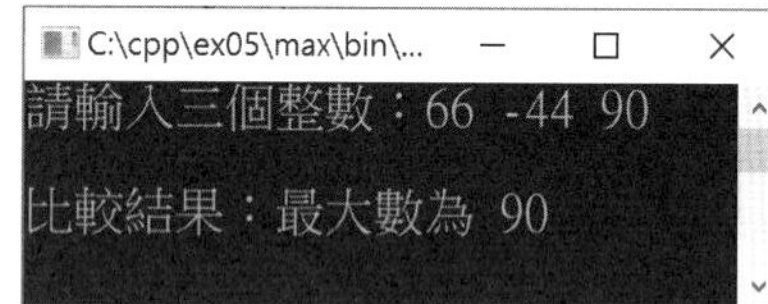

程式碼 FileName：max.cpp

```
01 #include <iostream>
02 using namespace std;
03
04 int main()
05 {
06     cout << "請輸入三個整數：";
07     int n1, n2, n3;
08     scanf("%d %d %d", &n1, &n2, &n3);
09     int max;
10
11     if (n1>n2)          // 判斷 n1 是否大於 n2
12     {
13         if(n1>n3)       // 判斷 n1 是否大於 n3
14             max=n1;
15         else
16             max=n3;
17     }
18     else
19     {
20         if(n2>n3)          // 判斷 n2 是否大於 n3
21             max=n2;
22         else
23             max=n3;
```

```
24      }
25      cout << "\n 比較結果：最大數為 " << max << "\n\n";
26      return 0;
27 }
```

說明

1. 第 8 行：使用 scanf() 函式將輸入的三個整數置入 n1、n2、n3 變數中。
2. 第 11~17 行：若 n1>n2 且 n1>n3，則執行第 14 行，將 n1 值存入 max 變數中；若 n1>n2 且 n1<n3，則執行第 16 行，將 n3 值存入 max 變數中。兩者執行完畢跳到第 25 行。
3. 第 18~24 行：若 n1<n2 且 n2>n3，執行第 21 行，將 n2 值存入 max 變數中；若 n1<n2 且 n2<n3，則執行第 23 行，將 n3 值存入 max 變數中。兩者執行完畢跳到第 25 行。

四. 三元運算子

三元運算子是一個條件運算子「…？…：…」，可經由 條件式 的結果為 true 或為 false，決定傳回哪個指定的常值或執行哪個指定的運算式，可視為另一種 if…else 選擇結構。使用條件運算子的敘述只需要撰寫一行即可，語法如下：

語法
```
變數 = 條件式 ? 運算式1 : 運算式2;
```

說明

1. 條件式成立時會將 運算式 1 的值傳給變數；不成立時則傳回 運算式 2 的值。
2. 運算式 1 與運算式 2 之間必須用冒號隔開。
3. 此處的 運算式 1 與 運算式 2，可以是常值資料，如 0、1 或 "ok"， 也可以是一般的運算式組合，如：i++ 或 a * b + c 等。如下簡例：

   ① 求 a、b 兩數的最大值，寫法如下：

   ```
   max = a>b ? a : b ;
   ```

   ② 計算某一數 a 的絕對值，寫法如下：

   ```
   num_abs = a>0 ? a : -a ;
   ```

   ③ 求分數的等第：

   80 ~ 100：A， 70 ~ 79：B， 60 ~ 69：C， 0 ~ 59 ：D

```
char grade;
int score=75;
grade = score<60 ? 'D' : (score<70 ? 'C' : (score<80 ? 'B' : 'A'));
cout << grade;
```

範例：ternary.cpp

利用巢狀三元運算子設計一個依照輸入分數的高低，給予相對的等級：80 ~ 100 為 A、70~79 為 B、60~69 為 C、0 ~ 59 為 D。假設輸入分數為 83，因分數 >= 60 則顯示「恭喜! 你及格了 …你的成績為 A !」；假設輸入分數為 47，因分數 < 60 則顯示「抱歉! 你不及格 … 你的成績為 D !」。

執行結果

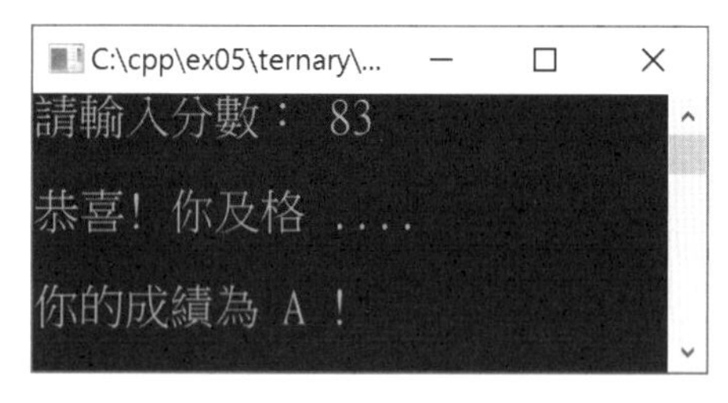

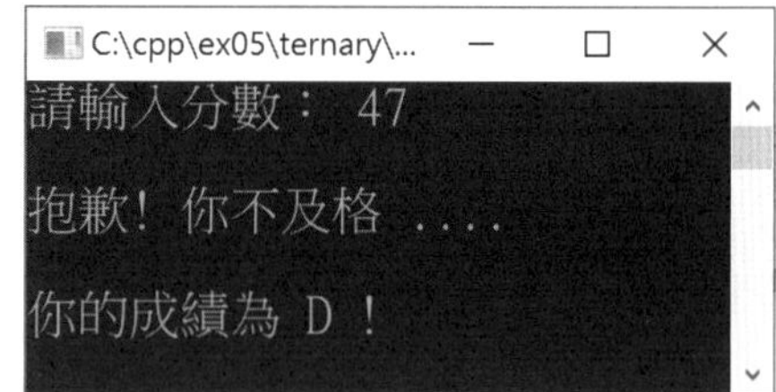

程式碼 FileName：ternary.cpp

```
01 #include <iostream>
02 using namespace std;
03
04 int main()
05 {
06     char grade;
07     int score;
08     cout << "請輸入分數： ";
09     cin >> score;
10     grade = score<60 ? 'D' : (score<70 ? 'C' : (score < 80 ? 'B' : 'A'));
11     cout << "\n" << (score>=60 ? "恭喜! 你及格 ..." : "抱歉! 你不及格...");
12     cout << "\n\n 你的成績為 " << grade << " ! \n\n";
13     return 0;
14 }
```

說明

1. 第 9 行：使用 cin 指令取得成績，置入 score 變數中。
2. 第 10 行：求分數的等第，然後將結果指定給 grade 字元變數。再交由第 12 行來顯現。即 80~100:A，70~79:B，60~69:C，0~59:D。
3. 第 11 行：若 score 大於等於 60，會顯示「恭喜! 你及格….」；否則，顯示「抱歉! 你不及格….」。

五. if 多向選擇

當選擇的項目超過兩個，除了可以使用巢狀選擇結構外，也可以使用「多向選擇」結構 (if … else if … else) 來處理。其使用方式就是除了在第一個條件使用 if 判斷外，其他條件都使用 else if 來判斷，最後再以 else 來處理剩下的可能性。語法及流程圖如下：

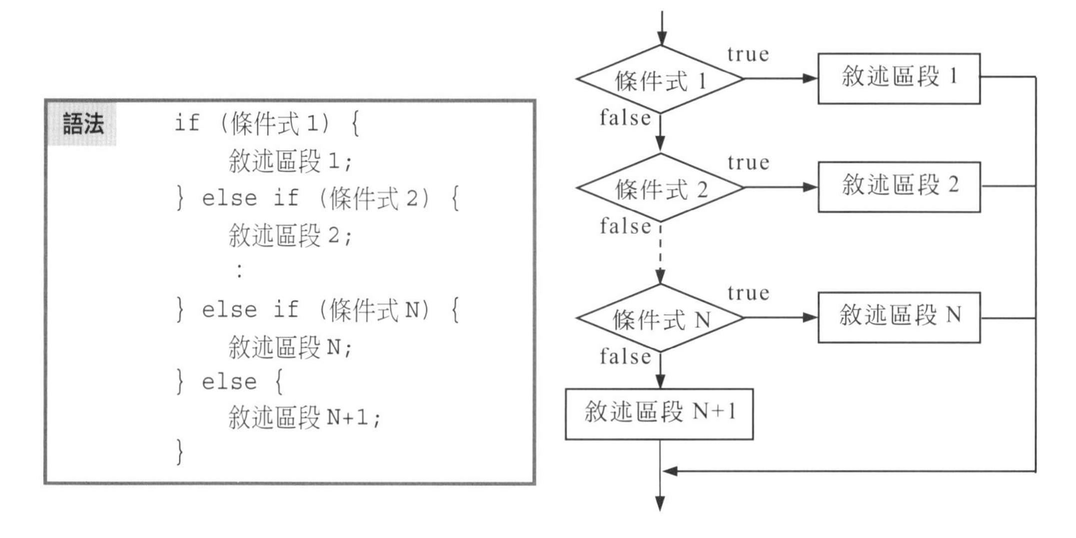

範例：ifelseif.cpp

使用 if...else if...else 敘述判斷分數等第的程式，依照下表分數給予相對的等第。

分數	評語
80~100	您得到 A！
70~79	您得到 B！
60~69	您得到 C！
0~59	您得到 D！
其它	成績超出範圍(限 0-100 分)！

執行結果

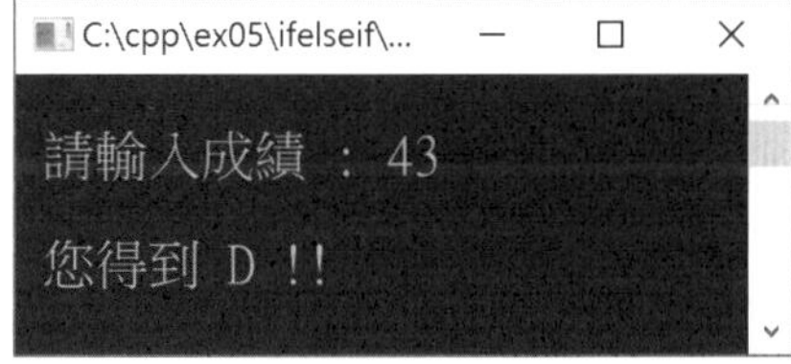

虛擬碼

Step1　設定 score 為整數變數。

Step2　由鍵盤輸入一個數值置入 score 整數變數內。

Step3 檢查 score 是否介於 0~100 之間？若是，則執行下一步驟，否則執行 Step5

Step4 使用 if...else if ...else 判斷 score 分數等第：

① 若 score 大於等於 80 顯示 "您得到 A!" 提示訊息，再跳至 Step 6。

② 若 score 大於等於 70 顯示 "您得到 B!" 提示訊息，跳至 Step 6。

③ 若 score 大於等於 60 顯示 "您得到 C!" 提示訊息，跳至 Step 6。

④ 不滿足上面條件顯示 "您得到 D!" 提示訊息，跳至 Step 6。

Step5 顯示 "成績超出範圍(限 0-100 分) !" 錯誤提示訊息。

Step6 結束程式執行。

程式碼 FileName :ifelseif.cpp

```
01 #include <iostream>
02 using namespace std;
03
04 int main()
05 {
06     int score;
07     cout << "\n 請輸入成績 : ";
08     cin >> score;
09     if (score>=0 && score<=100)
10     {
11         if(score>=80)
12             cout << "\n 您得到 A !";
13         else if(score>=70)
14             cout << "\n 您得到 B !";
15         else if(score>60)
16             cout << "\n 您得到 C !";
17         else
18             cout << "\n 您得到 D !!";
19     }
20     else
21         cout << "\n 成績超出範圍(限 0~100 分) !";
22     cout << "\n\n";
23     return 0;
24 }
```

說明

1. 第 9 行：score 分數介於 0~100 之間即執行 11~18 行，否則執行 21 行。
2. 第 11~18 行：印出分數的等第，即 80~100:A，70~79:B，60~69:C，0~59:D。

六. switch 多向選擇

switch 也是一個多向選擇結構，但與 if … else if … else 不同。if … 多向選擇結構使用多個不同的 條件式 來選擇執行的敘述區段。switch 的多向選擇是使用一個 運算式，再根據 運算式 的結果 (值) 來判斷要執行的 case 敘述區段。switch 的語法及流程圖如下：

語法

```
switch (運算式) {
    case 值1:
        敘述區段1;
        break;
    case 值2:
        敘述區段2;
        break;
         :
    case 值N:
        敘述區段N;
        break;
    default:
        敘述區段N+1;
}
```

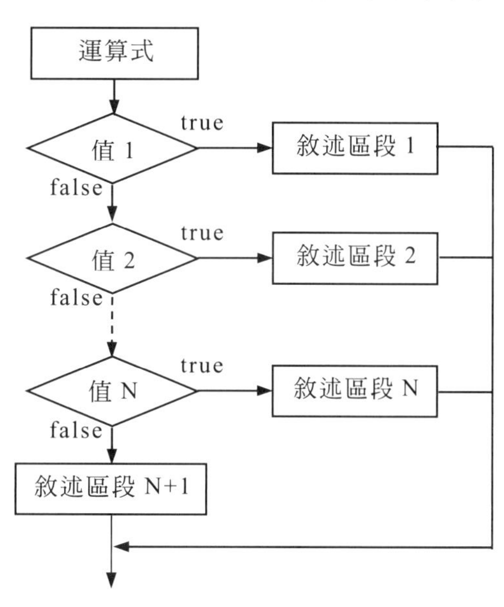

說明

1. switch 的運算式結果只能是整數常值或字元常值。
2. 執行 switch 結構時，其 運算式 的值會從第一個 case 開始比較，當值符合其中某個 case 條件的常值後，會執行所符合 case 內的敘述區段。
3. 若被執行的 case 內敘述區段沒有「break;」敘述，會繼續執行下一個 case 的敘述，因此在 case 敘述區段後面須加上「break;」敘述，其程式流程才能夠離開 switch 結構。
4. 如果比較所有的 case 都不符合，就會執行 default 後的敘述，因此 default 要放在所有的 case 敘述的最後面。雖然 default 敘述可以省略，但是建議在程式中最好還是加上，來處理例外的情況。
5. 如果不同的 case，但其敘述區段內容相同，則可將這些 case 排在一起，將敘述區段寫在最後一個 case，再加上「break;」敘述，這樣可以資源共享。如下簡例：

```
case 'y':
case 'Y':
    cout << "你贊成這項議題!";    //運算式的值符合 'y' 或 'Y' 執行此處
    break;
case 'n':
case 'N':
    cout << "你反對這項議題!";    //運算式的值符合 'n' 或 'N' 執行此處
    break;
……
```

範例：switch.cpp

將 ifelseif.cpp 改使用 switch 敘述判斷分數等第，本例執行結果與 ifelseif.cpp 範例相同。

虛擬碼

Step1 設定 score 為整數變數。

Step2 由鍵盤輸入一個數值置入 score 整數變數內。

Step3 檢查 score 是否介於 0~100 之間？若是，則執行下一步驟，否則執行 Step5

Step4 使用 switch 敘述， score/10 取其商：

① 若商為 8、9、10 ，顯示 "您得到 A!" 提示訊息，跳至 Step 6。

② 若商為 7 ，顯示 "您得到 B!" 提示訊息，跳至 Step 6。

③ 若商為 6 ，顯示 "您得到 C!" 提示訊息，跳至 Step 6。

④ 若商為 0~5，顯示 "您得到 D!" 提示訊息，跳至 Step 6。

Step5 顯示 "成績超出範圍(限 0-100 分) !" 錯誤提示訊息。

Step6 結束程式執行。

程式碼 FileName : swtich.cpp

```
01 #include <iostream>
02 using namespace std;
03
04 int main()
05 {
06     int score;
07     cout << "\n 請輸入成績 : ";
08     cin >> score;
09     if (score>=0 && score<=100)
10     {
11         switch(score/10)
12         {
13             case 10:     // 100
14             case 9:           // 90~99
15             case 8:           // 80~89
16                 cout << "\n 您得到 A !";
17                 break;
18             case 7:           // 70~79
19                 cout << "\n 您得到 B !";
20                 break;
21             case 6:           // 60~69
22                 cout << "\n 您得到 C !";
```

```
23              break;
24          default:            // 0~59
25              cout << "\n 您得到 D !!";
26          }
27      }
28      else
29          cout << "\n 成績超出範圍(限 0~100 分) !";
30      cout << "\n\n";
31      return 0;
32  }
```

說明

1. 第 9 行：檢查成績是否介於 1~100 之間。若符合條件則執行第 11~26 行；若成績超出範圍，則執行第 29 行，顯示 "成績超出範圍(限 0~100 分) !"。
2. 第 11 行：本例使用 (score/10)，因為 score 是整數變數，除以 10 所得的商亦是整數。如此成績 (0~100) 便可分成 10 級以 case 0 ~ case 10 來比對，否則要寫上 101 個 case 敘述。例如：

   ① 輸入的分數在 100，其結果對應到 case 10

   ② 輸入的分數在 80~99，其結果對應到 case 8 和 case 9

   ③ 輸入的分數在 70~79，其結果對應到 case 7

   ④ 輸入的分數在 60~69，其結果對應到 case 6
3. 第 17,20,23 行：在 case 敘述後面若未加 break，程式會繼續下一個 case 敘述，只要符合的 case 內之敘述都會被執行，失去 switch 的多向選擇功能。

5.4 APCS 觀念題攻略

題目 (一)

下列程式執行過後所輸出數值為何？

(A) 11 (B) 13 (C) 15 (D) 16

```
01 void main() {
02     int count = 10;
03     if (count > 0) {
04         count = 11;
05     }
06     if (count > 10) {
07         count = 12;
```

```
08        if (count % 3 == 4) {
09            count = 1;
10        }
11        else{
12            count = 0;
13        }
14    }
15    else if (count > 11){
16        count = 13;
17    }
18    else{
19        count = 14;
20    }
21    if (count){
22        count = 15;
23    }
24    else{
25        count = 16;
26    }
27
28    printf ("%d\n", count) ;
29 }
```

說明

1. 執行第 02 行令 count 為 10，執行第 03 行時因為 count 大於 0，因此執行第 04 行令 count 為 11。
2. 第 06~20 行為 if...else if...else 敘述。當執行第 06 行因 count 為 11 大於 10，接著執行第 07 行令 count 為 12，接著執行第 08 行因 count 為 12 除 3 餘數為 0 不等於 4，因此會執行第 12 行令 count 為 0。最後跳到 21 行。
3. 執行第 21 行 count 為 0 表示為 false，此時執行第 25 行令 count 為 16。
4. 執行第 28 行印出 count 的值為 16，故答案為(D) 16。程式碼請參考 apcs05_01.cpp。

題目 (二)

下列 switch 敘述程式碼可以如何以 if-else 改寫？

(A)
```
if (x == 10)  y = 'a';
if (x == 20 || x == 30) y = 'b';
y = 'c' ;
```

(B)
```
if (x == 10) y = 'a';
else if (x == 20 | | x == 30) y ='b' ;
else y = 'c' ;
```

(C)
```
if (x == 10) y = 'a';
if (x>=20 && x <= 30) y = 'b';
Y = 'c';
```

(D)
```
if (x == 10) y = 'a';
else if(x>=20 && x <= 30) y = 'b';
else y = 'c';
```

```
switch (x) {
   case 10: y = 'a'; break;
   case 20:
   case 30: y = 'b'; break;
   default: y = 'c';
}
```

說明

當 swtich 敘述的 x 值為 10 則 y 為 'a'，x 值為 20 或 30 則 y 為 'b'，若 x 為其他值時則 y 為 'c'；因此本例適合的答案為 (B)。

題目 (三)

給定下列程式，當程式執行完後，輸出結果為何?

(函式 f(a) 回傳小於浮點數 a 的最大整數，但是回傳型態仍為浮點數。)

(A) 0.000000　(B) 1.000000　(C) 1.666667　(D) 2.000000

```
01 int main() {
02    float x=10, y=3;
03    if ((0.5*x/y - f(0.5*x/y)) == 0.5){
04       printf ("%f\n",f(0.5*x/y)-1) ;
05    }
06    else if ((0.5*x/y-f(0.5*x/y)) < 0.5){
07       printf ("%f\n", f(0.5*x/y) ) ;
08    }
09    else
10       printf ("%f\n", f(0.5*x/y) +1) ;
11    return 0;
12 }
```

說明

1. 本例函式 f(a) 回傳小於浮點數 a 的最大整數。例如：f(1.2) 傳回 1.0；f(2.8) 傳回 2.0。
2. 執行第 3 行 (0.5*x/y - f(0.5*x/y)) 運算式結果為 0.66666667 不等於 0.5，因此再判斷第 6 行敘述。

3. 執行第 6 行 (0.5*x/y - f(0.5*x/y)) 運算式結果為 0.66666667 大於 0.5，因此執行第 10 行印出 f(0.5*x/y)+1 的結果。計算方式：f(0.5*x/y) + 1 ⇨ f(1.66666667)+1 ⇨ 1.000000 + 1 結果為 2.000000。故答案為(D)。

5.5 習題

選擇題

1. 以下何者非結構化程式設計基本邏輯結構？
   (A) 循序結構 (B) 選擇結構 (C) 重複結構 (D) 跳躍結構。
2. 前測試重複結構的重複區段至少執行多少次？
   (A) 0 (B) 1 (C) 2 (D) 視條件判斷式。
3. 後測試重複結構的重複區段至少執行多少次？
   (A) 0 (B) 1 (C) 2 (D) 視條件判斷式。
4. 以下何者是 C++ 的選擇敘述？
   (A) IF…THEN (B) if…else (C) printf() (D) while。
5. 流程圖符號 ◯ 代表
   (A) 迴圈 (B) 連結 (C) 判斷 (D) 流向。
6. 以下何者是 C++ 的多向選擇敘述？
   (A) while (B) switch (C) for (D) do。
7. 流程圖符號 ◇ 代表 (A) 迴圈 (B) 程序 (C) 判斷 (D) 端點。
8. 流程圖符號 ▱ 代表
   (A) 迴圈 (B) 輸出/輸入 (C) 判斷 (D) 處理。
9. 使用 switch 時應配合以下哪一個指令？
   (A) if (B) break (C) read (D) printf()。
10. 一個演算法可以不必滿足下列哪一個條件
    (A) 有限性 (B) 有效性 (C) 至少一個輸入 (D) 明確性。

CHAPTER 6

重複結構

6.1 C++重複敘述

我們將程式中具有某個功能的連續敘述稱為「敘述區段」，若這些敘述區段需要重複執行很多次時，如：帳號或密碼輸入檢查、相同欄位資料表列輸出…等，便可以利用「重複結構」來完成，將這些屬於重複執行的敘述區段稱為「迴圈」(Loop)。C++ 語言的重複敘述有兩種：第一種是已知重複次數的「計數迴圈」(for...)，第二種是無法預知重複次數的「條件迴圈」(while 敘述及 do...while 敘述)。

6.2 計數迴圈

當程式中某個敘述區段重複執行的次數是可以計數時，譬如起始值已知，每執行一次增減多少，一直到超過終值才停止，便需要使用「計數迴圈」。其語法如下：

語法

```
for (初始運算式; 條件運算式; 增值運算式)
{
   [敘述區段]        // 迴圈主體
}
```

說明

1. 「初始運算式」用來設定迴圈控制變數的初值，一般都是使用指定運算子(=)，將等號右邊的變數或運算式指定給等號左邊的控制變數，當作該變數的初值。要注意，等號右邊的運算式必須是合法的運算式。此運算式只有在剛進入迴圈執行一次，之後一直到離開迴圈都不會再執行。如果迴圈控制變數是在初始運算式宣告，其有效範圍只在迴圈內，離開迴圈就無效。例如下面程式碼，控制變數 count 只在 for 迴圈內有效。

```
for ( int count = 1 ; count <= 10 ; count++ )
```

2. 若「條件運算式」的結果為 true，會將迴圈主體內敘述區段執行一次；接著再執行「增值運算式」一次，代入「條件運算式」，若結果仍為 true，再執行迴圈主體的敘述區段一次，一直到「條件運算式」結果為 false 時才離開 for 迴圈。

3. 流程圖：

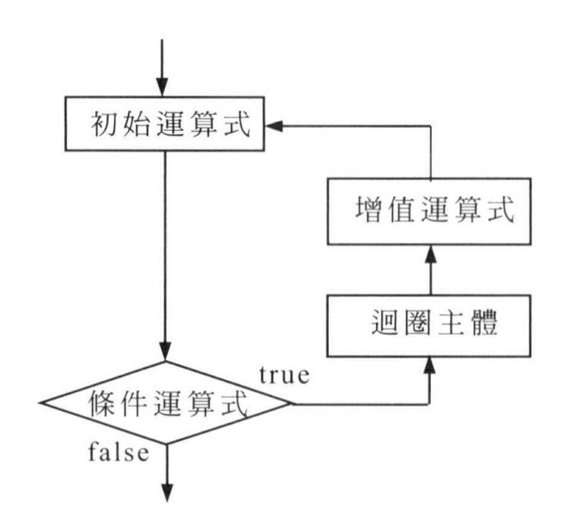

4. 若「增值運算式」的增值為正，則終值必須大於或等於初值；反之，若增值為負，終值必須小於或等於初值。

[例] for 迴圈初值設為 1；終值為 10；增值為 1，其程式碼如下：

5. for 計數迴圈的 初始、條件、增值 三種運算式引數，可以有兩組以上，引數之間用逗點「,」隔開。如果 for 迴圈有兩組數值運算式引數，會以第二組的執行條件式為主，來判斷是否繼續執行迴圈。語法如下：

```
for (初值 1, 初值 2; 條件式 1, 條件式 2; 增值運算式 1, 增值運算式 2) {
    [敘述區段]
}
```

6. 若 初始、條件、增值 三種運算式有省略時，分號必須保留。
譬如：for (; ;) 變成無窮迴圈。

7. 以下簡例為 for 敘述的寫法：

[例 1] 由 100 至 1，增值為 -1

```
for(int i = 100; i >= 1; i--)
```

所以 i 依序為 100, 99, 98, 97, 96, 95, 94, 93, … , 5, 4 , 3, 2, 1。

[例 2] 由 10 至 100，增值為 5

```
for(int i = 10; i <= 100; i += 5)
```

所以 i 依序為 10, 15, 20, 25, 30, 35, 40, … , 80, 85 , 90, 95, 100。

[例 3] 由 3 至 21，增值為 3

```
for(int i = 3; i <= 21; i += 3)
```

所以 i 依序為 3, 6, 9, 12, 15, 18, 21。

[例 4] 由 88 至 22，增值為 -11

```
for(int i = 88; i >= 22; i -= 11)
```

所以 i 依序為 88, 77, 66, 55, 44, 33, 22

[例 5] 求出 2 + 4 + 6 + …… + 100 的總和

```
int num;
sum = 0;

for(num = 2; num <= 100; num += 2) {
    sum += num;
}

cout << sum << endl;
```

由於敘述區段的敘述只有一行，for 迴圈結構的 { } 可省略，如下：

```
int num;
sum = 0;

for(num = 2; num <= 100; num += 2)
    sum += num;

cout << sum << endl;
```

範例 ：for1.cpp

試求下列級數的和：

$$\sum_{x=1}^{5}(2x+1) = \frac{3}{x=1} + \frac{5}{x=2} + \frac{7}{x=3} + \frac{9}{x=4} + \frac{11}{x=5} = ?$$

執行結果

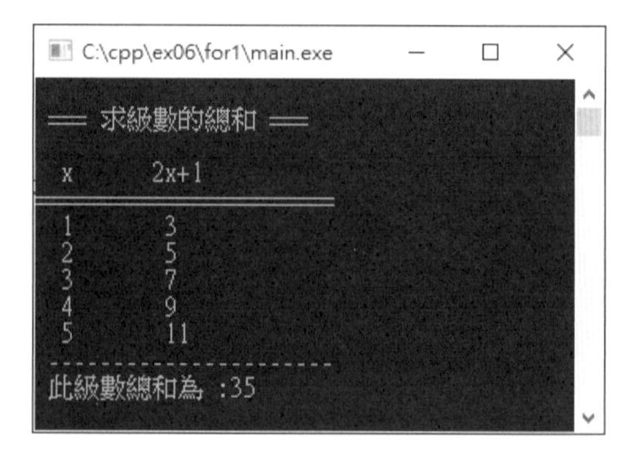

程式碼 FileName：for1.cpp

```
01 #include <iostream>
02 using namespace std;
03
04 int main()
05 {
06     int x, sum = 0;
07     cout << "\n === 求級數的總和 === \n\n";
08     cout << "  x \t 2x+1 \n" ;
09     cout << "====================== \n" ;
10     for (x=1; x<=5; x++) {
11         cout << "  " << x << "  \t  " << 2*x+1 << "\n" ;
12         sum += 2*x+1;
13     }
14     cout << " ---------------------- \n" ;
15     cout << " 此級數總和為 :" << sum;
16
17     cout << "\n\n";
18     return 0;
19 }
```

說明

1. 第 6 行：x 為數列 1,2,3,4,5 的值，sum 用來儲存級數的和。
2. 第 7~9 行：顯示標題。
3. 第 10~13 行：顯示每次 x 值及其計算和的結果。
4. 第 15 行：顯示級數總和。

範例 ：for2.cpp

利用 for 迴圈，同時逐行顯示 x、y 值以及 x*y 的值，其中初值 x = 10、y = -1.0，執行條件 x > -5、 y ≤ 1.0，x 每次減少 5、y 每次增加 0.5。

執行結果

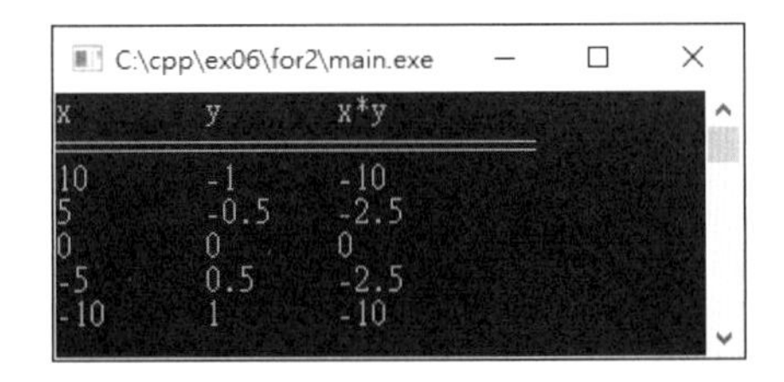

程式碼 FileName : for2.cpp

```
01 #include <iostream>
02 using namespace std;
03
04 int main()
05 {
06     int x;
07     float y;
08
09     cout << "x \t y \t x*y \n";
10     cout << "============================= \n";
11     for(x = 10, y = -1.0; x > -5, y < =1.0; x -= 5, y += 0.5) {
12         cout << x << "\t " << y << "\t " << x*y <<"\n";
13     }
14
15     cout << "\n";
16     return 0;
17 }
```

說明

1. 若 for 迴圈有兩組數值運算式引數，則以第二組的條件式為主，來判斷是否繼續執行迴圈。執行過程如下表所示：

敘述 迴圈	x	y	x>-5, y≤1.0	輸出結果			x-=5	y+=0.5
				x	y	x*y		
第 1 次	10	-1	(成立), (成立)	10	-1	-10	5	-0.5
第 2 次	5	-0.5	(成立), (成立)	5	-0.5	-2.5	0	0
第 3 次	0	0	(成立), (成立)	0	0	0	-5	0.5
第 4 次	-5	0.5	(不成立), (成立)	-5	0.5	-2.5	-10	1
第 5 次	-10	1	(不成立), (成立)	-10	1	-10	-15	1.5
第 6 次	-15	1.5	(不成立), (不成立)	離開迴圈				

2. 本例第二組的執行條件式，在執行第 6 次時造成 y<=1.0 的條件不成立，故 for 迴圈內的敘述只執行了 5 次。雖然第一組在執行第 4 次時已條件不成立，但迴圈仍會繼續執行。

6.3 條件迴圈

當一個敘述區段重複執行的次數無法預測時，可使用條件式迴圈來解決。條件式迴圈的基本形式有下列兩種：

1. **前測式迴圈**：while ...
2. **後測式迴圈**：do ... while

一、while (前測式迴圈)

所謂「前測式迴圈」表示會先判斷是否滿足條件運算式？若條件運算式為 true，就執行迴圈主體的敘述區段一次，再檢查是否滿足條件運算式？一直到條件運算式為 false 時，才離開迴圈。其語法如下：

語法

```
While(條件運算式) {
   [敘述區段]        // 迴圈主體
}
```

說明

1. 「條件運算式」是用來判斷迴圈主體是否可重複執行，只要條件運算式的結果為 true，就將迴圈內的迴圈主體敘述區段執行一次；若條件運算式的結果為 false，則離開迴圈。

2. 流程圖：

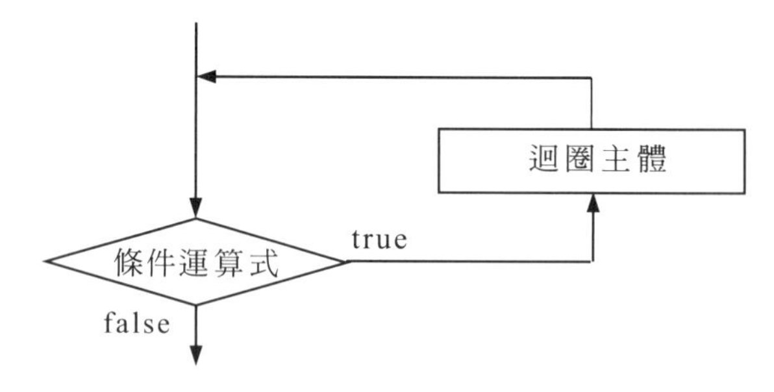

3. 迴圈主體內的敘述區段可以為單一敘述、多個敘述或是空敘述。在迴圈主體中，必須有能使接在 while 後面的條件運算式結果為 false 的敘述，才能離開迴圈；否則會成為無窮迴圈。

4. while 迴圈常用的寫法如下：

   [例 1] 當 score ≧ 60

```
while (score >= 60)
```

[例 2] 當 70≦score < 90

```
while (score >= 70 && score < 90)
```

[例 3] 當 score 等於 90

```
while (score == 90)
```

[例 4] 當 score 不等於 90

```
while (score != 90)
```

範例：arithmetic.cpp

使用 while(true) 敘述，製作一個 32 與 12 的四則運算選項，再透過 switch 執行如下：

① 若選 '1'，顯示 " 36 + 12 = 48 " 訊息。
② 若選 '2'，顯示 " 36 - 12 = 24 " 訊息。
③ 若選 '3'，顯示 " 36 x 12 = 432 " 訊息。
④ 若選 '4'，顯示 " 36 / 12 = 3 " 訊息。
⑤ 選 '0'，結束程式執行。
⑥ 其它按鍵顯示 " 錯誤選項 ！" 訊息，重新詢問兩數做何項運算?

執行結果

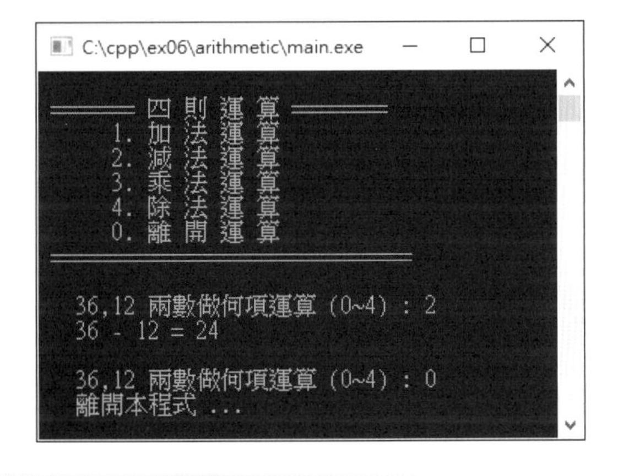

程式碼 FileName : arithmetic.cpp

```
01 #include <iostream>
02 using namespace std;
03
04 int main()
05 {
06     char ch1, ch2;
07     cout << "\n ======= 四 則 運 算 ======== ";
08     cout << "\n      1. 加 法 運 算";
09     cout << "\n      2. 減 法 運 算";
10     cout << "\n      3. 乘 法 運 算";
11     cout << "\n      4. 除 法 運 算";
```

```
12      cout << "\n      0. 離 開 運 算";
13      cout << "\n ==============================";
14      while(true) {
15          cout << "\n\n  36,12 兩數做何項運算 (0~4) : ";
16          cin >> ch1;
17          switch (ch1) {
18              case '0':
19                  cout << "   離開本程式 ... \n\n";
20                  return 0;
21              case '1':
22                  cout << "   36 + 12 = " << 36+12;
23                  break;
24              case '2':
25                  cout << "   36 - 12 = " << 36-12;
26                  break;
27              case '3':
28                  cout << "   36 x 12 = " << 36*12;
29                  break;
30              case '4':
31                  cout << "   36 / 12 = " << 36/12;
32                  break;
33              default:
34                  cout << "   錯誤選項 ! ";
35          }
36      }
37  }
```

說明

1. 第 14~36 行：設定 while(true) 表示此迴圈為無窮迴圈。
2. 第 16 行：取得使用者由鍵盤輸入的字元，然後再指定給 ch1 字元變數。
3. 第 17~35 行：透過 switch 來比對 ch1 字元變數，然後再顯示所對應的訊息。
4. 第 18 行：當 ch1 字元變數等於 '0' 時，會執行第 19~20 行敘述。其中「return 0;」敘述，會使程式結束執行。
5. 第 21~23 行：當 ch1 字元變數等於 '1' 時執行。第 23 行的「break; 」敘述，用來跳離 switch，並不會跳離 while 迴圈。
6. 第 24~26 行：當 ch1 字元變數等於 '2' 時執行。方法同上。
7. 第 27~29, 30~32 行：當 ch1 字元變數等於 '3' 或 '4' 時執行。
8. 第 33~34 行：當 ch1 字元變數不等於 0~4 時會執行第 34 行。

範例：gcdlcm.cpp

由鍵盤輸入兩數，求這兩數的最大公約數 (GCD) 以及最小公倍數 (LCM)。寫程式模擬輾轉相除法來求最大公約數；而最小公倍數的公式如下：
LCM = (num1*num2) / GCD。

執行結果

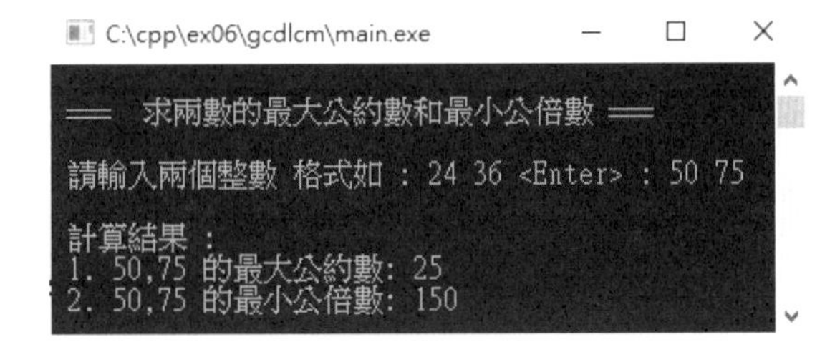

程式碼 FileName : gcdlcm.cpp

```
01 #include <iostream>
02 using namespace std;
03
04 int main()
05 {
06     int num1, num2, GCD, LCM;
07     int inLarge, inSmall, inRem;
08     cout << "\n ===  求兩數的最大公約數和最小公倍數 === ";
09     cout << "\n\n 請輸入兩個整數 格式如 : 24 36 <Enter> : ";
10     cin >> num1 >> num2;
11     if (num1>num2) {
12         inLarge=num1;
13         inSmall=num2;
14     } else {
15         inLarge=num2;
16         inSmall=num1;
17     }
18     inRem=inLarge%inSmall;
19     while(inRem!=0) {
20         inLarge=inSmall;
21         inSmall=inRem;
22         inRem=inLarge%inSmall;
23     }
24     GCD = inSmall;
25     LCM = num1 * num2 / GCD;
26     cout << "\n 計算結果 : ";
27     cout << "\n 1. " << num1 << "," << num2 << " 的最大公約數: " << GCD;
28     cout << "\n 2. " << num1 << "," << num2 << " 的最小公倍數: " << LCM;
29     cout << "\n\n";
30     return 0;
31 }
```

說明

1. 第 10 行：由鍵盤連續輸入兩數，用空格隔開，兩數分別放入 num1 和 num2 變數。
2. 第 11~17 行：將 num1 和 num2 變數做比較，大者放入 inLarge 變數內；小者放入 inSmall 變數內。
3. 第 19~23 行：利用迴圈做輾轉相除法，當餘數為零時，除數便為最大公約數 GCD。
4. 第 25 行：最小公倍數 LCM 是兩數乘積除以最大公約數 GCD。
5. 第 26~28 行：印出 GCD 和 LCM 結果。

二、do ... while (後測式迴圈)

所謂「後測式迴圈」是將條件置於迴圈最後面，也就是說會先執行迴圈主體的敘述區段一次，再判斷是否滿足條件運算式。若條件運算式為 true，則會再執行迴圈主體的敘述區段一次，一直到條件運算式為 false 時才離開迴圈。其語法如下：

語法

```
do {
   [敘述區段]        // 迴圈主體
} while(條件運算式);
```

說明

1. 先執行迴圈主體敘述區段一次後，再判斷「條件運算式」的值。若「條件運算式」為 true，則再將迴圈主體的敘述區段執行一次；若條件運算式的值為 false，則離開迴圈，執行接在 while 的下一個敘述。
2. 流程圖：

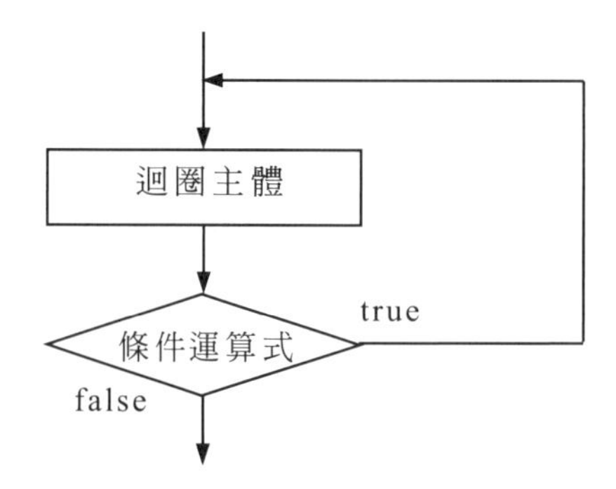

3. 後測式迴圈在最後「while(條件運算式)」敘述之後必須加「;」做結尾。

範例 ：dowhile.cpp

使用 do...while 迴圈結構。由鍵盤連續輸入數值資料，每輸入完一個資料便累計，同時會詢問是否繼續輸入資料？若按 'Y' 或 'y' 字元，便指示輸入第二個資料，以此類推…。若按其它鍵，則結束輸入動作，顯示輸入次數與總和。

執行結果

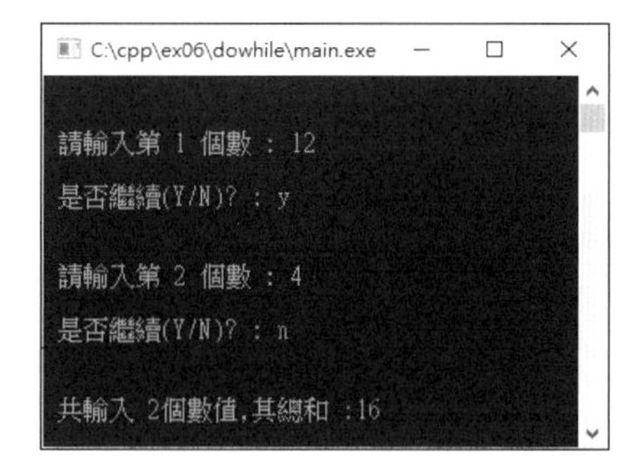

程式碼 FileName : dowhile.cpp

```
01 #include <iostream>
02 using namespace std;
03
04 int main()
05 {
06     int num1,sum=0,count=0;
07     char yn;
08     do {
09         count++;
10         cout << "\n\n 請輸入第 " << count << " 個數 : ";
11         cin >> num1;
12         sum+=num1;
13         cout << "\n 是否繼續(Y/N)? : ";
14         cin >> yn;
15     } while(toupper(yn)=='Y');
16     cout << "\n\n 共輸入 " << count  << "個數值,其總和 :" << sum ;
17
18     cout << "\n\n";
19     return 0;
20 }
```

說明

1. 第 8~15 行：do...while 為後測試的迴圈，因此第 9~14 行程式最少會執行一次。
2. 第 15 行：透過 toupper() 函式將輸入的字元轉成大寫。若鍵入的字元為 'y' 或 'Y'，則繼續執行第 9~14 行；若是按其它字元則離開 do...while 迴圈，並跳到第 16 行。
3. 第 16 行：顯示輸入各數以及累加總和。

6.4 中斷迴圈

若程式流程在迴圈主體敘述區段執行期間要中斷迴圈的執行，可使用 break 和 continue 敘述。break 敘述會中斷迴圈內的程式流程，跳至迴圈後面的敘述繼續執行；continue 敘述也會中斷迴圈內程式流程，但跳至迴圈的頂端，若條件運算式的結果仍符合，則再從迴圈的起點進入迴圈執行。break 和 continue 敘述在 for 迴圈、while 迴圈及 do…while 迴圈的流程分別如下：

```
for(初值; 條件運算式; 增值運算式) {
    敘述區段 A;
    break;          ....
    敘述區段 B;        :
}                     :
敘述區段 C;  <.........
```

```
for(初值; 條件運算式; 增值運算式) {<...
    敘述區段 A;                        :
    continue;   .......................
    敘述區段 B;
}
敘述區段 C;
```

```
while(條件運算式) {
    敘述區段 A;
    break;          ....
    敘述區段 B;        :
}                     :
敘述區段 C;  <.........
```

```
while(條件運算式) {  <.........
    敘述區段 A;                 :
    continue;   ................
    敘述區段 B;
}
敘述區段 C;
```

```
do {
    敘述區段 A;
    break;          ....
    敘述區段 B;        :
} while(條件運算式);   :
敘述區段 C;  <.........
```

```
do {
    敘述區段 A;
    continue;   ..........
    敘述區段 B;             :
} while(條件運算式);  <....
敘述區段 C;
```

範例：continue.cpp

從 1~100 整數當中，列出不是 2、不是 3、也不是 5 的倍數。

執行結果

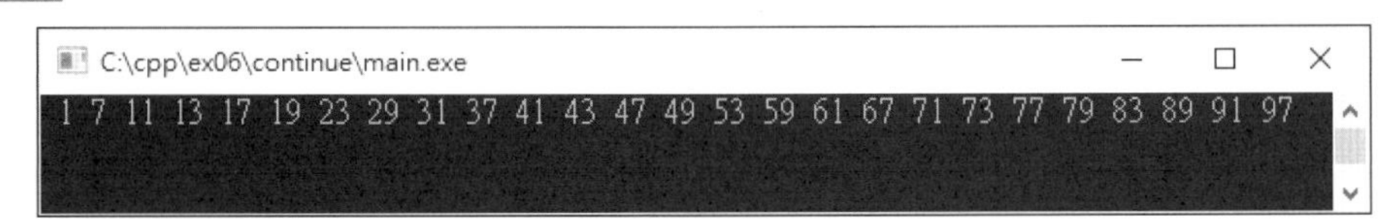

程式碼 FileName：continue.cpp

```
01 #include <iostream>
02 using namespace std;
03
04 int main() {
05 {
06     int n;
07     for(n=1; n<=100; n++) {
08         if ((n%2 == 0) || (n%3 == 0) || (n%5 == 0)) {
09             continue;
10         }
11         cout << " " << n;
12     }
13
14     cout << "\n\n";
15     return 0;
16 }
```

說明

1. 第 7~12 行：當 n 變數值被 2、3 或 5 整除時，便會跳至第 7 行迴圈的頂端，但此時的 n 變數值已增值，如果符合條件式，則可再進入迴圈。
2. 第 11 行：顯示即不為 2、不為 3、也不為 5 整除的 n 變數值。

範例：break.cpp

密碼為 5438，若密碼輸入正確，顯示「密碼正確，歡迎使用」；若密碼輸入錯誤，顯示「第 ? 次 密碼輸入錯誤！」。密碼連續三次輸入錯誤，顯示「密碼輸入已三次錯誤，停止使用！」。

執行結果

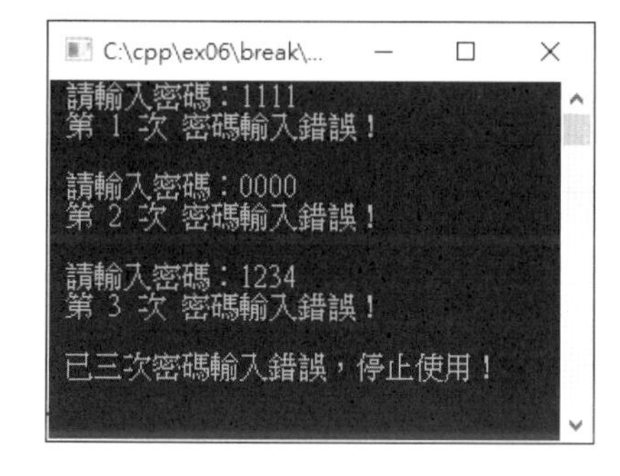

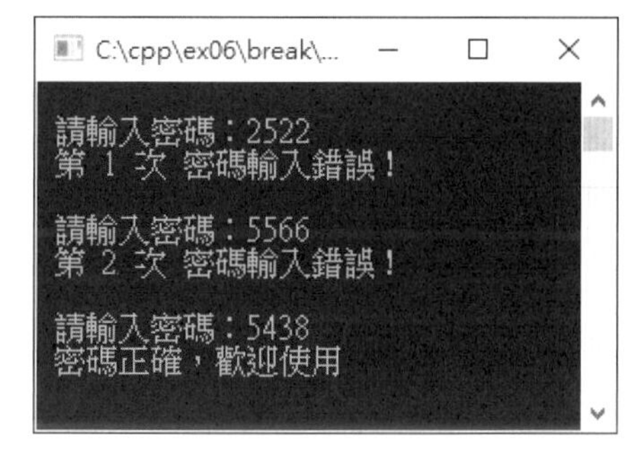

程式碼 FileName：break.cpp

```
01 #include <iostream>
02 using namespace std;
03 
04 int main() {
05 {
06     int count=0;
07     string pwAns="5438", pwKeyin;
08     bool isPass = false;
09     do {
10         count++;
11         cout << "\n 請輸入密碼：";
12         cin >> pwKeyin;
13         if (pwKeyin == pwAns) {
14             cout << " 密碼正確，歡迎使用\n";
15             isPass=true;
16             break;
17         } else {
18             cout << " 第 " << count << " 次 密碼輸入錯誤！\n";
19         }
20     } while(count<3);
21     if (!isPass) cout << "\n 已三次密碼輸入錯誤，停止使用！";
22 
23     cout << "\n\n";
24     return 0;
25 }
```

說明

1. 第 6~8 行：count 記錄輸入的次數。pwAns 為密碼設定值，pwKeyin 存放由鍵盤輸入的字串(第 12 行)。isPass 記錄輸入密確是否正確，若設為 true 代表密碼輸入正確(第 15 行)。
2. 第 9~20 行：為後測試迴圈，至少被執行一次。第 20 行敘述後面必須加「;」。
3. 第 13 行：比較輸入字串 pwKeyin 值與密碼設定值 pwAns 是否符合。比較後若符合，則執行第 14~16 行敘述；若不符合，則執行第 18 行敘述。
4. 第 16 行：break 是跳離迴圈的敘述，跳至第 21 行繼續執行。
5. 第 21 行：當三次密碼輸入皆錯誤時，會使 isPass 變數一直為 false，所以才會顯示「已三次密碼輸入錯誤，停止使用！」。

6.5 巢狀迴圈

在程式中，如果迴圈主體裡面還有內迴圈的話，就稱為「巢狀迴圈」。一般當在製作一個二維表格，如：九九乘法表或是有規則性的表格等都可使用巢狀迴圈。

範例：table1.cpp

以兩層 for 巢狀迴圈結構，製作如下圖以 1,3,5,7,9 數量逐行顯示星號。

執行結果

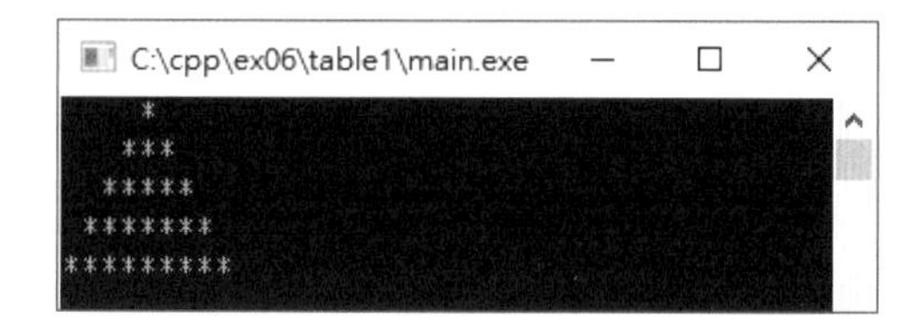

程式碼 FileName : table1.cpp

```
01 #include <iostream>
02 using namespace std;
03
04 int main()
05 {
06     int row, column;
07     for (row=1; row<=5; row++) {
08         for (column=1; column<=5-row; column++)
09             cout << " ";
10         for (column=1; column<=2*row-1; column++)
11             cout << "*";
12         cout << "\n";
13     }
14     cout << "\n";
15     return 0;
16 }
```

說明

1. 第 7 行：控制列(row)數，共印 5 列。
2. 第 8~9 行：第 row 列先印出 (5-row) 個空白。
3. 第 10~11 行：第 row 列印出 (2*row-1) 個「*」。
4. 第 12 行：每列印完將游標移到下一列的最前面。

範例：table2.cpp

以 while 的巢狀迴圈結構來設計九九乘法表。

執行結果

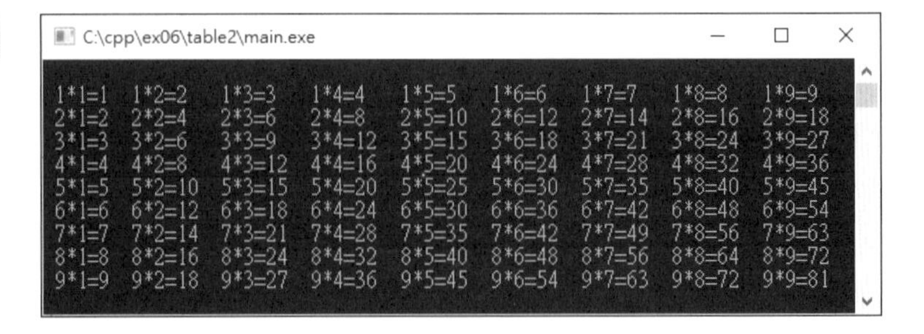

程式碼 FileName：table2.cpp

```
01 #include <iostream>
02 using namespace std;
03
04 int main()
05 {
06     int i=1, j=1;
07     while(i<=9) {
08         cout << "\n ";
09         while(j<=9) {
10             cout << i << "*" << j << "=" << i*j << "\t";
11             j++;
12         }
13         i++;
14         j=1;
15     }
16     cout << "\n\n";
17     return 0;
18 }
```

說明

1. 第 7~15 行：為外層 while 迴圈，i 值由 1~9，其中第 13 行設定 i++。
2. 第 9~12 行：為內層 while 迴圈，j 值由 1~9，第 14 行重新設定 j = 1。
3. 第 10 行：印出 i * j 的結果。

6.6 無窮迴圈

如果條件迴圈的運算式一直為 true，或計數迴圈的條件運算式空白，則會形成無窮迴圈，程式將無法停止。此時欲中斷執行，可按工具列的 ☒ 鈕強迫程式終止執行。因此撰寫無窮迴圈內的敘述區段時，必須要有中斷迴圈的敘述才能離開無窮迴圈。下面三種為無窮迴圈常見的寫法：

```
for (  ;  ;  ) {
   [敘述區段]
}
```

```
While (true) {
   [敘述區段]
}
```

```
do {
   [敘述區段]
} while(true) ;
```

範例：summax.cpp

由鍵盤輸入一個正整數 max，使用 for 迴圈求出 1+2+3+…… + n ≤ max 滿足此條件的 n 值，以及 1+2+3+ …… + n 的總和。

執行結果

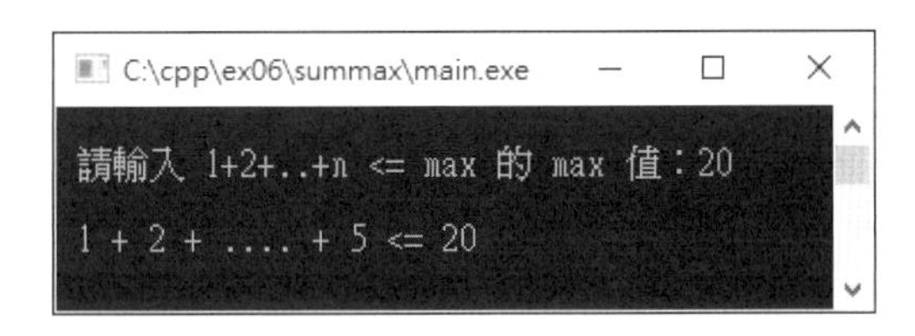

程式碼 FileName：summax.cpp

```
01 #include <iostream>
02 using namespace std;
03
04 int main()
05 {
06     int n, max, total=0;
07     cout << "\n 請輸入 1+2+..+n <= max 的 max 值：";
08     cin >> max;
09     for(n=1;    ; n++ ) {       // for 迴圈條件運算式無法確定
10         total += n ;
11         if (total > max) {
12             total -= n ;
13             n-- ;
14             break ;
15         }
16     }
17     cout << "\n 1 + 2 + .... + " << n << " <= " << max << "\n\n" ;
18     return 0;
19 }
```

說明

1. 由於規定使用 for 迴圈，初值為 1、增值為 1、終值 n 的條件運算式必須由 max 來決定(第 7,8 行)，而 max 由鍵盤輸入，因此無法在程式中確定終值 n，需將 for 迴圈第二個參數省略，但迴圈內必須有判斷式(第 11~15 行)來跳出迴圈。
2. 第 9 行：for (n=1; ; n++) 迴圈無終值條件運算式，表示為無窮迴圈。
3. 第 11~15 行：檢查目前累加到 total 的值是否大於 max 值？若是，表示已超過最大值，必須將加入到 total 的 n 值減回去，以及 n 值亦減回去，還原到未加上 n 值的 total 值。接著使用 break 敘述離開 for 迴圈，跳到第 17 行去執行，將結果顯示出來。

6.7 ACPS 觀念題攻略

題目 (一)

給定右側程式片段，for 迴圈總共會執行幾次？

(A) 8 (B) 32 (C) 64 (D) 128

```
int i, j=0;
for (i=0; i<128; i=i+j) {
   j=i+1;
}
```

說明

1. 答案是 (A)，程式檔請參考 test06_1.cpp。
2. for 迴圈執行第 1 次時，i = 0, j = 1
   for 迴圈執行第 2 次時，i = 1, j = 2
   for 迴圈執行第 3 次時，i = 3, j = 4
   for 迴圈執行第 4 次時，i = 7, j = 8
   for 迴圈執行第 5 次時，i = 15, j = 16
   for 迴圈執行第 6 次時，i = 31, j = 32
   for 迴圈執行第 7 次時，i = 63, j = 64
   for 迴圈執行第 8 次時，i = 127, j = 128

題目 (二)

給定右側程式，若已知輸出的結果為 [1] [2] [3] [5] [4] [6]，程式中的 __(?)__ 應為下列何者？

(A) j < i (B) j > I (C) j <= i (D) j >= i

```
int main() {
   int i, j;
   for (i=0; i<5; i=i+1) {
      for (j=0; __(?)__; j=j+2) {
         printf("[%d]", i+j);
      }
   }
}
```

說明

1. 逐一將答案代入空格，結果答案是 (A)，程式檔請參考 test06_2.cpp。
2. 當 i = 1,　j = 0 時，印出 [1]
   當 i = 2,　j = 0 時，印出 [2]
   當 i = 3,　j = 0 時，印出 [3]
   當 i = 3,　j = 2 時，印出 [5]
   當 i = 4,　j = 0 時，印出 [4]
   當 i = 4,　j = 2 時，印出 [6]

題目 (三)

右側程式正確的輸出應該如下：

```
1  int k = 4;
2  int m = 1;
3  for (int i=1; i<=5; i=i+1) {
4     for (int j=1; j<=k; j=j+1) {
5        printf (" ");
6     }
7     for (int j=1; j<=m; j=j+1) {
8        printf ("*");
9     }
10    printf ("\n");
11    k = k - 1;
12    m = m + 1;
13 }
```

在不修改右側程式之第 4 行及第 7 行程式碼的前提下，最少需修改幾行程式碼以得到正確輸出？

(A) 1　　(B) 2　　(C) 3　　(D) 4

說明

1. 答案是 (A)，程式檔請參考 test06_3.cpp。
2. 原程式碼若不修改，輸出結果會如右圖所示。

   當 k = 4, m = 1 時，會印出　　*
   當 k = 3, m = 2 時，會印出　 **
   當 k = 2, m = 3 時，會印出　***
   當 k = 1, m = 4 時，會印出　****
   當 k = 0, m = 5 時，會印出 *****
3. 必須將第 12 行敘述修改為「m = 2*i + 1;」，才能得到正確的輸出結果。

題目 (四)

一個費式數列定義第一個數為 0 第二個數為 1 之後的每個數都等於前兩個數相加，如下所示:
0、1、1、2、3、5、8、13、21、34、55、89...。
右列的程式用以計算第 N 個 (N≥2) 費式數列的數值，請問 (a) 與 (b) 兩個空格的敘述 (statement) 應該為何？

```
int a=0;
int b=1;
int i, temp, N;
  …
for (i=2; i<=N; i=i+1) {
    temp = b;
    ____(a)____ ;
    a = temp;
    printf ("%d\n", __(b)__ );
}
```

(A) (a) f[i]=f[i-1]+f[i-2] (b) f[N]

(B) (a) a = a + b (b) a

(C) (a) b = a + b (b) b

(D) (a) f[i]=f[i-1]+f[i-2] (b) f[i]

說明

1. 答案是 (C)，程　式檔請參考 test06_4.cpp。
2. 費氏數列 F(N)的定義如下：

$$\begin{cases} F(0)=0, F(1)=1 \\ F(N)=F(N-1)+F(N-2), N\geq 2 \end{cases}$$

若 N=11，則本題的輸出結果如右圖：

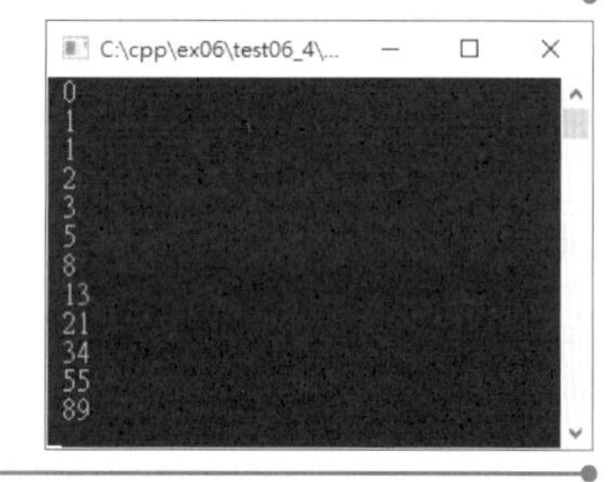

題目 (五)

右側程式片段擬以輾轉除法求 i 與 j 的最大公因數。請問 while 迴圈內容何者正確？

```
i = 76;
j = 48;
while ((i % j) != 0) {
    ____________
    ____________
    ____________
}
printf ("%d\n", j);
```

(A) k = i % j;
i = j;
j = k;

(B) i = j;
j = k;
k = i % j;

(C) i = j;
j = i % k;
k = i;

(D) k = i;
i = j;
j = i % k;

說明

1. 答案是 (A)，程式檔請參考 test06_5.cpp。
2. 輾轉相除法運算的過程，是大數除於小數，若整除則小數為最大公因數；若未整除有餘數，則小數變成大數、餘數變成小數。大、小數再相除看能不能整除，以此類推。

題目 (六)

若 n 為正整數，右側程式三個迴圈執行完畢後 a 值將為何？

(A) $n(n+1)/2$　(B) $n^3/2$
(C) $n(n-1)/2$　(D) $n^2(n+1)/2$

```
int a=0, n;
   …
for (int i=1; i<=n; i=i+1)
    for (int j=i; j<=n; j=j+1)
        for (int k=1; k<=n; k=k+1)
            a = a + 1;
```

說明

1. 答案是 (D)。
2. 若只有第三個 for 迴圈執行完畢，則會是 $a = 1+2+3+\ldots+(n-2)+(n-1)+n$，此時 $a = (n+1)/2$。而第二個 for 迴圈執行了 n 次，第三個 for 迴圈執行了 n 次，所以 $a = n*n*(n+1)/2 = n^2(n+1)/2$。

題目 (七)

右側程式片段中執行後若要印出下列圖案，(a) 的條件判斷式該如何設定？

```
******
 ****
  **
```

```
for(int i=0; i<=3; i=i+1) {
    for (int j=0; j<i; j=j+1)
        printf(" ");
    for (int k=6-2*i; (a) ; k=k-1)
        printf("*");
    printf("\n");
}
```

(A) k > 2　(B) k > 1　(C) k > 0　(D) k > -1

說明

1. 答案是 (C)，程式檔請參考 test06_7.cpp。
2. 當 i = 0 時；j = 0，j<i 不成立，沒有輸出；k 會是 6,5,4,3,2,1，印出******
   當 i = 1 時；j = 0,1，j<i 成立 1 次，印出 1 空格；k 會是 4,3,2,1，印出****
   當 i = 2 時；j = 0,1,2，j<i 成立 2 次，印出 2 空格；k 會是 2,1，印出**
   當 i = 3 時；j = 0,1,2,3，j<i 成立 3 次，印出 3 空格；k 會是 0，沒有輸出

題目 (八)

請問右側程式，執行完後輸出為何？

(A) 24178516392292583494123527

(B) 68921 43

(C) 65537 65539

(D) 134217728 6

```
int i=2, x=3;
int N=65536;
while (i <= N){
    i = i * i * i;
    x = x + 1;
}
printf ("%d %d\n", i,x);
```

說明

1. 答案是 (D)，程式檔請參考 test06_8.cpp。
2. while 迴圈共執行了三次。
   第一次：i = 2*2*2 = 8，x = 3+1 = 4。
   第二次：i = 8*8*8 = 512，x = 4+1 = 5。
   第三次：i = 512*512*512 = 134217728，x = 5+1 = 6。

題目 (九)

右側程式片段無法正確列印 20 次的 "Hi!"，請問下列哪一個修正方式仍無法正確列印 20 次 "Hi!"？

```
for (int i=0; i<=100; i=i+5) {
    Printf("%s\n", "Hi!");
}
```

(A) 需要將 i<100 和 i=i+5 分別修正為 i<20 和 i=i+1

(B) 需要將 i=0 修正為 i=5

(C) 需要將 i<=100 修正為 i<100;

(D) 需要將 i=0 和 i<=100 分別修正為 i=5 和 i<100

說明

1. 答案是 (D)。
2. 原程式碼中，i 值分別為 0,5,10,15,...,95,100，迴圈共執行了 21 次。
   選項(A)的修正方式，i 值分別為 0,1,2,3,...,19,20，迴圈共執行了 20 次。
   選項(B)的修正方式，i 值分別為 5,10,15,20,...,95,100，迴圈共執行了 20 次。
   選項(C)的修正方式，i 值分別為 0,5,10,15,...,90,95，迴圈共執行了 20 次。
   選項(D)的修正方式，i 值分別為 5,10,15,...,90,95，迴圈共執行了 19 次。

題目 (十)

右側程式執行完畢後所輸出值為何？

(A) 12

(B) 24

(C) 16

(D) 20

```
int main(){
    int x= 0, n = 5;
    for(int i=1; i<=n; i=i+1)
        for(int j=1; j<=n; j=j+1){
            if((i+j)==2)
                x = x + 2;
            if((i+j)==3)
                x = x + 3;
            if((i+j)==4)
                x = x + 4;
        }
    printf ("%d\n", x);
    return 0;
}
```

說明

1. 答案是 (D)，程式檔請參考 test06_10.cpp。
2. 當 i=1。j=1 時，x = 0+2 = 2。j=2 時，x = 2+3 = 5。j=3 時，x = 5+4 = 9。
   當 i=2。j=1 時，x = 9+3 = 12。j=2 時，x = 12+4 = 16。
   當 i=3。j=1 時，x = 16+4 = 20。
   當 i=4 和 i=5 時，進入 for(int j=1; j<=n; j=j+1){ }後，沒有條件符合。

題目 (十一)

右側程式碼，執行時的輸出為何？

(A) 0 2 4 6 8 10

(B) 0 1 2 3 4 5 6 7 8 9 10

(C) 0 1 3 5 7 9 11

(D) 0 1 3 5 7 9 11

```
1 int main() {
2   for (int i=0; i<=10; i=i+1) {
3     printf ("%d ", i);
4     i = i + 1;
5   }
6   printf ("\n");
7 }
```

說明

1. 答案是 (A)，程式檔請參考 test06_11.cpp。。
2. 因為 for 迴圈的增值為 i+1，第 4 行又再執行 i+1，所以執行時增值會為 2。

題目 (十二)

右側程式片段執行過程中的輸出為何？

(A) 5 10 15 20

(B) 5 11 17 23

(C) 6 12 18 24

(D) 6 11 17 22

```
int a =5;
  …
for (int i=0; i<20; i=i+1){
    i = i +a;
    printf ("%d ", i);
}
```

說明

1. 答案是 (B)，程式檔請參考 test06_12.cpp。
2. for 迴圈共執行了四次。

   第一次： i = 0+5 = 5。

   第二次： i = i+1 → i = 5+1 = 6，所以 i = i+a = 6+5 = 11。

   第三次： i = i+1 → i = 11+1 = 12，所以 i = i+a = 12+5 = 17。

   第四次： i = i+1 → i = 17+1 = 18，所以 i = i+a = 18+5 = 23。

6.8 習題

選擇題

1. 如果迴圈的本體至少要執行一次，應該使用以下哪一種迴圈？

   (A) for (B) while (C) do~while (D) 以上皆非。

2. 以下何者是無窮迴圈？

   (A) for(; ;) (B) while (true) (C) do while (true) (D) 以上皆是。

3. 使用無窮迴圈可搭配以下哪一個指令來結束或跳離迴圈本體？

   (A) continue (B) stop (C) break (D) new。

4. 以下何者不是 C++ 語言之迴圈指令？

   (A) for (B) while (C) do ~ while (D) switch。

5. 敘述 for(sum=0,i=1;i<=10;i++){sum+=i;}，會得到 sum 的結果為何？

   (A) 40 (B) 50 (C) 45 (D) 55。

6. 承上題，試問 for 敘述執行完後, i 的值是多少？(A) 1 (B) 2 (C) 10 (D) 11。

7. 設計迴圈時，若有一個迴圈內的變數會固定的遞減或遞增，則使用哪一種迴圈指令較恰當？ (A) while (B) do~while (C) for (D) break。

8. 以下敘述何者有誤？

   (A) for 迴圈小括號內的三個運算式是用分號隔開

   (B) for 迴圈內的敘述可能不會被執行

   (C) 當迴圈內的敘述執行次數無法預估時使用 while 迴圈

   (D) for 迴圈內的變數不可以使用小數

9. for (k=-3; k<=5; k++)，for 迴圈做幾次？ (A) 8 (B) 9 (C) 10 (D) 11 次。

10. for 迴圈內增量運算式若有多個運算式時，中間用以下哪一個符號隔開？

    (A) 分號 (B) 逗號 (C) 冒號 (D) 頓號。

CHAPTER 7

陣 列

7.1 陣列

在前面章節中，當我們需要處理資料時，都使用變數來存放欲處理的資料。但是一個變數只能代表一個資料。譬如在撰寫程式時碰到需要處理公司 100 位員工的薪資，就要使用 100 個不同的變數名稱，這不但增加變數名稱命名上的困擾，在處理這些變數時也會增加程式的長度以及造成程式維護及偵錯上的困難。所幸，C++ 語言另外提供陣列資料型別，陣列 (Array) 用來記錄一群同性質的資料，透過陣列我們可以用一個陣列名稱後面緊接索引值，分別來代替同性質的不同變數。

所謂「陣列」就是一群資料型別相同的變數，在主記憶體中能擁有連續存放空間的集合。例如：想記錄 100 位員工的薪資，便宣告一個 int salary[100] 的整數陣列，salary 是陣列名稱，若一個整數在記憶體中占四個位址，則在主記憶體中會保留 100 × 4 = 400 個連續位址，來存放 salary[0]～salary[99] 陣列元素。陣列中每個元素相當於一個變數，在陣列中存取變數只需要指定「索引值」就可以。譬如：為方便程式處理，以編號當作陣列的索引值，利用 salary[0]～salary[99] 來存放 100 位員工薪資，若欲存取編號為 12 的員工薪資，只要使用 salary[11] 當變數名稱即可。由於陣列的索引值除了可使用常值外，亦可以使用變數當索引值 (如 salary[k])，因此配合 for 計數迴圈，不但可以免除為大量變數命名的困擾，而且使得程式碼的撰寫將更簡潔而有效率。

7.2 陣列的宣告與使用

陣列在使用之前必須先宣告，宣告的目的在決定主記憶體應保留多少個連續空間給此陣列使用，並定出陣列中所有元素的資料型別。當陣列宣告完畢，才可以透過陣列名稱緊接索引值來存取陣列中的資料。其宣告方式如下：

語法

```
資料型別 陣列名稱[陣列大小] ;
```

說明

1. 宣告所指定的資料型別為一維陣列。
2. **陣列名稱**：其命名方式和識別字命名一樣。
3. **陣列大小**：即陣列元素個數，陣列元素由索引來編排順序。陣列大小可為常數、變數或運算式等。只有一組陣列大小時稱為一維陣列。
4. **索引值範圍**：由 0 開始一直到陣列大小值減 1。譬如：

```
int a[10] ;
```

其索引值範圍為 0 ~ 9，即陣列元素為 a[0] ~ a[9]，共 10 個。

[例] A 班有 5 位同學，因此宣告一個一維整數陣列來存放 5 位同學的學期成績，陣列名稱為 score、陣列大小為 5，其宣告方式如下：

```
int score[5] ;                // 陣列元素為 score[0] ~ score[4]
      ↑
   陣列名稱
```

其中 score [3] 代表 A 班 4 號的學期成績。

陣列經宣告後，可以對各陣列元素做初始化的動作，即設定陣列各元素的初值，如下：

```
int score[5];                 // 宣告 score 陣列的建立
score[0] = 90;                // score[0] 陣列元素初始化
score[1] = 85;                // score[1] 陣列元素初始化
score[2] = 75;                // score[2] 陣列元素初始化
score[3] = 80;                // score[3] 陣列元素初始化
score[4] = 65;                // score[4] 陣列元素初始化
```

陣列允許在宣告同時做初始化的動作，即設定陣列各元素的初值，其寫法如下：

```
int score[5] = {90,85,75,80,65} ;     // 陣列元素為 score[0] ~ score[4]
   或
int score[ ] = {90,85,75,80,65} ;     // 陣列元素為 score[0] ~ score[4]
```

結果：score[0]=90、score[1]=85、score[2]=75、score[3]=80、score[4]=65

若陣列的宣告和初始化同時進行，則 [ ] 括號內的陣列大小可省略。

陣列的元素也可以和變數一樣做各種運算。譬如：下面敘述將 score[2] 陣列元素和變數 b 相加後的結果，指定給等號左邊的 score[3] 陣列元素，寫法如下：

```
score[3] = b + score[2] ;
```

範例：array1.cpp

宣告一個 score 陣列用來存放座號 1~5 號學生的學期成績，然後透過迴圈求出五位學生成績的加總，並顯示五位學生的學期成績，若學期成績小於 60 分則顯示 "不及格"，學期成績大於等於 60 則顯示 "及格"。最後再顯示五位學生的平均成績。

執行結果

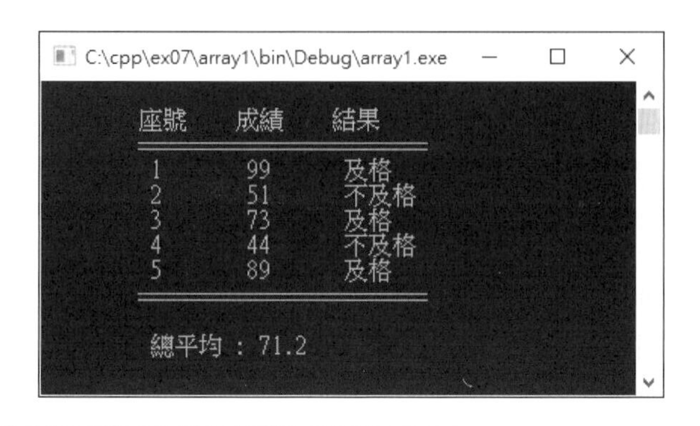

程式碼 FileName : array1.cpp

```
01 #include <iostream>
02 using namespace std;
03
04 int main()
05 {
06     int score[] = {99,51,73,44,89};
07     int i, sum=0;
08     float avg;
09     cout << "\n\t座號\t成績\t結果";
10     cout << "\n\t========================";
11     for(i=0; i<5; i++) {
12         sum += score[i];   // score[1]~score[5]加總
13         cout << "\n\t " << i+1 << "\t " << score[i] << "\t "
                << (score[i]>=60 ? "及格" : "不及格");
14     }
15     cout << "\n\t========================";
16     avg = (float)sum/5;
17     cout << "\n\n\t 總平均 : " << avg << "\n\n";
18     return 0;
19 }
```

說明

1. 第 6 行：宣告 score 一維整數陣列用來存放學生的學期成績，並給予初始值，陣列的範圍為 scorc[0] ~ score[4]。元素的內容如下：

   score[0]=99、score[1]=51、score[2]=73、score[3]=44、score[4]=89

2. 第 11~14 行：使用 for 迴圈求出五位學生的成績加總，並顯示表示學期成績 score[0] ~ score[4] 陣列元素的內容，若學生學期成績大於等於 60 則顯示「及格」，學生學期成績小於 60 則顯示「不及格」。

3. 第 16,17 行：計算總平均並顯示結果。

範例 ：fib.cpp

將費氏數列的最前面 12 個係數存入 fib 陣列中，接著再將陣列中的 12 個係數印出。再使用 sizeof 函式取得 fib 陣列共占用多少個 Bytes。

說明

費氏數列第一個數為 1，第二個數為 1，第三個數的值為前兩數 (即第 1 數和第 2 數) 的和，第 4 數的值為第 2 數和第 3 數的和，依此類推...。

執行結果

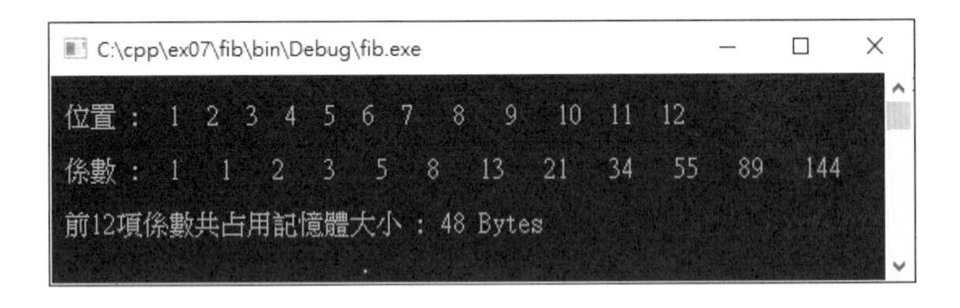

程式碼 FileName : fib.cpp

```
01 #include <iostream>
02 using namespace std;
03
04 int main()
05 {
06     int fib[12];
07     int i;
08     fib[0]=fib[1]=1;
09     for(i=2;i<=11;i++) {
10         fib[i]=fib[i-2]+fib[i-1];
11     }
12     cout << "\n 位置 :  1  2  3  4  5  6  7   8   9   10  11  12\n";
13     cout << "\n 係數 : ";
14     for(i=0;i<=11;i++) {
15         cout << " " << fib[i] << "  ";
16     }
17     cout << "\n\n 前 12 項係數共占用記憶體大小 : " << sizeof(fib) << " Bytes \n\n";
18     return 0;
19 }
```

說明

1. 第 6 行：宣告 fib 為一維整數陣列用來儲存所計算之費氏數列。其中第一個係數存放於 fib[0]、第二個係數存放於 fib[1]⋯，依此類推。
2. 第 8 行：給予 fib[0] 及 fin[1] 初值 1。
3. 第 9~11 行：利用迴圈計算並指定 fib[2] ~ fib[11]的值。
4. 第 12,13 行：印出輸出標題訊息。
5. 第 14~16 行：印出 12 個費氏數列係數，即 fib[0] ~ fin[11] 的值。
6. 第 17 行：使用 sizeof 函式來取得 fib 陣列所占用記憶體的 Bytes 數。

7.3 二維陣列

一個陣列若具有兩組陣列大小稱為「二維陣列」；若具有三個索引稱為三維陣列⋯以此類推下去。其中二維陣列的應用十分廣泛，如數學的矩陣、學校中學生的成績單、甚至貿易公司的銷售業績表、股票行情表⋯等，這些都需要使用二維陣列來處理。

我們可以將二維陣列視為由水平列 (Row) 和垂直行 (Column) 組合而成的資料表 (Data Table)，如下表所示，代表某公司北、中、南三個分公司每個營業處的銷售金額表，其中第 1 列第 2 行的資料「2300」，即為台中分公司第三營業處的業績。

	第一處	第二處	第三處	第四處	
台北分公司	1100	1200	1300	1400	第 0 列
台中分公司	2100	2200	2300	2400	第 1 列
高雄分公司	3100	3200	3300	3400	第 2 列
	第 0 行	第 1 行	第 2 行	第 3 行	

二維陣列分別以列和行來代表兩個索引，索引以 [ ] 號括住，其宣告方式如下：

語法

```
資料型別 陣列名稱[列數][行數];
```

說明

1. 宣告陣列名稱為指定資料型別的二維陣列。
2. 只有一組陣列大小時稱為一維陣列，若有二組陣列大小時稱為二維陣列，以此類推⋯。

上圖用 int amt[3][4]; 敘述，宣告 amt 二維整數陣列存放分公司各營業處的銷售金額，索引值由 0 開始，它具有 3*4=12 個陣列元素。陣列元素的對應索引值如下圖所示：

	第一處	第二處	第三處	第四處
台北分公司	amt[0][0]	amt[0][1]	amt[0][2]	amt[0][3]
台中分公司	amt[1][0]	amt[1][1]	amt[1][2]	amt[1][3]
高雄分公司	amt[2][0]	amt[2][1]	amt[2][2]	amt[2][3]

其中 amt[1][2] 的內容表示台中分公司第三營業處銷售金額，即 amt[1][2] = 2300。

[例 1] 一個年級有 A、B 兩班 (索引值以 0~1 分別代表 A 班和 B 班) 各 30 位同學 (索引值以 0~29 分別代表座號)，使用一個二維整數陣列來存放兩個班級的學期成績，因此在宣告時第一個陣列大小必須設為 2。第二個陣列大小時必須設為 30。其宣告方式如下：

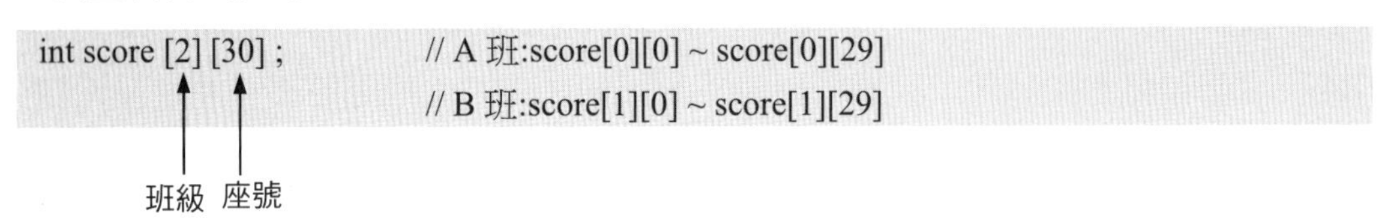

① score [0][14] 代表 A 班 15 號的學期成績。

② score [1][14] 代表 B 班 15 號的學期成績。

[例 2] 一個學校有四個年級 (索引值以 0~3 分別代表一年級至四年級)，每個年級有 A、B 兩班 (索引值以 0~1 分別代表 A 班和 B 班)，每班各 30 位同學 (索引值以 0-29 分別代表座號)，使用三維整數陣列來存放該校所有學生的學期成績，宣告方式如下：

```
int score [4] [2] [29] ;
```

年級 班級 座號

① score[1][1][14] 代表 二年級 B 班 15 號的學期成績。

② score[3][0][14] 代表 四年級 A 班 15 號的學期成績。

二維陣列亦允許在宣告時，可以同時設定初值，其寫法如下：

```
int score[2][3] = { {90,80,70}, {75,85,95} } ;
```

結果：score[0][0]=90, score[0][1]=80, score[0][2]=70,

score[1][0]=75, score[1][1]=85, score[1][2]=95

範例 ：dimAry.cpp

練習宣告二維陣列並給予初值，然後再使用巢狀的 for 迴圈將二維陣列的每個元素內容顯示出來。結果如下圖：

執行結果

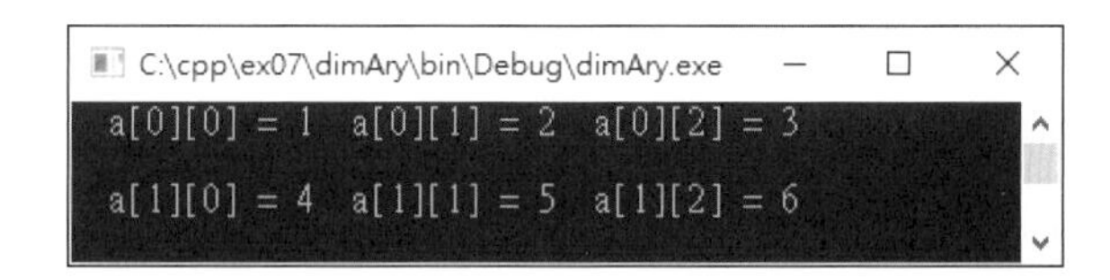

程式碼 FileName : dimAry.cpp

```
01 #include <iostream>
02 using namespace std;
03
04 int main()
05 {
06     int a[2][3]={{1,2,3}, {4,5,6}};
07     int i, j;
08     for (i=0; i<2; i++) {
09         for (j=0; j<3; j++) {
10             cout << "  a[" << i << "][" << j << "] = " << a[i][j];
11         }
12         cout << "\n\n";
13     }
14     return 0;
15 }
```

說明

1. 第 6 行：宣告 2×3 的二維陣列，陣列名稱為 a，並同時給予陣列初始值。
2. 第 8~13 行：使用巢狀的 for 迴圈逐一顯示二維陣列 a 的所有元素內容。

範例 ：array2.cpp

將下列成績表內容存入一個二維陣列，並將表的內容印出，印出內容包含個人成績的總分及各科成績平均。(提示：陣列只存放各科成績，總分可由陣列讀取各科成績計算出來)。

執行結果

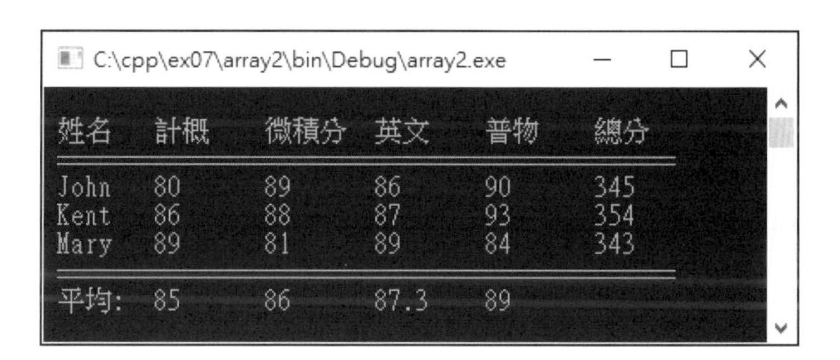

程式碼 FileName : array2.cpp

```
01 #include <iostream>
02 using namespace std;
03 
04 int main()
05 {
06     string name[3]={"John", "Kent", "Mary"};
07     int score[4][5]={{80,89,86,90,0},{86,88,87,93,0},{89,81,89,84,0},
                        {0,0,0,0,0}};
08     float avg[4];
09     int i,j;
10     // 計算個人的成績
11     for (i=0;i<=2;i++) {
12         for (j=0;j<=3;j++) {
13             score[i][4]+=score[i][j];
14         }
15     }
16     // 計算平均
17     for (j=0;j<=3;j++) {
18         for (i=0;i<=2;i++) {
19             score[3][j]+=score[i][j];
20         }
21         avg[j]=(float)score[3][j]/3;
22     }
23     // 列印結果
24     cout << "\n 姓名\t 計概\t 微積分\t 英文\t 普物\t 總分\n";
25     cout << " =============================================\n";
26     for (i=0;i<=2;i++) {
27         cout << " " << name[i];
28         for (j=0; j<=4; j++) {
29             cout << "\t" << score[i][j];
30         }
31         cout << "\n";
32     }
33     cout << " =============================================\n";
34     cout << " 平均:";
35     cout.precision(3);        // 有效精確度位數設為 3
36     for (j=0; j<=3; j++) {
37         cout << "\t" << avg[j];
38     }
39     cout << "\n\n";
40     return 0;
41 }
```

說明

1. 本程式分別建立了一維陣列及二維陣列，其索引值由 0 開始：
   ① 一維陣列 name：在第 6 行宣告字串陣列，字串陣列元素個數為 3 個，並指定各陣列元素初值為學生姓名。
   ② 二維陣列 score：在第 7 行宣告整數陣列，陣列元素個數為 20 個，並指定各陣列元素初值。
2. 第 11~15 行：計算個人成績總和。
3. 第 17~22 行：計算各科平均成績。
4. 第 24~32 行：列印個人成績及總和。
5. 第 34~38 行：列印各科平均成績。其中第 35 行將有效精確度位數設為 3，使整數位數及小數位數最多顯示 3 位，小數若為零則不顯示。

7.4 氣泡排序法

「排序」(Sorting) 就是把多筆資料依照某個「鍵值」(Key value)，由小而大 (遞增)，或由大而小 (遞減) 來排列，以方便日後查詢。排序的方法有很多種，「氣泡排序法」是最簡單且最容易的方法。氣泡排序法是將相鄰兩個資料互相比較，依條件互換，其方法簡述如下：

1. 若有五個資料要做由小到大排序，首先將這五個資料依序放入 a[0] ～ a[4] 陣列元素中。
2. 接著陣列中相鄰的兩個資料互相比數，由 a[0] ～ a[4] 中找出最大值放入 a[4] 中，方法如下：
   ① a[0] 和 a[1] 相比較，若 a[0] > a[1] 則資料互換，否則不交換。
   ② a[1] 和 a[2] 相比較，若 a[1] > a[2] 則資料互換，否則不交換。
   ③ a[2] 和 a[3] 相比較，若 a[2] > a[3] 則資料互換，否則不交換。
   ④ a[3] 和 a[4] 相比較，若 a[3] > a[4] 則資料互換，否則不交換。
   如此五個資料，經過上面四次比較後便可找出最大值放在 a[4] 陣列元素中，稱為「第一次循環」。
3. 仿照步驟 2，在第二次循環中，由 a[0] ~ a[3] 中找出最大值放入 a[3] 元素中。
4. 仿照步驟 2，在第三次循環中，由 a[0] ~ a[2] 中找出最大值放入 a[2] 元素中。
5. 仿照步驟 2，在第四次循環中，由 a[0] ~ a[1] 中找出最大值放入 a[1] 元素中。

6. 最後只剩下 a[0]，就不必再比較，由此可知：
   第一次循環 比較 4 次 最大值放 a[4]。
   第二次循環 比較 3 次 最大值放 a[3]。
   第三次循環 比較 2 次 最大值放 a[2]。
   第四次循環 比較 1 次 最大值放 a[1]。
   由上可知五個資料排序要經四個循環，共比較 (4+3+2+1) = 10 次，便可完成排序。
7. 以此類推，N 個資料做氣泡排序需要 (N-1) 次循環，共比較
   (N-1) + (N-2) + (N-3) +...+ 3 + 2 + 1 = N(N-1) / 2 次，才能完成排序。

範例：bubble.cpp

使用氣泡排序法，將 20、25、10、40、15 五筆資料由小到大排序。

執行結果

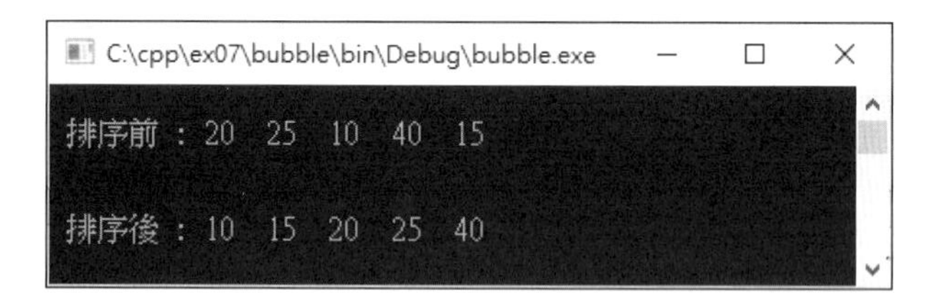

程式碼 FileName : bubble.cpp

```
01 #include <iostream>
02 using namespace std;
03
04 int main() {
05 {
06     int a[5]={20,25,10,40,15};
07     int i, j, temp;
08     cout << "\n 排序前 : ";
09     for (i=0; i<=4; i++)
10         cout << a[i] << "  ";
11     cout << "\n\n" ;
12     for (i=3; i>=0; i--) {
13         for (j=0;j<=i;j++) {
14             if (a[j] > a[j+1]) {
15                 temp=a[j];
16                 a[j]=a[j+1];
17                 a[j+1]=temp;
18             }
19         }
20     }
21     cout << "\n 排序後 : " ;
22     for (i=0; i<=4; i++)
```

```
23        cout << a[i] << "  ";
24     cout << "\n\n";
25     return 0;
26 }
```

說明

1. 第 6 行：宣告 5 個整數陣列元素並給予初始值。
2. 第 9~10 行：用迴圈顯示陣列排序前的數字排列情形。
3. 第 12~20 行：進行排序工作，其排序處理過程如下：

陣列元件	a[0]	a[1]	a[2]	a[3]	a[4]	
開　　始：	20	25	10	40	15	比較次數
第一次循環：	20	10	25	15	40	4
第二次循環：	10	20	15	25	40	3
第三次循環：	10	15	20	25	40	2
第四次循環：	10	15	20	25	40	1

4. 第 21~23 行：用陣列迴圈顯示排序後的數字排列情形。
5. 若要改變排序方向為由大到小 (遞減) 排序，可將第 14 行改成：
   if (a[j] < a[j+1])

7.5 陣列的搜尋

「搜尋」(Searching) 就是在多筆資料中，依照某個鍵值尋找出所需求的資料。在資料量大的資料庫管理系統中，為了提高執行效率，常需要先使用排序方法將資料做整理，當要存取某筆資料時，再使用搜尋方法來找尋。

由上可知，排序最主要的目的是方便於日後搜尋資料，搜尋的方法也有很多種，最常使用的方法為：循序搜尋法、二分搜尋法。

一. 循序搜尋法

「循序搜尋法」是最簡單的搜尋方法，由最開頭的資料逐一往下找，一直到所要的資料被找到，或是全部資料被找完為止。若有 N 筆資料平均要作 N/2 次比較。此種方法常用於搜尋少量資料，或所搜尋的資料未經排序。

範例：seqsearch.cpp

使用循序搜尋法從存於陣列中的資料中找「99」，並指出「99」在資料中是排在第幾個位置。陣列中的資料如下：

24、83、79、33、36、99、91、64、72、50

執行結果

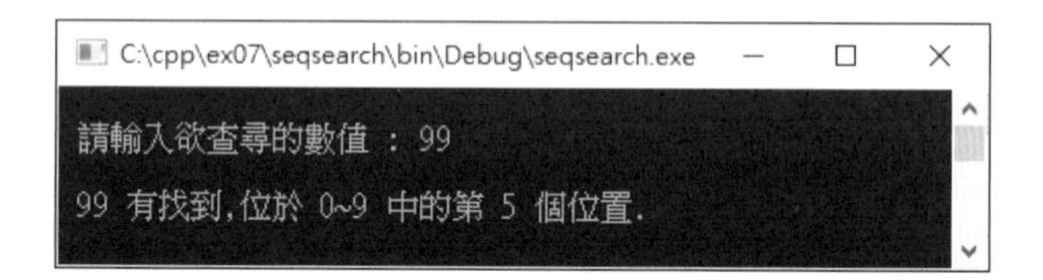

程式碼 FileName：seqsearch.cpp

```
01 #include <iostream>
02 using namespace std;
03
04 int main() {
05 {
06     int a[10]={24,83,79,33,36,99,91,64,72,50};
07     int find_num, num=10, i, find_position=-1;
08     cout << "\n 請輸入欲查尋的數值 : ";
09     cin >> find_num;
10     for (i=0; i<=num-1; i++) {
11         if (a[i]==find_num) {
12             find_position=i;
13             break;
14         }
15     }
16     if(find_position>=0) {
17         cout << "\n " << find_num << " 有找到,位於 0~9 中的第 " << find_position
               << " 個位置.\n\n";
18     } else {
19         cout << "\n\n Sorry ! " << find_num << " 找不到 .... \n\n";
20     }
21     return 0;
22 }
```

說明

1. 第 6 行：建立陣列 a，並指定陣列初值。
2. 第 7 行：find_num 為欲找尋的資料，num 為資料總筆數，find_posioion 為找到資料在陣列中的位置 (由 0 起算)，若 find_position=-1 表示所要找尋的資料不在陣列中。
3. 第 8,9 行：輸入欲查詢的資料。

4. 第 10~15 行：進行循序搜尋，將找到資料的索引值記錄在 find_position 變數中。
5. 第 16~20 行：顯示執行結果。

二. 二分搜尋法

「二分搜尋法」比循序搜尋法的效率好多了，但是資料必須要先排序好才有效。若有 N 筆資料，使用二分搜尋法平均要作 $\log_2 N+1$ 次比較。若有十筆已排序好的資料，使用二分搜尋法來查詢，其步驟方法如下：

1. 先將排序好的資料放入陣列 a[0] ~ a[9] 中。
2. 先找出位在中間資料的索引值 (10/2=5)，即 a[4]
3. 先將 a[4] 和要查詢的資料相比較：
   ① 若內容相同表示已找到。
   ② 當內容不同時：若查詢的資料大於 a[4]，表示資料落在 a[5] ~ a[9] 之間，則下一次循環由 a[5] ~ a[9] 中找起。若查詢的資料小於 a[4]，表示資料落在 a[0] ~ a[3] 之間，下一次循環由 a[0] ~ a[3] 中搜尋。
4. 以此類推，若有 N 筆資料，則需比較 $\log_2 N+1$ 次才能確定是否找到。

範例：binsearch.cpp

先將數列 24、83、79、33、36、99、91、64、72、50 依遞增排序 (由小到大)，利用二分搜尋法找尋輸入的資料是否在數列中，並允許連續查詢。

執行結果

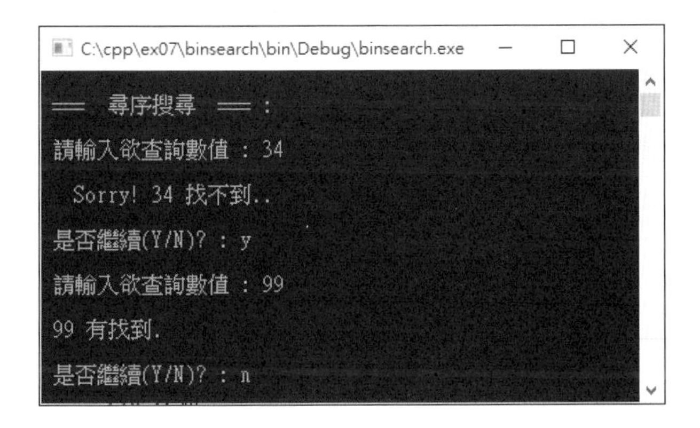

程式碼 FileName：binsearch.cpp

```
01 #include <iostream>
02 using namespace std;
03
04 int main()
05 {
06     int a[10]={24,83,79,33,36,99,91,64,72,50};
```

```
07      int find_num, num=10, i, j, temp;
08      int low, high, mid;
09      bool find;
10      char yn;
11      // 氣泡排序法
12      for (i=num-2; i>=0; i--) {
13          for (j=0; j<=i; j++) {
14              if (a[j]>=a[j+1]) {
15                  temp=a[j];
16                  a[j]=a[j+1];
17                  a[j+1]=temp;
18              }
19          }
20      }
21      // 二分搜尋法
22      cout << "\n ===  尋序搜尋  === : \n";
23      do {
24          find=false;
25          cout << "\n 請輸入欲查詢數值 : ";
26          cin >> find_num;
27          low=0;
28          high=num-1;
29          mid=(low+high)/2;
30          while(low<=high && find==0) {
31              if (a[mid]!=find_num) {
32                  if (a[mid]>find_num)
33                      high=mid-1;
34                  else
35                      low=mid+1;
36              } else {
37                  find=true;
38              }
39              mid=(low+high)/2;
40          }
41          if (find)
42              cout << "\n " << find_num << " 有找到. \n";
43          else
44              cout << "\n  Sorry! " << find_num << " 找不到..\n";
45
46          cout << "\n 是否繼續(Y/N)? : ";
47          cin >> yn;
48      } while(toupper(yn)=='Y');
49      cout << "\n\n";
50      return 0;
51  }
```

說明

1. 第 6 行：宣告陣列並預存資料。
2. 第 7 行：find_num 為所要找尋之資料，num 為資料總筆數。
3. 第 8 行：low 為資料搜尋範圍下標，high 為資料搜尋範圍上標。mid 為每次比較的資料位置。
4. 第 9 行：find 記錄欲找尋之資料有無在陣列中，若資料找到則 find 為 true，反之則 find 為 false。
5. 第 12~20 行：利用氣泡排序法將搜尋資料依遞增排序。
6. 第 27~29 行:設定搜尋範圍為 low=0 及 high=num-1，mid=(low+high)/2。
7. 第 30~40 行：為二分搜尋法主體：
   若 a[mid] 與 find_num 相等，則設定 find = true 表示資料已找到。
   若 a[mid] > find_num，則設定 high = mid-1，將資料搜尋上標往下移至 mid-1 位置。
   若 a[mid] < find_num，則設定 low = mid+1，將資料搜尋下標往上移至 mid+1 位置。
8. 第 41~44 行：根據 find 內容印出所要找尋資料是否找到。

7.6 ACPS 觀念題攻略

題目 (一)

給定右側程式片段，哪個 n 值不會造成超過陣列 A 的存取範圍？

(A) 69

(B) 89

(C) 98

(D) 202

```
int i, n, A[100];
scanf("%d", &n);
for(i=0; i!=n; i=i+1) {
  A[i] = i;
  i = i + 1;
}
```

說明

1. 答案是(C)，程式檔請參考 test07_1.cpp。
2. 進入 for 迴圈的 i 值會是偶數，依序是 0,2,4,6,8,⋯，而且陣列元素範圍為 A[0] ~ A[99]。所以要使 i != n 條件為 false 才能離開迴圈，又不會造成超過陣列 A 的存取範圍，n 必須是偶數且小於 100 的整數，故只有選項(C) 98 符合。

題目 (二)

給定右側程式，當程式執行完後，輸出結果為何？

(A) 1 2 3 4 5 6 7 8

(B) 7 5 3 1 2 4 6 8

(C) 7 5 3 2 1 4 8 6

(D) 8 7 6 5 4 3 2 1

```
int A[8] = {8,7,6,5,4,3,2,1};
int main() {
   int i, j;
   for (i=0; i<8; i=i+1) {
      for(j=i; j<7; j=j+1) {
         if(A[j] > A[j+1]) {
            A[j] = A[j] + A[j+1];
            A[j+1] = A[j] - A[j+1];
            A[j] = A[j] - A[j+1];
         }
      }
   }
   for (i=0; i<8; i=i+1) {
      printf("%d ", A[i]);
   }
}
```

說明

1. 答案是(B)，程式檔請參考 test07_2.cpp。
2. A[8] = {8,7,6,5,4,3,2,1}

   當 i=0、j=0 時，因 (A[0]=8) > (A[1]=7) 成立，所以

      A[0] = A[0] + A[1] = 8+7 = 15

      A[1] = A[0] – A[1] = 15-7 = 8

      A[0] = A[0] – A[1] = 15-8 = 7

      結果 A[8] = {7,8,6,5,4,3,2,1}。

   當 i=0、j=1 時，因 (A[1]=8) > (A[2]=6) 成立，結果 A[8] = {7,6,8,5,4,3,2,1}。

   當 i=0、j=2 時，結果 A[8] = {7,6,5,8,4,3,2,1}。

   當 i=0、j=3 時，結果 A[8] = {7,6,5,4,8,3,2,1}。

   ....

   當 i=0、j=6 時，結果 A[8] = {7,6,5,4,3,2,1,8}。

   當 i=1、j=1 時，結果 A[8] = {7,5,6,4,3,2,1,8}。

   當 i=1、j=2 時，結果 A[8] = {7,5,4,6,3,2,1,8}。

   ....

   當 i=1、j=5 時，結果 A[8] = {7,5,4,3,2,1,6,8}。

   當 i=2、j=2 時，結果 A[8] = {7,5,3,4,2,1,6,8}。

   當 i=2、j=3 時，結果 A[8] = {7,5,3,2,4,1,6,8}。

   當 i=2、j=4 時，結果 A[8] = {7,5,3,2,1,4,6,8}。

   當 i=3、j=3 時，結果 A[8] = {7,5,3,1,2,4,6,8}。

題目 (三)

給定右側程式，當程式執行完後，輸出結果為何？

(A) 1

(B) 2

(C) 3

(D) 4

```
int main()
{
    int a[5] = {9, 4, 3, 5, 3};
    int b[10] = {0,1,0,1,0,1,0,1,0,1};
    int c = 0;
    for (int i=0; i<5; i=i+1)
        c = c + b[a[i]];
    printf("%d,", c);
    return 0;
}
```

說明

1. 答案是(D)，程式檔請參考 test07_3.cpp。
2. 當 i=0 時，因 a[0] = 9，所以 c = c + b[a[0]] = 0 + b[9] = 0 + 1 = 1。
   當 i=1 時，因 a[1] = 4，所以 c = c + b[a[1]] = 1 + b[4] = 1 + 0 = 1。
   當 i=2 時，因 a[2] = 3，所以 c = c + b[a[2]] = 1 + b[3] = 1 + 1 = 2。
   當 i=3 時，因 a[3] = 5，所以 c = c + b[a[3]] = 2 + b[5] = 2 + 1 = 3。
   當 i=4 時，因 a[4] = 3，所以 c = c + b[a[4]] = 3 + b[3] = 3 + 1 = 4。

題目 (四)

給定右側程式，當程式執行完後，輸出結果為何？

(A) 9

(B) 18

(C) 27

(D) 30

```
01 int Q[200];
02 int i, val=0;
03 int count=0;
04 int head=0, tail=0;
05 for(i=1; i<=30; i=i+1) {
06     Q[tail] = i;
07     tail = tail+1;
08 }
09 while (tail > head+1){
10     val = Q[head];
11     head = head+1;
12     count = count+1;
13     if(count == 3) {
14         count=0;
15         Q[tail] = val;
16         tail = tail+1;
17     }
18 }
19 printf("%d", Q[head]);
```

說明

1. 答案是(B)，程式檔請參考 test07_4.cpp。
2. 執行第 02~08 行後，head=0, Q[0]=1, Q[1]=2, Q[2]=3, … , Q[29]=30, tail=30。
3. 每進入 while 迴圈一次，head 值會加 1，當 head 值為 3 的倍數時，tail 值會加 1。
   即 head = 3, 6, 9, 12, 15, 18, 21, 24, 27, 30, 33, 36, 39, 42 時，

其 tail = 31, 32, 33, 34, 35, 36, 37, 38, 39, 40, 41, 42, 43, 44。

為符合第 9 行 (tail > haed+1) 條件成立，head 值可增加到的最大值為 43。

4. 當 head=2 時，在第 10 行 val=Q[head]=Q[2]=3，第 11 行 head=head+1=3 進入 if 結構，第 15 行 Q[tail]=Q[30]=val=3，第 16 行 tail=tail+1=30+1=31。
   當 head=5 時，第 10 行 val=Q[5]=6，第 11 行 head=head+1=6 進入 if 結構，第 15 行 Q[tail]=Q[31]=val=6，第 17 行 tail=tail+1=31+1=32。
   當 head=8 時，val=Q[8]=9，head=head+1=9，Q[32]=val=9，tail=tail+1=32+1=33。
   ……
   當 head=29 時，val=Q[29]=30，head=head+1=30，Q[39]=30，tail=tail+1=39+1=40。
   當 head=32 時，val=Q[32]=9，head=head+1=33，Q[40]=9，tail=tail+1=40+1=41。
   當 head=35 時，val=Q[35]=18，head=head+1=36，Q[41]=18，tail=tail+1=42。
   當 head=38 時，val=Q[38]=27，head=head+1=39，Q[42]=27，tail=tail+1=43。
   當 head=41 時，val=Q[41]=18，head=head+1=42，Q[43]=18，tail=tail+1=44。
   當 head=42 時，val=Q[42]=27，head=head+1=43，不能進入 if 結構。
   當 head=43 時，不能進入 while 迴圈。執行第 19 行印出 Q[head]=Q[43]=18。

題目 (五)

經過運算後，下列程式的輸出為何？

(A) 1275

(B) 20

(C) 1000

(D) 810

```
for(i=1; i<=100; i=i+1) {
    b[i] = i;
}
a[0] = 0;
for(i=1; i<=100; i=i+1) {
    a[i] = b[i] + a[i-1];
}
printf("%d\n" ,a[50]-a[30]);
```

說明

1. 答案是(D)，程式檔請參考 test07_5.cpp。
2. a[1] = b[1]+a[0] = 1+0 = 1
   a[2] = b[2]+a[1] = 2+1 = 3
   a[3] = b[3]+a[2] = 3+3 = 6
   ……
   a[30] = b[30]+a[29] = 30+435 = 465
   ……
   a[50] = b[50]+a[49] = 50+1225 = 1275
   故 a[50] – a[30] = 1275-465 = 810

題目 (六)

請問下列程式輸出為何？

(A) 1

(B) 4

(C) 3

(D) 33

```
int A[5], B[5], i, C;
    …
for(i=1; i<=4; i=i+1){
    A[i]=2+i*4;
    B[i]=i*5;
}
C = 0;
for(i=1; i<=4; i=i+1){
    if(B[i] > A[i]) {
        C = C + (B[i] % A[i]);
    }
    else {
        C = 1;
    }
}
printf("%d\n", C);
```

說明

1. 答案是(B)，程式檔請參考 test07_6.cpp。
2. i=1 , A[1]=6　B[1]=5　C=1

   i=2 , A[2]=10　B[2]=10　C=1

   i=3 , A[3]=14　B[3]=15　C=1+1=2

   i=4 , A[4]=18　B[4]=20　C=2+2=4

題目 (七)

定義 a[n] 為一個陣列(array)，陣列元素的指標為 0 至 n-1。若要將陣列中 a[0] 的元素移到 a[n-1]，下列程式片段的空白處該填入何種運算式？

(A) n+1　(B) n

(C) n-1　(D) n-2

```
int i, hold, n;
  …
for(i=0; i<= ________ ; i=i+1) {
    hold = a[i];
    a[i] = a[i+1];
    a[i+1] = hold;
}
```

說明

1. 答案是(D)，程式檔請參考 test07_7.cpp。
2. 此題目是利用 for 迴圈，將 a[0]和 a[1] 元素值交換，a[1] 和 a[2] 元素值交換…，最後是 a[n-2] 和 a[n-1] 元素值交換，迴圈終值為 n-2。

題目 (八)

右側程式片段主要功能為：輸入六個整數，檢測並印出最後一個數字是否為六個數字中最小的值。然而，這個程式是錯誤的。請問以下哪一組測試資料可以測試出程式有誤？

(A) 11 12 13 14 15 3

(B) 11 12 13 14 25 20

(C) 23 15 18 20 11 12

(D) 18 17 19 24 15 16

```
01 #define TRUE 1
02 #define FALSE 0
03 int d[6], val, allBig;
04   …
05 for(i=1; i<=5; i=i+1) {
06     scanf("%d", &d[i]);
07 }
08 scanf("%d", &val);
09 allBig = TRUE;
10 for (i=1; i<=5; i=i+1) {
11     if(d[i] > val) {
12         allBig = TRUE;
13     } else {
14         allBig = FALSE;
15     }
16 }
17 if(allBig == TRUE) {
18     printf("%d is the smallest.\n", val);
19 } else {
20     printf("%d is not the smallest.\n", val);
21 }
```

說明

1. 答案是(B)，程式檔請參考 test07_8.cpp。。
2. 四個選項中，只有選項(B)的資料測試出程式有誤。因選項(B)的資料 11 12 13 14 25 20 會輸出 "20 is the smallest."，這個是錯誤的結果。
3. 第 11 行：當 if(d[i] > val) 時比較 d[i] 是否大於 val，若不成立時執行第 14 行 allBig=FALSE;，這時候就要離開迴圈。所以在第 14 行與第 15 行之間插入 break; 敘述，程式就正確了。

題目 (九)

右側程式碼執行後輸出結果為何？

(A) 2 4 6 8 9 7 5 3 1 9

(B) 1 3 5 7 9 2 4 6 8 9

(C) 1 2 3 4 5 6 7 8 9 9

(D) 2 4 6 8 5 1 3 7 9 9

```
01 int a[9] = {1, 3, 5, 7, 9, 8, 6, 4, 2};
02 int n=9, tmp;
03
04 for(int i=0; i<n; i=i+1) {
05     tmp = a[i];
06     a[i] = a[n-i-1];
07     a[n-i-1] = tmp;
08 }
09 for(int i=0; i<=n/2; i=i+1)
10     printf("%d %d ", a[i], a[n-i-1]);
```

說明

1. 答案是(C)，程式檔請參考 test07_9.cpp。。
2. 第 04~08 行：使 a[9] = {1, 3, 5, 7, 9, 8, 6, 4, 2}。

3. 第 09~10 行：
   當 i = 0 時，a[i]=a[0]=1，a[n-i-1]=a[9-0-1]=a[8]=2，印出 1 2。
   當 i = 1 時，a[i]=a[1]=3，a[n-i-1]=a[9-1-1]=a[7]=4，印出 3 4。
   當 i = 2 時，a[i]=a[2]=5，a[n-i-1]=a[9-2-1]=a[6]=6，印出 5 6。
   當 i = 3 時，a[i]=a[3]=7，a[n-i-1]=a[9-3-1]=a[5]=8，印出 7 8。
   當 i = 4 時，a[i]=a[4]=9，a[n-i-1]=a[9-4-1]=a[4]=9，印出 9 9。

題目 (十)

下面哪組資料若依序存入陣列中，將無法直接使用二分搜尋法搜尋資料？

(A) a, e, i, o, u

(B) 3, 1, 4, 5, 9

(C) 10000, 0, -10000

(D) 1, 10, 10, 10, 100

說明

1. 答案是(B)。
2. 若要使用二分搜尋法搜尋陣列資料，該陣列資料需必須先排序。而選項(B)的資料沒有排序。

題目 (十一)

右側程式片段執行後，count 的值為何？

(A) 36

(B) 20

(C) 12

(D) 3

```
int maze[5][5] = {{ 1, 1, 1, 1, 1 },
                  { 1, 0, 1, 0, 1 },
                  { 1, 1, 0, 0, 1 },
                  { 1, 0, 0, 1, 1 },
                  { 1, 1, 1, 1, 1 }};
int count=0;
for(int i=1; i<=3; i=i+1) {
    for(int j=1; j<=3; j=j+1) {
        int dir[4][2] = {{-1,0},{0,1},{1,0},{0,-1}};
        for(int d=0; d<4; d=d+1) {
            if (maze[i+dir[d][0]][j+dir[d][1]]==1) {
                count = count + 1;
            }
        }
    }
}
```

說明

1. 答案是(B)，程式檔請參考 test07_11.cpp。。

題目 (十二)

下列程式片段執行過程的輸出為何？

(A) 44

(B) 52

(C) 54

(D) 63

```
int i, sum, arr[10];
for(i=0; i<10; i=i+1)
  arr[i]=i;
sum = 0;
for(int i=1; i<9; i=i+1)
  sum = sum-arr[i-1]+arr[i]+arr[i+1];
printf("%d", sum);
```

說明

1. 答案是(B)，程式檔請參考 test07_12.cpp。
2. 第一個 for 迴圈設定 arr 陣列初值，使 arr[10]={0, 1, 2, 3, 4, 5, 6, 7, 8, 9}。
3. 第二個 for 迴圈執行時，當 i=1 時、sum=0-0+1+2=3；當 i=2、sum=3-1+2+3=7 …；當 i=8、sum=42-7+8+9=52。

題目 (十三)

若 A 是一個可儲存 n 筆整數的陣列，且資料儲存於 A[0]~A[n-1]。經過右側程式碼運算後，以下何者敘述不一定正確？

(A) p 是 A 陣列資料中的最大值

(B) q 是 A 陣列資料中的最小值

(C) q < p

(D) A[0] <= p

```
int A[n]={ … };
int p = q = A[0];
for(int i=1; i<n; i=i+1) {
    if (A[i] > p)
        p = A[i];
    if(A[i] < q)
        q = A[i];
}
```

說明

1. 答案是(C)。
2. 當陣列元素整數內容皆一樣時，q < p 就不成立了。

題目 (十四)

若 A[][] 是一個 M*N 的整數陣列，右側程式片段用來計算 A 陣列每一列元素的總和。以下敘述何者正確？

```
Void main() {
  int rowSum = 0;
  for(int i=0; i<M; i=i+1){
     for(int j=0; j<N; j=j+1){
        rowSum = rowSum + A[i][j];
     }
  printf("The sum of row %d is %d.\n",i, rowSum);
}
```

(A) 第一列總和是正確，但其它列總和不一定正確

(B) 程式片段在執行時會產生錯誤(run-time error)

(C) 程式片段有語法上的錯誤

(D) 程式片段會完成執行並正確印出每一列的總和

說明

1. 答案是(A)。
2. 把第 2 行的 int rowSum = 0; 敘述放到 for(int i=0; i<M; i=i+1) 迴圈與 for(int j=0; j<N; j=j+1) 迴圈之間，程式片段就完全正確了。

題目 (十五)

若 A[1]、A[2]，和 A[3] 分別為陣列 A[] 的三個元素(element)，下列那個程式片段可以將 A[1]和 A[2] 的內容交換？

(A) A[1] = A[2]; A[2] = A[1];

(B) A[3] = A[1]; A[1] = A[2]; A[2] = A[3];

(C) A[2] = A[1]; A[3] = A[2]; A[1] = A[3];

(D) 以上皆可

說明

1. 答案是(B)。

題目 (十六)

右側程式擬找出陣列 A[] 中的最大值和最小值。不過，這段程式碼有誤，請問 A[] 初始值如何設定就可以測出程式有誤？

(A) {90, 80, 100}

(B) {80, 90, 100}

(C) {100, 90, 80}

(D) {90, 100, 80}

```
int main () {
  int M = -1, N = 101, s = 3;
  int A[] = _______?_______;

  for (int i=0; i<s; i=i+1) {
    if (A[i]>M) {
      M = A[i];
    }
    else if (A[i]<N) {
      N = A[i];
    }
  }
  printf("M = %d, N= %d\n", M, N);
  return 0;
}
```

說明

1. 答案是(B)，程式檔請參考 test07_16.cpp。。
2. 若選項(B)的資料為 A[] 的初始值，即 A[] = {80, 90, 100}。
   當 i=0 時，A[0]=80，則 if (A[0]>-1) 條件成立，使 M = A[0] = 80。
   當 i=1 時，A[1]=90，則 if (A[1]>80) 條件成立，使 M = A[1] = 90。
   當 i=2 時，A[1]=100，則 if (A[2]>90) 條件成立，使 M = A[2] = 100。
   結果最大值 M=100，而最小值 N=101 一直沒有改變。最小值比最大值大，故程式設計顯然有錯誤。

7.7 習題

選擇題

1. 二維陣列是源自於數學的哪一個觀念？
   (A) 向量 (B) 統計 (C) 矩陣 (D) 代數。
2. 陣列的存取通常會配合哪一個指令來存取陣列之每個元素？
   (A) get (B) for (C) if (D) switch。
3. float arr[10]; 敘述所占用之記憶體空間為多少 bytes？
   (A) 10 (B) 9 (C) 40 (D) 36。
4. int num[5][20]; 敘述共宣告了多少元素?(A) 25 (B) 50 (C) 100 (D) 200。
5. int num[5][10]; 敘述所占用之記憶體空間為多少 bytes？
   (A) 150 (B) 50 (C) 100 (D) 200。
6. int A[2][3]={{1,2,3},{4,5,6}}; 敘述中，A[1][1] 的值為何？
   (A) 2 (B) 3 (C) 4 (D) 5。
7. 承上題，A[2][3] 的值為何？(A) 4 (B) 5 (C) 6 (D) 已超出索引範圍。
8. 資料數列 {2, 4, 10, 1, 8, 5}，若利用氣泡排序法由小到大排序，需經過多少次比較？ (A) 15 (B) 6 (C) 30 (D) 5。
9. 資料數列 {2, 4, 10, 1, 8, 5}，若利用氣泡排序法由小到大排序，需經過多少次的資料交換比較？ (A) 5 (B) 6 (C) 7 (D) 8。
10. 1000 筆資料以二分搜尋法找尋某一筆資料，最多要比較多少次？
    (A) 9 (B) 10 (D) 6 (D) 11。

CHAPTER

函式與前處理指令 8

8.1 函式

結構化程式設計，著重在程式的「模組化」和「由上而下設計」(Top-Down Design)的觀念，一個結構化良好的程式，不但程式的可讀性高而且維護容易。因此，在設計程式時，常將一個較大的程式分成數個子功能，每個子功能再細分成數個小功能，如此分解到每個小功能都能夠很容易由簡短的程式編寫出來。我們可以將這些小功能獨立出來，或將程式中重複的程式區段挑出來單獨寫成一個單元，並給予特定名稱，以方便其他程式呼叫使用，這類的程式單元稱為「函式」(Function)。函式可以供其他函式呼叫使用，如此可縮短程式的長度以及容易維護。例如某些使用頻率較高的計算、文字與控制的處理、資料庫的運作...等，都可以寫成函式。函式具有下面特點：

1. 函式是應用程式的一部份，一般函式是不能單獨執行的。
2. 函式擁有自已的名稱，在一個自定標頭檔案中不能有兩個相同名稱的函式。
3. 函式內的變數，除非有特別宣告，否則都是區域變數，也就是說 C++語言允許在不同函式內使用相同名稱的變數。
4. 函式具有模組化，可以將一個大的應用程式分成數個函式，由不同的程式設計師同時撰寫，不但加快程式開發的時間，而且可集眾人之智慧，使程式達到盡善盡美的技術境界。

至於函式依其來源分成 系統函式、一般函式 兩大類。「系統函式」是 C++ 語言系統本身所內建的函式，它是將設計程式時常用到數值公式或字串處理...等功能寫成函式的形式，以方便設計程式時呼叫使用，在程式中只要寫出該函式名稱並給予引數適當的初值，便會傳回一個結果。至於「一般函式」是程式設計者應程式的需求自己編寫，自行命名，若該函式在其他程式可能用得到時可單獨存檔，讓多個程式共同使用。

8.2 系統函式

C++ 語言所提供的「系統函式」主要用來處理數值、字串以及產生亂數，一般常用有數值、字串、亂數、時間和轉換函式。由於 C++ 語言的系統函式都宣告在多個不同的標頭檔裡，因此在使用系統函式時，必須在程式的開頭加入對應的標頭檔。

一. 亂數函式

在統計和實驗時常需要使用隨機亂數以產生大量的資料來做模擬，便需要使用亂數函式。由於系統函式將這類函式的原型宣告在下面的標頭檔中，因此，在使用這類函式之前必須將此標頭檔含入到程式的開頭：

```
# include <stdlib.h>
```

下表是 stdlib.h 標頭檔所提供的常用函式：

函式名稱	功能說明
rand	語法：int rand (void) 說明：產生介於 0 到 32,767 之間的隨機亂數。
srand	語法：void srand(unsigned seed) 說明：亂數產生器的種子，在使用 rand()函式之前要先啟動。若 seed 參數值沒更換，則每次產生的亂數是一樣的。一般會配合時間值的變化當亂數種子，以求得每次產生的亂數是不同的， 範例：以時間當亂數種子 srand((unsigned) time(NULL));　　// 須引用 time.h 標頭檔
abs	語法：int abs (int x) 說明：傳回整數 x 的絕對值。
max	語法：<type> max(<type> x, <type> y) 說明：傳回 x, y 中的最大值，x, y 兩數可以是任何資料型別。
min	語法：<type> min(<type> x, <type> y) 說明：傳回 x, y 中的最小值，x, y 兩數可以是任何資料型別。

範例 ：rand.cpp

使用 rand() 函式來產生五個 0~32767 之間亂數，沒啟動亂數產生器，觀察兩次的執行結果，是不是都產生相同順序的亂數值。

執行結果

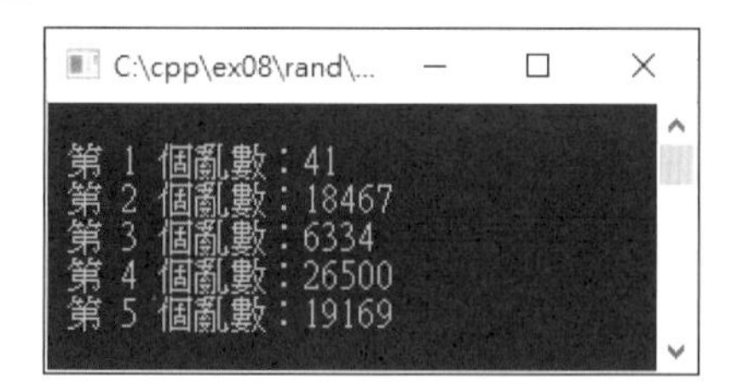

▲第一次執行結果

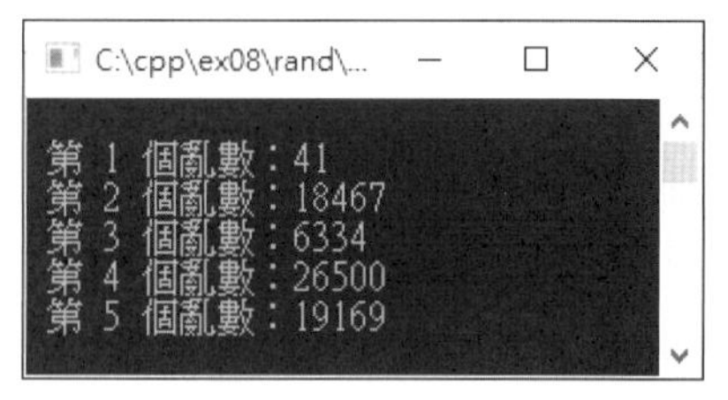

▲第二次執行結果

程式碼 FileName：rand.cpp

```
01 #include <iostream>
02 #include <stdlib.h>
03 using namespace std;
04
05 int main()
06 {
07     for(int i=1; i<=5; i++) {
08         cout << "\n 第 " << i << " 個亂數：" << rand() ;
09     }
10     cout << "\n\n";
11     return 0;
12 }
```

說明

第 2 行：使用亂數函式 rand() 之前 (第 8 行)，必須在程式的開頭含入 stdlib.h 標頭檔。

範例：random.cpp

使用 rand() 函式，並配合 srand() 函式以時間當亂數種子，產生可重複出現五個介於 1～49 之間亂數，結果發現，兩次執行所得結果是不相同的。

執行結果

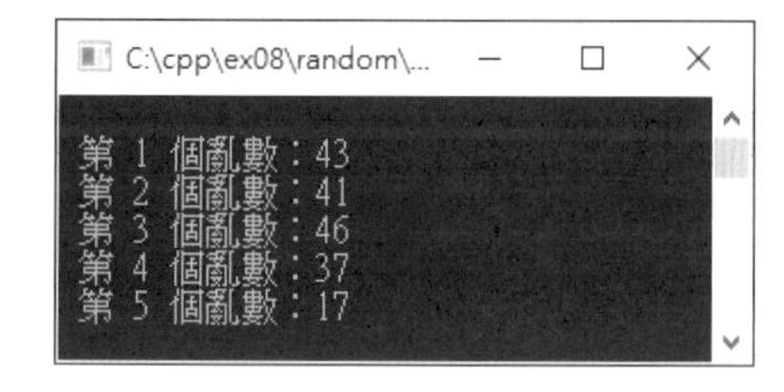

▲第一次執行結果

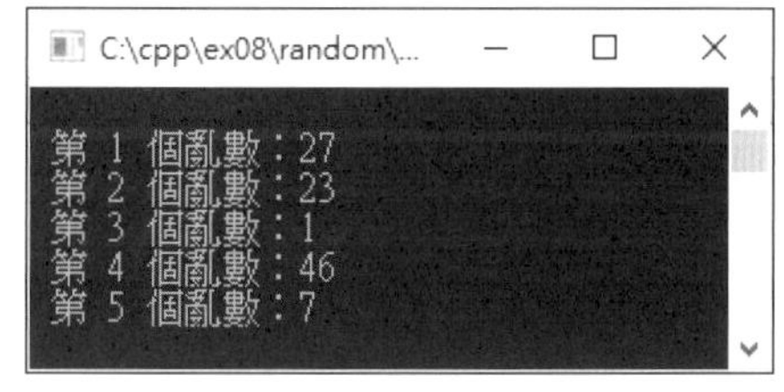

▲第二次執行結果

程式碼 FileName：random.cpp

```
01 #include <iostream>
```

```
02 #include <stdlib.h>
03 #include <time.h>
04 using namespace std;
05
06 int main()
07 {
08     srand((unsigned) time(NULL));
09     for(int i=1; i<=5; i+=1) {
10         cout << "\n 第 " << i << " 個亂數：" << rand()%49+1 ;
11     }
12     cout << "\n\n";
13     return 0;
14 }
```

說明

1. 第 3 行：在程式的開頭含入 time.h 標頭檔，因在第 8 行以時間的變化值當亂數產生器的種子。
2. 第 10 行：rand()%49 會產生 0~48 之間亂數，所以 rand()%49+1 會產生 1~49 之間亂數。

二. 數值函式

由於系統函式中的數值函式大都定義在 math.h 標頭檔，使用這類函式時，必須將下面敘述的標頭檔含入到程式的開頭：

```
# include <math.h>
```

下表是 math.h 標頭檔所提供的常用數值函式：

函式名稱	功能說明
fabs	語法：float fabs (float x) 說明：傳回 x 絕對值。
pow	語法：float pow (float x, float y) 說明：傳回 x^y 值。
sqrt	語法：float sqrt (float x) 說明：傳回 $\sqrt{x}$ 的值，x≥0。
hypot	語法：float hypot (float x, float y) 說明：傳回 $\sqrt{x^2+y^2}$ 的值。
ceil	語法：float ceil (float x) 說明：傳回不小於 x 的最小整數。
floor	語法：float floor (float x) 說明：傳回不大於 x 的最大整數。

函式名稱	功能說明
sin cos tan	語法：float sin (float x) float cos (float x) float tan (float x) 說明：① 傳回三角函數值。 ② x 以弳度量(弧度)為單位 (角度度量)$\times\frac{\pi}{180}$ = 弳度量 ，$\pi \cong 3.14159$ ③ $30^{\circ} = \frac{\pi}{6} \cong 0.5235987$ 弳
asin acos atan	語法：float asin (float x) float acos (float x) float atan (float x) 說明：① 傳回反三角函數值。 ② asin 與 acos 的 x 範圍為 -1≤x≤1。
exp	語法：float exp (float x) 說明：傳回 e^x 值。
log	語法：float log (float x) 說明：傳回以自然對數 e 為底數的 $\log_e x$ 數值。
log10	語法：float log10 (float x) 說明：傳回以 10 為底數的 $\log_{10} x$ 數值。
labs	語法：long labs (long x) 說明：傳回長整數 x 的絕對值。

範例：trigo.cpp

求 sin x 與 sec x 值。x 值分別為 0º、30º、60º、90º、120º、150º 度度量。

執行結果

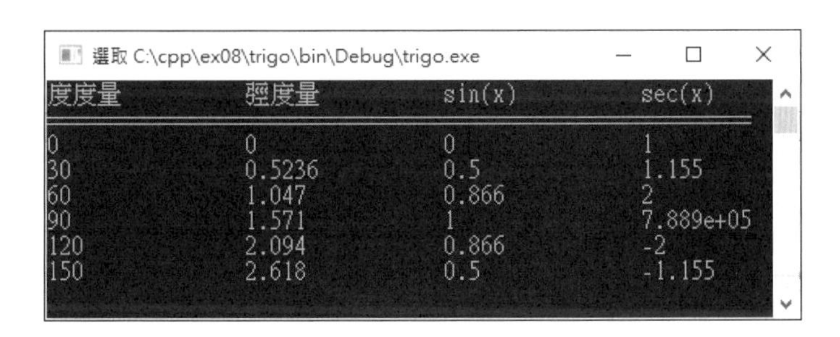

程式碼 FileName : trigo.cpp

```
01 #include <iostream>
02 #include <math.h>
03 using namespace std;
04
05 int main()
06 {
```

```
07     float PI = 3.14159;
08     int x=0;
09     float d;
10     cout << "度度量" << "\t\t 弳度量" << "\t\tsin(x)" << "\t\tsec(x)\n";
11     cout << "===========================================================\n" ;
12     cout.precision(4);       // 有效精確度位數設為 4
13     for (float d=0 ; d<PI ; d+=PI/6.0) {
14        cout << x << "\t\t" << d << "\t\t" << sin(d) << "\t\t" << 1/cos(d) << "\n";
15        x+=30;
16     }
17     cout << "\n";
18     return 0;
19 }
```

說明

1. 第 7 行：宣告圓周率 PI 值為 3.14159。
2. 第 13~16 行：d 值為 0~π，相當於 0°~180°，每次增加 30°。
3. 第 14 行：$\sec x = \dfrac{1}{\cos x}$。

範例：ceil.cpp

求-2 ≤ x ≤ 2 之間增值為 0.5 的 floor(x) 和 ceil(x) 的值。

執行結果

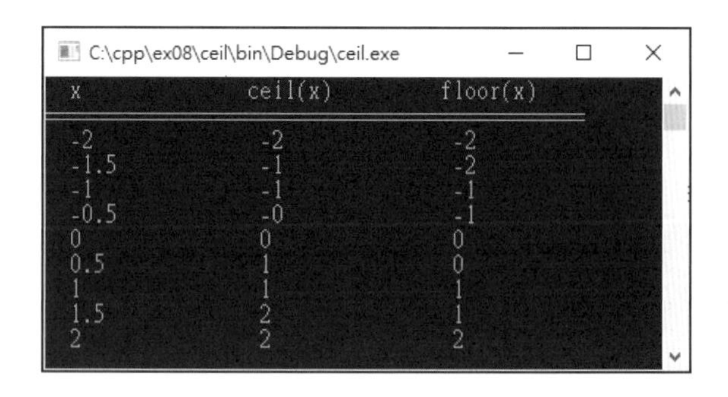

程式碼 FileName : ceil.cpp

```
01 #include <iostream>
02 #include <math.h>
03 using namespace std;
04
05 int main()
06 {
07     float x;
08     int n=0;
```

```
09      cout << "  x" << "\t\t ceil(x)" << "\t floor(x) \n";
10      cout << "============================================\n";
11      for (x=-2 ; x<=2 ; x+=0.5) {
12         cout << "  " << x << "\t\t  " << ceil(x) << "\t\t  " << floor(x) << "\n";
13      }
14      cout << "\n";
15      return 0;
16 }
```

說明

1. 第 12 行：floor(x)為不大於 x 的最大整數。ceil(x)為不小於 x 的最小整數。

三. 字串函式

C 語言是使用字元陣列來建立字串，並使用 string.h 標頭檔內的字串函式來處理字串。在 C++ 語言中可以使用 string 類別來建立字串物件，並可透過 string 類別所提供的成員函式來處理字串。在 C++ 中若要使用 string 類別必須在程式最開頭先含入 #include <string>。下面是使用 string 類別建立字串物件的兩種寫法：

語法

```
string 字串物件名稱("字串內容");
string 字串物件名稱 = "字串內容";
```

說明

1. 字串物件名稱：在現階段可視為字串變數。譬如：
   建立字串物件 name 的內容為 "王大銘"。(即設定字串變數 name 內容)

   ```
   string name("王大銘");
   ```

   或

   ```
   string name = "王大銘";
   ```

2. "字串內容"：除了直接指定字串常值外，也可指定不同名稱的字串物件 (變數) 或運算式。譬如：

   ```
   string st1 = "下雨天，";
   string st2 = st1+ "記得帶把傘。"; // st2 字串為 "下雨天，記得帶把傘。"
   ```

下表是 string 類別所提供的常用字串函式，因為這些函式是屬於字串物件的方法，所以引用時要使用「.」來連接：

函式名稱	功能說明
assign	語法：string &assign(string &str, size_type start, size_type n) 說明：由 str 字串的第 start 個字開始取出 n 個字並存放到呼叫 assign 的字串內。 簡例：string st; st.assign("super 教師", 2, 5);　//st="per 教"，中文字含 2 個字元
append	語法：string &append(string &str, size_type start, size_type n) 說明：由 str 字串的第 start 個字開始取出 n 個字並連接到呼叫 append 的字串後面。若 start 與 n 省略，則取出所有字元來連接。 簡例：string st1 = "Tom"; string st2 = "super 教師" ; st1.append(st2, 5, 4);　//st1="Tom 教師"
insert	語法：string &insert(size_type start, string &str, size_type s, size_type n) 說明：將 str 字串的第 s 個字到第 n 個字之間的字串插入到呼叫 insert 的字串內的第 start 個字元後面。 簡例：string st1="C++△語言";　// △代表空格 string st2="is△good△"; st1.insert(4, st2, 0, 8);　// st1="C++△is good△語言"
erase	語法：iterator erase(iterator first, iterator n) 說明：將 string 字串從第 first 個字開始刪除 n 個字。 簡例：string st="C++△程式設計語言"; st.erase(4, 8);　//st="C++△語言"
empty	語法：bool empty() 說明：判斷字串是否為空字串，若為空字串傳回 1(true)，反之傳回 0(false)。
find	語法：size_type find(const basic_string& str, size_type pos=0) 說明：由 pos 位置開始往後尋找 string 字串中 str 子字串出現的位置，若傳回-1 表示找不到子字串。若 pos 省略，則 pos 預設為為 string 最前面位置 0。 簡例：string st="C++△△程式設計語言△△C++"; int a=st.find("C++");　// a=0 int b=st.find("C++", 10);　// b=19 int c=st.find("C++", 30);　// c=-1
rfind	語法：size_type rfind(const basic_string& str, size_type pos=npos) 說明：由 pos 位置開始往前尋找 string 字串中 str 子字串出現的位置，若傳回-1 表示找不到子字串。若 pos 省略，則 pos 預設為 string 字串最後面位置。 簡例：string st="C++△△程式設計語言△△C++"; int a=st.rfind("C++");　// a=19 int b=st.rfind("C++", 10);　// a=0 int c=st.rfind("語言", 6);　// a=-1

函式名稱	功能說明
substr	語法：basic_string substr(size_type s, size_type n=npos) 說明：由 string 字串中第 s 個字元開始取得 n 個字元。 簡例：string st1="C++△△程式設計語言△△C++"; string st2, st3; st2=st1.substr(5);　　// st2="程式設計語言△△C++" st3=st1.substr(9, 4);　// st3="設計"
length	語法：size_type length() 說明：取得 string 字串的長度。 簡例：string st1("C++"); string st2="程式設計語言" ; int a=st1.length();　　// a=3 int b=st2.length();　　// b=12
swap	語法：void swap(basic_string& str) 說明：將 string 字串與指定的 str 進行互換。 簡例：string st1="C++"; string st2="好棒棒"; st1.swap(st2);　　　// st1="好棒棒", st2=" C++"
begin	語法：const_iterator begin() 說明：傳回 string 字串的起始指標。
end	語法：const_iterator end() 說明：傳回 string 字串物件的終止指標。 簡例：string st1("C++"); string st2="好棒棒"; st1.append(st2.begin(), st2.end());　　// st1="C++好棒棒"

四. 時間函式

時間函式是利用時間變化來協助程式進行與亂數、統計、隨機…等有關的設計。時間函式的原型宣告定義在 time.h 標頭檔，程式中有使用到這類函式，必須在程式開頭處含入 time.h 標頭檔，如下：

```
# include <time.h>
```

下表為常用的時間函式：

函式名稱	功能說明
time	語法：time_t time(time_t *timeptr) 說明：取得系統目前的時間，time(NULL) 函式傳回自 1970/1/1 00:00:00 到目前系統所經過的秒數。由於數目會很大，所以使用長整數型別。

函式名稱	功能說明
clock	語法：clock_t clock(void) 說明：取得 CPU 自從程式啟動所到的 Ticks(振盪時間)。 1 秒 = 1000 Ticks，1 Ticks = 0.001 秒 = 10^{-3} 秒
difftime	語法：double difftime(time_t t2, time_t t1) 說明：取得 t2~t1 的時間差，單位為秒數。

範例：time.cpp

設計計時的程式，分別使用系統以及 CPU 的時間來計算顯示。計時的方式是程式執行時開始計時，直到使用者輸入 stop 字串按 Enter↵ 結束計時。

執行結果

程式碼 FileName：time.cpp

```
01 #include <iostream>
02 #include <time.h>
03 using namespace std;
04
05 int main()
06     string Quit;
07     time_t t1, t2;
08     clock_t ck1, ck2;
09     ck1=clock();
10     t1=time(NULL);
11     do {
12         cout << " 開始計時，請鍵入 stop <Enter> 停止計時.... : " ;
13         cin >> Quit;
14     } while (Quit != "stop");
15     t2=time(NULL);
16     ck2=clock();
17     cout << "\n 計時結束!!\n";
18     cout << "\n 系統共經過 " << (int)difftime(t2,t1) << " 秒 ";
19     cout << "\n CPU 共經過 "<< ck2-ck1 << " Ticks \n\n";
20     return 0;
21 }
```

五. 轉換函式

在撰寫程式時，我們可能會處理一些資料型別轉換，下表介紹的轉換函式可將字串轉成整數、長整數、浮點數。

函式名稱	功能說明	標頭檔
atof	語法：double atof (const char *) 說明：將字串轉成浮點數。	math.h
atoi	語法：int atoi (const char *) 說明：將字串轉成整數。	stdlib.h
atol	語法：long atol (const char *) 說明：將字串轉成長整數。	stdlib.h
toasscii	語法：int toasscii (int c) 說明：將字元轉成 ASCII 字元。	ctype.h
toupper	語法：int toupper (int c) 說明：將字元轉成大寫英文字母。	ctype.h
tolower	語法：int tolower (int c) 說明：將字元轉成小寫英文字母。	ctype.h

8.3 一般函式

C++語言所撰寫的程式都是由一個或一個以上的「函式」所組成的，程式中必須有一個 main() 這個函式，這個函式是程式啟動時第一個執行的函式，我們稱此 main() 函式為「主函式」。「一般函式」都是程式設計者應程式上的需求而自行設計出來的程式，並非是系統所提供的。而一般函式的使用時機是程式中某程式區段需重複執行，或是將某個功能獨立出來，寫成函式形式以增加程式的可讀性和維護性。

一般都由一個敘述去呼叫函式，也可以在函式內再去呼叫其他的函式或呼叫自己本身。若設計出來的一般函式日後經常用到，也可存成函式庫以供其他程式套用，減少程式碼開發的時間。一般函式和標準程式庫函式最大不同的地方，就是一般函式的程式碼是可以修改的。

一. 一般函式的原型宣告

程式中若出現一個識別字其後緊跟著小括號，系統就視為一個函式來處理，當程式執行時碰到函式時，都會先到標準程式庫函式庫中去尋找，若有找到該函式名稱，便直接呼叫使用；若找不到該函式，就視為一般函式，系統會到目前執行中的程式去尋找是否有該函式存在。

方式一

將一般函式的宣告放在 main()主函式之前，而定義一般函式的主體則置於 main()主函式主體的後面。已定義的一般函式可在 main() 主函式或其它函式內被呼叫使用。

方式二

將定義一般函式的主體放在 main() 主函式主體之前，此種方式一般函式的宣告可以省略。已定義的一般函式可在 main() 主函式或其它函式內被呼叫使用。

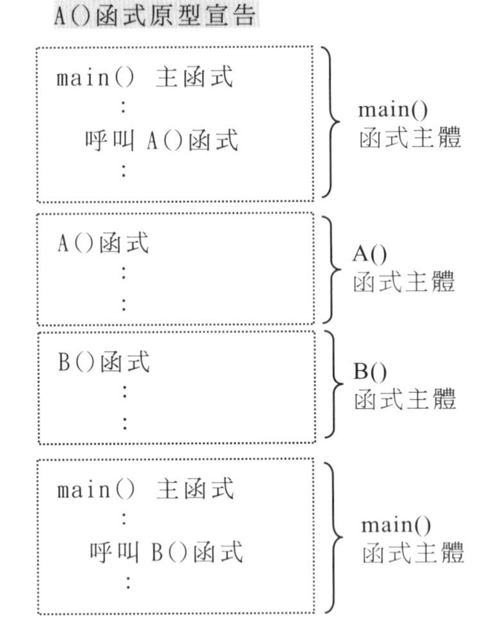

一般函式不管放到 main() 主體的前後，建議都要先做原型宣告。一般函式原型宣告的目的是用來告知編譯器，程式中會使用到該函式。函式宣告時，須包括函式的名稱、呼叫函式時傳入的各引數資料型別、函式使用後傳回值的資料型別。其宣告的語法如下：

語法

```
資料型別　函式名稱（資料型別串列）{
```

說明

1. 資料型別：是指函式傳回值的資料型別。若函式沒有傳回值，則函式名稱前的資料型別使用 void。
2. 資料型別串列：為各傳入引數的資料型別串列。若不需傳入引數，則在函式名稱後面括號內填入 void。

簡例 宣告一個函式原型，函式名稱為 average，呼叫時須傳入兩個 int 型別的引數，函式傳回值的資料型別為 float。

```
float average(int, int);
```

二. 一般函式主體的建立

定義一般函式主體的語法如下：

語法

```
資料型別　函式名稱(引數串列) {
    [區域變數宣告]
    [敘述區段]
        :
    [return 運算式 ; ]
}
```

說明

1. 函式的主體內容是以左大括號 "{" 開頭，最後以右括號 "}" 結束，兩者必須成對出現。當執行到最後一個 "}" 後或碰到 return 敘述，即返回緊接在原呼叫敘述處的下一個敘述繼續往下執行。

2. 資料型別
   是用來設定函式傳回值的資料型別，可以是數值、字元、字串、指標等資料型別。若不傳回任何值時，則使用 void。使用 void 時，在函式主體內不必再加 return 敘述。

3. 函式名稱
   函式命名方式與識別字相同。切記同一程式中不允許有相同的函式名稱，但可以使用函式多載的方式，建立多個同名稱但引數不同的函式。

4. 引數串列
   引數串列 (引數又可稱為參數) 用來接收由呼叫敘述傳過來的值，這些引數必須要宣告資料型別，而且每個引數的資料型別必須和呼叫敘述內所對應引數的資料型別一致，否則在傳遞資料時會發生錯誤。若引數不只一個，引數之間必須使用逗號隔開。這些引數可為常數、變數、陣列、使用者自定資料型別。若不傳入任何值，小括號 () 必須保留不能省略。

5. 所有函式在程式中的地位都平等無前後關係，彼此間可以相互呼叫。因此，可將自己定義的一般函式寫在 main() 主函式主體的前面或後面，對整個程式都無影響。

6. return
   return 是呼叫函式後要離開函式返回原呼叫處的指令。若呼叫函式有傳回值，則使用 return 運算式 敘述傳回。但要注意利用 return 送回的值的資料型別，必須和定義函式主體的傳回值資料型別一致。若呼叫函式沒有傳回值，則 return 敘述可不必使用。

簡例 建立一個函式主體，函式名稱為 average，此函式的功能是用來計算兩個整數的平均值。

```
float average(int a, int b) {
    float avg;
    avg = (a+b)/2.0;
    return avg;
}
```

說明

1. 函式內計算兩個整數的平均值，而平均值 (a+b)/2.0 會是浮點數，再指定給變數 avg。所以，avg 必須宣告為 float 變數。
2. 用 return 敘述將 avg 值傳回給呼叫敘述。傳回值 avg 的資料型別必須和函式名稱 average 前面的資料型別一致。

三、呼叫函式敘述

在 C++ 語言程式中，可利用下面兩種方式來呼叫所定義的一般函式：

語法

```
函式名稱(引數串列);              // 沒有傳回值的函式呼叫
變數 = 函式名稱(引數串列);       // 有傳回值的函式呼叫
```

說明

1. 呼叫敘述與被呼叫函式之間若無資料傳遞，引數 (參數) 串列可以省略 (即不傳任何引數) 但必須保留一對小括號；若有資料需傳遞，引數串列的數目可以為一個或一個以上的引數。如下數字順序為呼叫函式與傳回的執行順序。

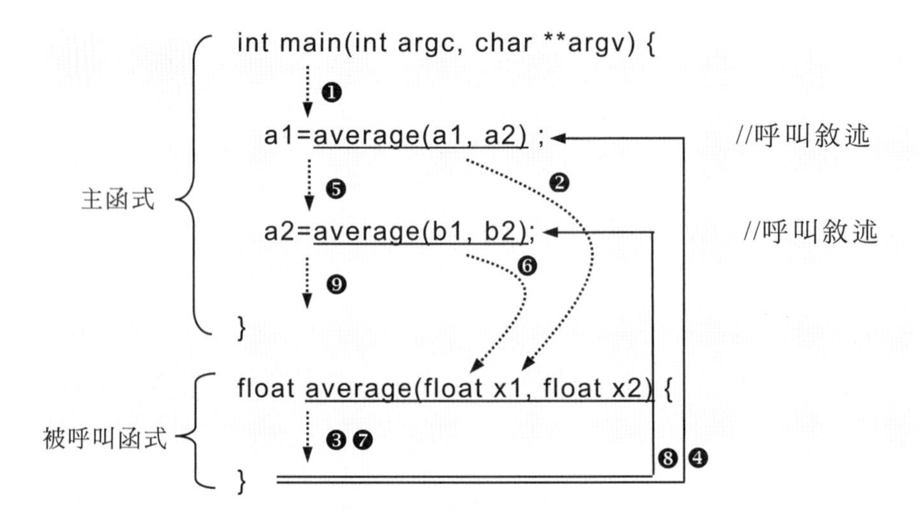

2. 一般將接在呼叫敘述後面的引數 (參數) 串列稱為「實引數」(Actual Argument)。接在被呼叫函式後面的引數串列稱為「虛引數」(Dummy Argument)。譬如上圖中的 a1、a2、b1、b2 為實引數；x1、x2 為虛引數。

3. 「實引數」可以為常數、變數、運算式、陣列或結構，但是「虛引數」不可以為常數與運算式。

4. 「呼叫敘述」與「被呼叫函式」兩者的函式名稱必須相同，但是兩者的引數名稱可以不相同。兩者間若有資料要傳遞時，必須藉由實引數將資料傳給虛引數，要記得實引數與虛引數的個數不但要一樣，而且資料型別也要一致，否則會發生語法錯誤。

範例：return1.cpp

製作一個兩數平方相加的一般函式 fun1，利用變數來傳遞引數。

執行結果

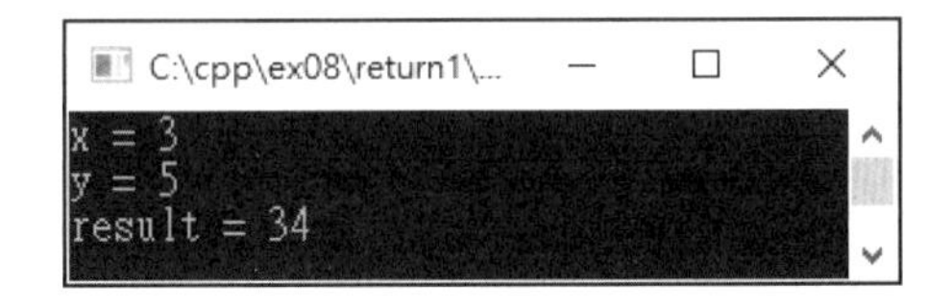

程式碼 FileName : return1.cpp

```
01 #include <iostream>
02 #include <math.h>
03 using namespace std;
04 long fun1(int, int);          // 宣告函式原型
05
06 int main()
07 {
08     int x=3,y=5;
09     long z;
10     z=fun1(x,y);              // 呼叫敘述
11     cout << "x = " << x << "\n";
12     cout << "y = " << y << "\n";
13     cout << "result = " << z << "\n\n";
14     return 0;
15 }
16
17 long fun1(int a, int b) {    // 定義函式
18     long c;                   // 區域變數
19     c=pow(a,2)+pow(b,2);      // c = a2 + b2
20     return c;                 // 傳回值資料型別須和 fun1 前面的資料型別相同
21 }
```

說明

1. 第 17~21 行：為程式設計者自建的一般函式，此函式名稱為 fun1，傳回值為長整數，此函式有二個虛引數，將虛引數 a、b 宣告為整數型別。

2. 第 4 行：因 fun1() 函式定義在 main() 主函式之後，必須先宣告 fun1() 函式的原型。實引數的變數型別宣告與虛引數一致。
3. 第 8 行：將 3 指定給 x，再將 5 指定給 y。
4. 第 10 行：呼叫 fun1 函式敘述。
5. 第 11~13 行：將 x, y, z 值顯示在螢幕上。
6. 下表列出呼叫 fun1 函式的前後過程，以及 x, y, z 及 a, b, c 的內容變化：

	x	y	z	a	b	c	目前程式執行處
啟動程式							
呼叫 fun1 前	**3**	**5**					第 8 行
呼叫 fun1 時	**3**	**5**		**3**	**5**		第 10 行
呼叫 fun1 後	**3**	**5**		**3**	**5**	**34**	第 17~21 行
返回呼叫處	**3**	**5**	**34**				第 10 行
最後	**3**	**5**	**34**				第 11~13 行

8.4 傳值呼叫與傳址呼叫

函式間的資料除了可以使用 return 敘述傳回結果資料外，還可以透過引數來傳遞，引數的傳遞方式有「傳值呼叫」(call by value) 和「傳址呼叫」(call by address) 兩種。

一. 傳值呼叫

函式呼叫時，若採用「傳值呼叫」。在呼叫一般函式時，呼叫敘述中的實引數傳入資料給一般函式的虛引數，無論在自定函式內虛引數內容是否有變數，都不影響原呼叫敘述實引數的值內容。因引數傳遞用傳值呼叫時，編譯器會複製一份實引數的值給虛引數使用，兩者占用不同的記憶體位址。當虛引數的位址資料異動時，不會影響到實引數的位址資料，也就是引數間的資料傳遞是單行道，即

呼叫敘述實引數的資料內容 → 一般函式虛引數

到目前為止，我們在本書所接觸到有關函式呼叫的例子，都是傳值呼叫。

二. 傳址呼叫

函式呼叫時，若採用「傳址呼叫」。編譯器會將實引數和虛引數所占用的記憶體位址設為一樣，如此引數間的資料傳遞是雙向道，即

呼叫敘述實引數的資料內容 ↔ 一般函式虛引數

當呼叫敘述中的實引數傳入資料給一般函式的虛引數，若一般函式內虛引數內容有改變，則原呼叫敘述實引數的內容也跟著變動。傳址呼叫的傳遞方式會使用傳遞整個陣列或指標變數，有關整個陣列的傳遞本章會提到，指標變數的傳遞在第 10 章再來探討。

8.5 如何在函式間傳遞陣列資料

陣列也可以做為引數在函式之間被傳遞。若函式之間傳遞的引數為陣列元素，則其引數傳遞的方式是屬於傳值呼叫。若函式之間傳遞的引數是整個陣列，則其引數傳遞的方式為傳址呼叫。

一. 傳遞陣列元素

函式之間引數使用陣列元素傳遞就與使用變數傳遞的情況一樣，皆為傳值呼叫。

簡例 若 max() 為一般函式，num 為陣列，ubound 為一般變數。在 main() 主函式呼叫 max() 函式且傳入 ubound 變數及 num[1] 陣列元素的傳值呼叫方式，如下所示：

```
01 int max(int, int);                          // 函式原型宣告
02 int main(int argc, char **argv) {           // 主函式
03      int m, ubound=6, num[ubound]={-103,190,0,32,-46,100};
04      m=max(ubound, num[1]);                 // 呼叫敘述
05           :
06 }     傳值              傳值
07
08 int max(int a, int b) {                     // 被呼叫函式主體
09           :
10 }
```

說明

1. 第 4 行：ubound=6 及 num[1]=190 分別傳入給第 8 行 a 與 b，此時 a ← 6、b ← 190。
2. 第 8~10 行的被呼叫函式的敘述區段中，若 a 或 b 的內容有所改變，則在第 2~6 行的呼叫函式中 ubound 的內容仍為 6；num[1] 的內容仍為 190。

二. 傳遞整個陣列

若函式之間引數使用整個陣列傳遞，則為傳址呼叫。此種情況在呼叫敘述中的實引數必須使用要傳入的陣列名稱，因陣列名稱是編譯器分配給陣列占用記憶體的起始

位址。而在被呼叫函式對應的虛引數，必須是一個資料型別和呼叫敘述實引數一致的新陣列。

簡例 若 max2() 為一般函式，num 為陣列，ubound 為一般變數。在 main() 主函式呼叫 max2() 函式且傳入 ubound 變數 (傳值呼叫) 及傳入 num 陣列 (傳址呼叫) 的方式，如下所示：

```
01 int max2(int, int[]);                           // 函式原型宣告
02 int main(int argc, char **argv) {              // 主函式
03        int m, ubound=6, num[ubound]={-103,190,0,32,-46,100};
04        m=max2(ubound, num);                      // 呼叫敘述
05              :
06 }
07          傳值              傳址
08 int max2(int n, int no[]) {                      // 被呼叫函式主體
09              :
10 }
```

說明

1. 第 4 行：整個陣列 num 傳入給第 8 行的 no 陣列，此時 no 陣列會是 no[6]={-103,190,0,32,-56,100}。
2. 在第 8~10 行的被呼叫函式的敘述區段中，若 no 陣列內容有所改變，譬如所有元素皆變為 2 倍，即 no[6]={-206,380,0,64,-92,200}，則在第 2~6 行的呼叫函式中，num 陣列會跟著改變，也會是 num[6]={-206,380,0,64,-92,200}。

範例：maxfun.cpp

製作一個能傳遞整個陣列元素的 max2() 函式，先在主函式顯示陣列所有元素值，呼叫 max2() 函式將傳入陣列所有元素皆變為 2 倍，找出改變後的最大元素值，返回主函式後再顯示陣列所有元素值及最大元素值。

執行結果

```
C:\cpp\ex08\maxfun\bin\Debug\maxfun.exe
-103    190     0       32      -46     100
-206    380     0       64      -92     200
max2 = 380
```

程式碼 FileName：maxfun.cpp

```
01 #include <iostream>
02 using namespace std;
03 int max2(int, int[]);                 // 函式原型宣告
04
05 int main()
06 {
07     int ubound = 6, num[ubound]={-103,190,0,32,-46,100};
08     int max2Num;
09     for(int i=0; i<=ubound-1; i++) {
10         cout << num[i] << "\t" ;
11     }
12     cout << "\n\n";
13     max2Num = max2(ubound, num);      // 呼叫函式,傳送整個陣列
14     for(int i=0; i<ubound; i++) {
15         cout << num[i] << "\t" ;
16     }
17     cout << "\n\n";
18     cout << "max2 = " << max2Num << "\n\n";
19     return 0;
20 }
21
22 int max2(int n, int no[]) {
23     int big;
24     big=no[0];
25     for(int k=0; k<n; k++) {
26         no[k]=no[k]*2;
27         if(big < no[k]) big = no[k];
28     }
29     return(big);
30 }
```

說明

1. 第 3,22 行：虛引數若傳遞整個陣列，則在陣列名稱後面加上一對中括號 [ ]。
2. 第 3,7,13,22 行：要傳送整個陣列資料時，實引數的陣列宣告的資料型別與虛引數的陣列宣告的資料型別要一致。在此資料型別為 int。
3. 第 13 行：呼叫 max2()函式，找出由陣列中元素值變成兩倍後的最大數，將所得結果傳回給 max2Num 變數。
4. 第 9~11 行：是呼叫 max2()函式前，顯示陣列所有的元素值。
5. 第 14~16 行：是呼叫 max2()函式後，因傳址呼叫的緣故，所顯示的陣列元素值，皆已變成兩倍。

6. 第 22~30 行：是被呼叫才執行的一般函式主體。其功能是將引數傳遞進來的陣列的所有元素值皆乘於 2 (第 26 行)，再從其中找出兩倍後的最大數 (第 27 行)。當呼叫敘述 (第 13 行) 的實引數將整個陣列 num 傳遞過來給虛引數 no 陣列時，兩陣列在記憶體所占位址相同，所以當 no 陣列的元素內容改變時，則實引數的 num 陣列元素內容同步做相同的改變。

8.6 變數的儲存類別

C++語言每個變數都具有資料型別 (Data type) 和儲存類別 (Storage class) 的特性。資料型別用來告知編譯器應保留多少空間給該變數使用；儲存類別用來告知編譯器該變數的生命期 (Life time) 和有效範圍 (Scope)。所謂「生命期」是指保留該變數值的時間有多長。「有效範圍」用來告知該變數能使用的範圍。所以，當您在撰寫大程式時，宣告一個變數的資料型別的同時，也宣告該變數的儲存類別，除了可提高記憶體的使用率外，而且能加快程式執行速度和減少變數誤用的錯誤發生。

在 C++ 語言程式中，可利用下面兩種方式來呼叫所定義的一般函式：

語法

```
儲存類別　資料型別　變數名稱;
```

說明

1. C++語言提供了下列四種關鍵字來宣告變數的儲存類別：
   ① auto：automatic variable (自動變數)
   ② extern：external variable (外部變數)
   ③ static：static variable (靜態變數)
   ④ register：register variable (暫存器變數)
2. 儲存類別的使用方式如下：

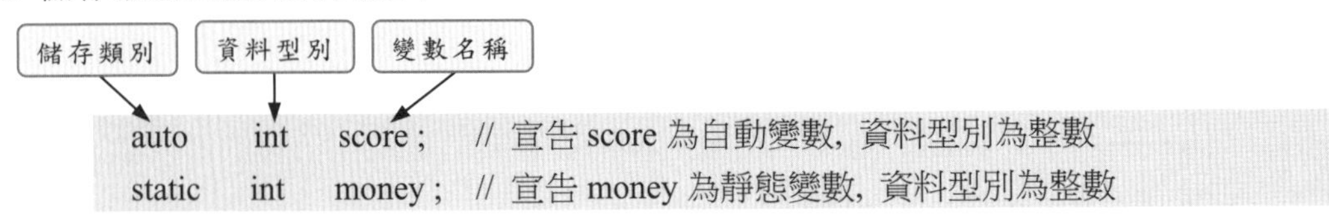

一. 全域變數和區域變數

所謂「區域」是指頭尾用左、右大括號括起來，所組成的多行敘述，如：函式主體、迴圈結構。我們將在左、右大括號區段內所宣告的變數稱為「區域變數」(Local Variable)，其變數的有效範圍限於所屬區段，僅能在該敘述區段有效。區域變數的生命期由宣告處開始至離開該右大括號止，也就是說一離開該敘述區段，該變數便由記憶體中釋放掉(消失)。區域變數亦稱「動態變數」，離開函式後，變數將被釋放，也就是不再占主記憶體，下次再進入此函式會重新配置記憶體空間給此變數。

至於「全域變數」(Global Variable) 是指該變數宣告在所有程式區段之外，此變數有效範圍可供整個程式內所有敘述區段使用，其生命期是自該變數宣告開始，一直到程式結束為止。若一個變數在程式中同時被多個程式區段使用，就必須將此變數宣告為全域變數。

程式碼 FileName :global.cpp

```
01 #include <iostream>
02 using namespace std;
03
04 void fun1();                // 函式原型宣告
05 int n=1;                    // 全域變數
06 int var1=10;                // 全域變數
07
08 int main()
09 {
10     int var1=1;             // 區域變數
11     fun1();
12     var1++;                 // 區域變數
13     cout << "\n After 1st var1++  var1 = " << var1 << "\n";
14     fun1();
15     var1++;                 // 區域變數
16     cout << "\n After 2nd var1++  var1 = " << var1 << "\n";
17     cout << "\n";
18     return 0;
19 }
20
21 void fun1() {
22    cout << "\n Now," << n << "-time entering fun1 .. var1 = " << var1 << "\n";
23    var1++;                  // 全域變數
24    cout << " Now," << n++ << "-time leaving fun1 .. var1 = " << var1 << "\n";
25 }
```

C:\cpp\ex08\global\bin\Debug\global.exe

```
Now,1-time entering fun1 .. var1 = 10
Now,1-time leaving fun1 .. var1 = 11

After 1st var1++  var1 = 2

Now,2-time entering fun1 .. var1 = 11
Now,2-time leaving fun1 .. var1 = 12

After 2nd var1++  var1 = 3
```

二. 自動變數

「自動變數」是程式中最常用的變數，它是在函式的內部宣告，其生命期自該變數宣告開始一直到離開該函式結束為止，所占用的記憶體在離開時該函式會釋放掉，不會保留其值，待下次進入該函式時，再配置新的記憶空間給該變數使用。所以，每次進入該函式，自動變數都會重新再給初值一次。譬如：在 fun1() 函式內宣告 k 是一個自動變數，其寫法如下：

```
int fun1() {
    auto int k;
    int i ;
}
```

若函式內宣告變數時，如上面 int i ; 前面未加上儲存類別關鍵字，都以自動變數視之。所以，i 和 k 變數都是屬於自動變數。

三. 靜態變數

若在變數前面加上 static，就成為「靜態變數」，靜態變數又可細分成「內部靜態」和「外部靜態」兩種。若在函式內使用 static 所宣告的變數即為「內部靜態」變數；在函式外面使用 static 變數者則為「外部靜態」變數。

靜態變數和自動變數不一樣的地方，是靜態變數的值不會隨著離開所屬函式而消失，它會繼續保留一直到又進入所屬函式時，繼續延用保留值。其生命期不管是內部靜態或外部靜態變數，都是一直到整個程式停止執行為止。至於內部靜態變數視野 (有效範圍) 限於所屬函式內有效；外部靜態變數視野是整個程式有效。自動變數其視野和生命期都僅限於該程式區段，一離開其值自動消失，將占用的記憶體歸還系統，下次進入該程式區段再重新配置記憶體。下面範例即為內部靜態變數範例，連續呼叫 fun1() 兩次，觀察 fun1() 的內部靜態變數 var1 變化情形：

程式碼 FileName :static1.cpp

```
01 #include <iostream>
02 using namespace std;
03 void fun1();              // 函式原型宣告
04 int n=1;                  // 全域變數
05
06 int main()
07 {
08     int var1=1;           // 自動變數(區域變數)var1
09     fun1();
10     var1++;               // 自動變數加 1，var1=2
11     cout << "\n After 1st var1++  var1 = " << var1 << "\n";
12     fun1();
```

```
13     var1++;               // 自動變數加 1，var1=3
14     cout << "\n After 2nd var1++  var1 = " << var1 << "\n";
15     cout << "\n";
16     return 0;
17 }
18
19 void fun1() {
20     static int var1=50;    // 內部靜態變數
21     cout << "\n Now, " << n << "-time entering fun1..var1 = " << var1 << "\n";
22     var1++;      // 內部靜態變數，第 1 次呼叫 var1=51；第 2 次呼叫 var1=52
23     cout << " Now, " << n++ << "-time leaving fun1..var1 = " << var1 << "\n";
24 }
```

```
C:\cpp\ex08\static1\bin\Debug\static1.exe

Now, 1-time entering fun1..var1 = 50
Now, 1-time leaving fun1..var1 = 51

After 1st var1++  var1 = 2

Now, 2-time entering fun1..var1 = 51
Now, 2-time leaving fun1..var1 = 52

After 2nd var1++  var1 = 3
```

四. 外部變數

「外部變數」又稱為全域變數，只要使用 extern 關鍵字將變數宣告在所有函式 (包含主函式) 的外面都是屬於外部變數，譬如上面例子的全域變數均屬之。另外也可以使用在不同的程式檔，譬如在「程式檔 A」中的 var1 變數需要被另外一個獨立「程式檔 B」中使用，只需要在程式檔 A 將 var1 整數變數宣告成全域變數，在程式檔 B 開頭加入 extern int var1，告知程式檔 B 的 var1 變數在別的程式檔中有宣告，編譯時可略過以免發生錯誤。兩者程式檔的寫法如下：

程式檔 A	程式檔 B

int var1;
main() {
    :
    :
}
void fun1(void) {
    :
  var1+=5;
    :
}
	extern int var1;
	void fun2(void) {
	    :
	    :
	  var1*=10;
	    :
	    :
	}

五. 暫存器變數

由於暫存器變數的視野和生命期和自動變數相同，兩者間的差異在於暫存器變數是存放在 CPU 裡面的暫存器中，至於自動變數是存放在記憶體內。所以，暫存器變數的存取速度比自動變數快，可提升程式的執行效率。

8.7 define 巨集

define 是屬於前端處理程式的假指令，是用來定義一些巨集。利用此巨集名稱提供一個機制，來替代程式中經常使用的常數、字串、簡單的數學公式或函式，使得程式的可讀性增高，以及在編譯時，能產生較有效率且精簡易懂的目的程式，其語法如下：

語法

```
#define 巨集名稱 [取代內容]
#define 巨集名稱 (參數列)運算式
```

說明

1. # 符號為假指令的前導符號。
2. define 是前端處理程式的假指令。
3. 巨集名稱：習慣以大寫英文字母命名，名稱中間不得夾有空白字元。
4. 取代內容：為被取代的內容、可以為數值或字串型別的資料：

```
#define PI 3.14159。
#define HI "Have a nice day!"
#define NIL ""
#define GETSTD #include <stdio.h>
```

5. 假指令後面不能加分號當作結束符號。
6. 定義含有引數的巨集時，巨集名稱和參數列的左括號之間以及左括號後第一個參數之間不得有空白。若有空白發生，空白後面的部分被視為運算式。至於運算式和參數列之間必須使用空白隔開，譬如：

```
#define ADD(a,b)    (a+b)
   ...
```

7. 當程式執行到 sum=5*ADD(10,20); 時，前端處理程式會將敘述替換成 sum=5*(10+20);，sum 的結果為 150。
8. 若 define 假指令改寫成 #define ADD(a,b) a+b 運算式未使用括號框住時，前端處理程式會將敘述替換成 sum=5*10+20;，sum 的結果變成 70 並非是預期的結果，這就是不當使用巨集所產生的錯誤。

究其原因。是由於使用 define 定義的 ADD(a,b) 是屬於巨集函式並非真正的一般函式，因此在編譯時段 (Compiling Time) 會將程式中的 ADD(a,b) 巨集以 (a+b) 取代，省掉程式執行時再去呼叫函式的時間，如此可縮短程式的執行時間。雖然此種方式可使得程式的可讀性高及效率增加，但是巨集後面的參數列 (argument_list) 若使用不當，很容易產生上面的錯誤。下面再舉兩個程式設計時常易產生錯誤的例子，以供參考：

簡例 希望得到 64，卻得到 23。

```
#define SQR(x) x*x
        :
cout << SQR(3+5);             // 希望得到 64，卻得到 23
```

說明

1. 理論上 3 加 5 的平方應為 64，結果印出 23。
2. 其錯誤的運算情形為 3 + 5 * 3 + 5 ⇨ 3 + 15 + 5 ⇨ 23。
3. define 假指令應改為：#define SQR(x) ((x)*(x))

簡例 希望將變數 k 加 1 後取平方得到 36 卻得到 30。

```
#define SQR(x) ((x)*(x))
        :
int k = 5;
cout << SQR(k++);
```

說明

1. 理論上 5+1=6，平方應為 36，結果印出 30。
2. 其錯誤的運算情形為 (5) * (5++) = 5 * 6 = 30。
3. 變數 k 要加 1 時不要使用 k++，敘述改為：cout << SQR(k+1);

8.8 自定標頭檔

我們可以在設計程式時，將常使用到的公式或提示訊息儲存為副檔名*.h 的標頭檔，以提供給其他程式含入使用，可節省撰寫的時間。但要注意系統提供的標頭檔是使用角括號括住，至於自定的標頭檔，必須在程式的最開頭使用雙引號括住指定自定標頭檔的真實路徑和檔名。本節自定的標頭檔為 myMath.h，操作方式如下：

1. 執行功能表的 [File / new / Projec] 指令新增「C++ 專案」，專案名稱請設為「include1」。

2. 執行功能表的 [File / new / File] 指令，在開啟「New from template」對話方塊選取 C/C++ header ，在開啟「C/C++ header」對話方塊，指定標頭檔時要含完整路徑。將此文件檔名設為「myMath.h」。如下圖：

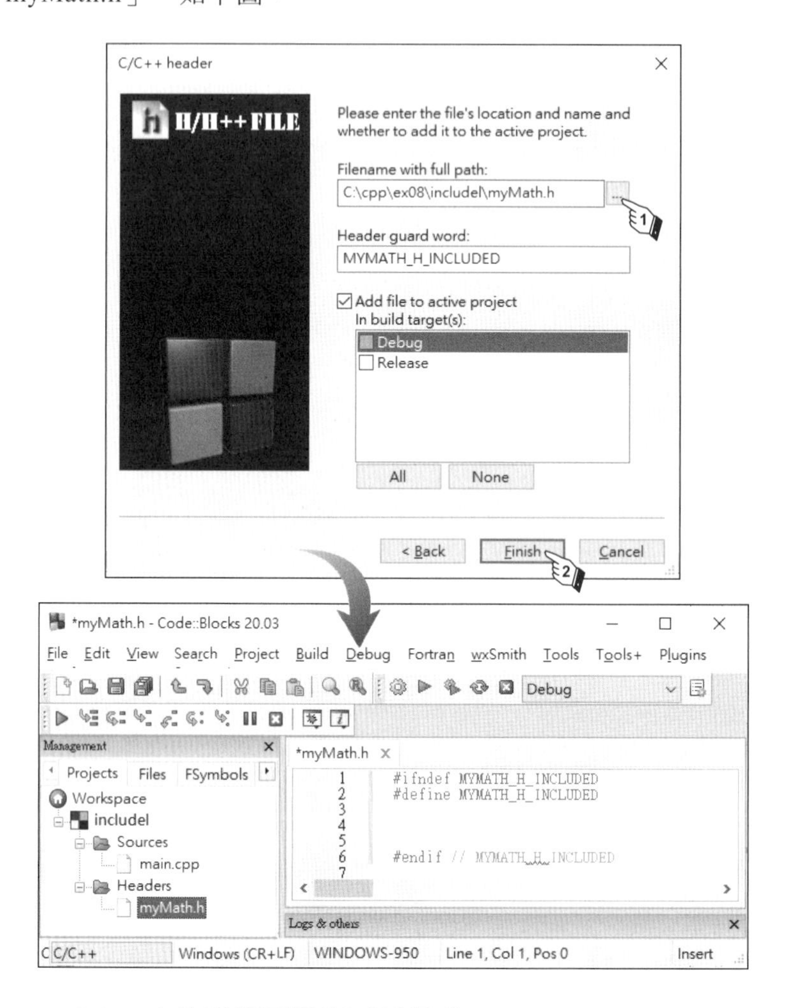

在此「myMath.h」文件編輯區撰寫下面程式，

程式碼 FileName :myMath.h

```
01 #include<conio.h>
02 #include<math.h>
03 #define PI 3.1416
04 #define SQR(x)  (x)*(x)
05 #define DISCRIMINANT(a,b,c)(SQR(b)-4*(a)*(c))
06 #define ADD(a,b)  (a+b)
07 #define SUB(a,b)  (a-b)
08 #define MUL(a,b)  (a*b)
09 #define DIV(a,b)  (a/b)
10 #define MOD(a,b)  (a%b)
11 #define ABS(a)  (a-b)
```

```
13 #define EQ ==
14 #define EOF (-1)
15 #define AREA(r) PI*SQR(r)
16 #define LINE printf("\n-------------------------------\n\n");
17 #define msg1 "Please Enter a value; "
```

說明

1. 第 3,12,13,14 行：定義一些常數。
2. 第 4~11 行：定義一些常用的數學公式。
3. 第 15 行：標頭檔內的巨集，可以呼叫使用其他巨集。
4. 第 16 行：巨集也可以是程式的敘述。
5. 第 17 行：定義巨集為字串常數。

下面範例使用到 myMath.h 內的一些巨集，因此必須使用 #include 將此標頭檔含入到本程式中。指定標頭檔時要含完整路徑，但是程式檔若和標頭檔在同一資料夾時可以省略。假設標頭檔在 C 磁碟的 cpp\ex08\include1 資料夾下，其寫法如下：

```
#include "c:\cpp\ex08\include1\myMath.h"
```

接著請使用 myMath.h 自定標頭檔來製作下面範例：

範例：include1.cpp

製作一個能由鍵盤輸入 $ax^2 + bx + c = 0$ 一元二次方程式的三個係數，經由 b_2-4ac 判斷式：

① b^2-4ac = 0 有等根 $\frac{-b}{2a}$

② b^2-4ac > 0 有相異的實根 $\frac{-b \pm \sqrt{b^2 - 4ac}}{2a}$

③ b^2-4ac < 0 有虛根

接著由鍵盤輸入圓的半徑 r，求出圓面積。

執行結果

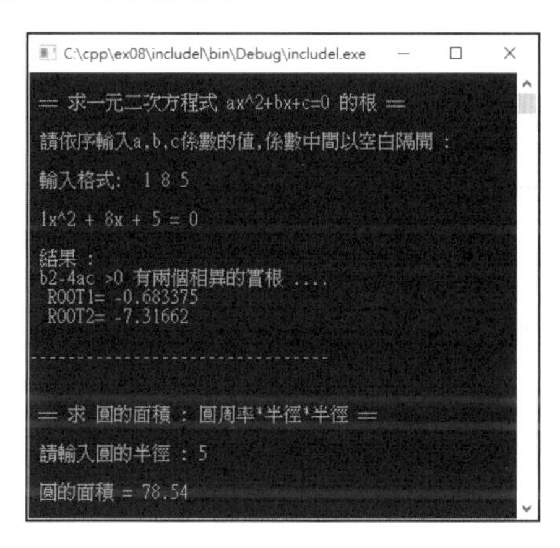

程式碼 FileName :include1.cpp

```
01 #include <iostream>
02 #include "myMath.h"        //myMath.h 與 include1.cpp 在相同路徑下，可直接含入
03 using namespace std;
04
05 int main()
06 {
07     int r;
08     float a,b,c;
09     double root1,root2;
10     cout << "\n == 求一元二次方程式 ax^2+bx+c=0 的根 == \n";
11     cout << "\n 請依序輸入 a,b,c 係數的值,係數中間以空白隔開 :\n";
12     cout << "\n 輸入格式:  ";
13     cin >> a >> b >> c;
14     cout << "\n " << a << "x^2 + " << b << "x + " << c << " = 0 \n";
15     cout << "\n 結果 : \n";
16     if (DISCRIMINANT(a,b,c)==0) {
17         root1=(-b)/(2*a);
18         cout << " b2-4ac=0 有兩個等根 : ROOT1= " << root1 << "\n";
19     } else if (DISCRIMINANT(a,b,c)<0) {
20         cout << " b2-4ac < 0 有虛根 .... \n";
21     } else {
22         root1= ((-b)+sqrt(DISCRIMINANT(a,b,c)))/(2*(a));
23         root2= ((-b)-sqrt(DISCRIMINANT(a,b,c)))/(2*(a));
24         cout << " b2-4ac >0 有兩個相異的實根 .... \n";
25         cout << "  ROOT1= " << root1 << "\n";
26         cout << "  ROOT2= " << root2 << "\n";
27     }
28     LINE
29     cout << "\n == 求 圓的面積 : 圓周率*半徑*半徑 == \n";
30     cout << "\n 請輸入圓的半徑 : ";
31     cin >> r;
32     cout << "\n 圓的面積 = " << PI*SQR(r) << "\n\n";
33     return 0;
34 }
```

說明

1. 第 2 行：含入 myMath.h 自定標頭檔。
2. 第 16,20,22,23 行：引用自定標頭檔的 DISCRIMINANT 巨集。
3. 第 28 行：引用自定標頭檔的 LINE 巨集，會顯示指定的字串。
4. 第 32 行：引用自定標頭檔的 PI 和 SQR 巨集，計算圓形的面積。

8.9 ACPS 觀念題攻略

題目 (一)

給定右側程式，當程式執行完後，輸出結果為何？

(A) 2

(B) 3

(C) -2

(D) -3

```
01 void f(int x, int y){
02    int tem = x;
03    x = y;
04    y = tem;
05 }
06
07 int main()
08 {
09     int x = 2, y = 3;
10     f(x, y);
11     printf("%d", (x-y)*(x+y)/2);
12     return 0;
13 }
```

說明

1. 答案是(C)，程式檔請參考 test08_1.cpp。
2. 第 1~5 行的 f(int x, int y) 函式功能是將 x 和 y 變數值互換，但沒有傳回值。
3. 執行第 10 行時，因引數屬傳值呼叫，互換的 x 和 y 變數值並沒傳回，故此時 x 和 y 變數值仍為 x=2, y=3。
4. 第 11 行輸出 (x-y)*(x+y) / 2 為 (2-3)*(2+3) / 2，其結果取整數為 -2。

題目 (二)

給定一陣列 a[10]={1, 3, 9, 2, 5, 8, 4, 9, 6, 7}，i.e.，a[0]=1, a[1] = 3，…，a[8]=6, a[9]=7，以 f(a,10) 呼叫右側函式後，回傳值為何？

(A) 1　　(B) 2

(C) 7　　(D) 9

```
int f(int a[], int n) {
   int i, index=0;
   for(i=1; i<=n-1; i=i+1) {
      if (a[i] >= a[index]) {
         index = i;
      }
   }
   return index;
}
```

說明

1. 答案是(C)，程式檔請參考 test08_2.cpp。
2. 在函式定義主體內，index 變數值的變化依序為 1,2,2,2,2,2,7,7,7。

題目 (三)

給定一整數陣列 a[0]、a[1]、…、a[99]且 a[k]=3k+1，以 value=100 呼叫以下兩函式，假設函式 f1 及 f2 之 while 迴圈主體分別執行 n1 與 n2 次 (i.e, 計算 if 敘述執行次數，不包含 else if 敘述)，請問 n1 與 n2 之值為何?

註： (low + high)/2 只取整數部分。

```
int f1(int a[], int value) {
    int r_value = -1;
    int i = 0;
    while (i < 100) {
        if (a[i] == value) {
            r_value = i;
            break;
        }
        i = i + 1;
    }
    return r_value;
}
```

```
int f2(int a[], int value) {
    int r_value = -1;
    int low = 0, high = 99;
    int mid;
    while (low <= high) {
        mid = (low + high)/2;
        if (a[mid] == value) {
            r_value = mid;
            break;
        }
        else if (a[mid] < value) {
            low = mid + 1;
        }
        else {
            high = mid - 1;
        }
    }
    return r_value;
}
```

(A) n1=33, n2=4　　(B) n1=33, n2=5

(C) n1=34, n2=4　　(D) n1=34,n2=5

說明

1. 答案是(D)，程式檔請參考 test08_3.cpp。
2. 陣列元素的內容：a[0]=1,a[1]=4,a[2]=7,a[3]=10,a[4]=13, … ,a[99]=298
3. f1 函式是循序搜尋法，找到 100 時，其 i=33。即 a[33]=100，但 i 是由 0 開始，故執行 while 迴圈的次數 34 次。
4. f2 函式是二分搜尋法，找到 a[33]=100 的過程如下：
   第 1 次搜尋：a[0]=1,a[99]=298，其中間的 (a[49]=148) > (a[33]=100)
   第 2 次搜尋：a[1]=4,a[48]=145，其中間的 (a[24]=73) < (a[33]=100)
   第 3 次搜尋：a[25]=76,a[47]=142，其中間的 (a[36]=109) > (a[33]=100)
   第 4 次搜尋：a[26]=79,a[35]=106，其中間的 (a[31]=94) < (a[33]=100)
   第 5 次搜尋：a[32]=94,a[34]=100，其中間的 (a[33]=100) < (a[33]=100)
   所以執行 while 迴圈的次數 5 次。

題目 (四)

若以 f(22) 呼叫右側 f() 函式，總共會印出多少數字？

(A) 16　　(B) 22

(C) 11　　(D) 15

```
void f(int n) {
    printf ("%d\n", n);
    while (n != 1) {
        if ((n%2)==1) {
            n = 3*n + 1;
        }
        else {
            n = n / 2;
        }
        printf ("%d\n", n);
    }
}
```

說明

1. 答案是(A)，程式檔請參考 test08_4.cpp。
2. 會依序列印出 22, 11, 34, 17, 52, 26, 13, 40, 20, 10, 5, 16, 8, 4, 2, 1，總共有 16 個數字。

題目 (五)

右側 f() 函式執行後所回傳的值為何？

(A) 1023　(B) 1024

(C) 2047　(D) 2048

```
int f() {
    int p = 2;
    while (p < 2000) {
        p = 2 * p;
    }
    return p;
}
```

說明

1. 答案是(D)，程式檔請參考 test08_5.cpp。
2. p = 2

   第 1 次進入迴圈時，p = 2*p = 2*2 = 4 = 22。

   第 2 次進入迴圈時，p = 2*p = 2*4 = 8 = 23。

   第 3 次進入迴圈時，p = 2*p = 2*8 = 16 = 24。

   …

   第 10 次進入迴圈時，p = 2*1024 = 2*1024 = 2048 = 211。

題目 (六)

右側 f() 函式 (a), (b), (c) 處需分別填入哪些數字，方能使得 f(4)輸出 2468 的結果？

(A) 1, 2, 1

(B) 0, 1, 2

(C) 0, 2, 1

(D) 1, 1, 1

```
int f(int n) {
    int p = 0;
    int i = n;
    while (i >= __(a)__ ) {
        p = 10 - __(b)__ * i;
        printf ("%d", p);
        i = i - __(c)__ ;
    }
}
```

說明

1. 答案是(A)，程式檔請參考 test08_6.cpp。
2. 本題進入 while 迴圈執行四次，第一次輸出 2、第二次輸出 4、第三次輸出 6、第四次輸出 8。因第一次是 2，所以(b)空格的數字要為 2。因要進入迴圈四次，所以(a)、(c)空格的數字皆為 1。

題目 (七)

右側 f() 函式執行後，輸出為何？

(A) 1, 2　　(B) 1, 3

(C) 3, 2　　(D) 3, 3

```
void F () {
    chart, item[] = '2','8','3','1','9'};
    int a, b, c, count = 5;
    for (a=0; a<count-1; a=a+1) {
        c = a;
        t = item[a];
        for (b=a+1; b<count; b=b+1) {
            if (item[b] < t) {
                c = b;
                t = item[b];
            }
            if ((a==2) && (b==3)) {
                printf ("%c %d \n", t, c);
            }
        }
    }
}
```

說明

1. 答案是(B)，程式檔請參考 test08_7.cpp。
2. 當 a=2 且 b=3 時，才會輸出變數 t 和變數 c 的值。
3. 第一個 for 迴圈，當 a=2 時，使 c=a=2，t=item[2]='3'。
   第二個 for 迴圈，當 b=3 時，因 item[b] < t ⇨ item[3] < '3' ⇨ '1' < '3' 條件成立，使 c=b ⇨ c=3，t = item[b] = item[3] = '1'。因所輸出的 t 變數值和 c 變數值分別為 1, 3。

題目 (八)

右側程式執行輸出為何？

(A) 0　　(B) 10

(C) 25　　(D) 50

```
01 int G(int B) {
02     B = B * B;
03     return B;
04 }
05
06 int main()
07 {
08     int A=0, m=5;
09
10     A = G(m);
11     if(m<10)
12         A = G(m) + A;
13     else
14         A = G(m);
15
16     printf("%d  \n", A);
17     return 0;
18 }
```

說明

1. 答案是(D)，程式檔請參考 test08_8.cpp。
2. 第 8 行 A=0,m=5，使第 10 行 A=G(5)=5*5=25。因第 11 行 (m<10) ⇨ (5<10) if 條件成立，則 A = G(m) + A = G(5) + 25 = 25 + 25 = 50。

題目 (九)

給定一個 1x8 的陣列 A，A = {0, 2, 4, 6, 8, 10, 12, 14}。右側函式 Search(x) 真正目的是找到 A 之中大於 x 的最小值。然而，這個函式有誤。請問下列哪個函式呼叫可測出函式有誤？

(A) Search(-1)

(B) Search(0)

(C) Search(10)

(D) Search(16)

```
int A[8]={0, 2, 4, 6, 8, 10, 12, 14};

int Search (int x) {
    int high = 7;
    int low = 0;
    while(high > low) {
        int mid = (high + low)/2;
        if (A[mid] <= x) {
            low = mid + 1;
        }
        else {
            high = mid;
        }
    }
    return A[high];
}
```

說明

1. 答案是(D)，程式檔請參考 test08_9.cpp。
2. 這個 Search(x) 函式是使用二分搜尋法來尋找 A 陣列中大於 x 的最小值。
3. Search(-1) 的回傳值為 0，而 0 > -1，沒有錯誤。
   Search(0) 的回傳值為 2，而 2 > 0，沒有錯誤。
   Search(10) 的回傳值為 12，而 12 > 10，沒有錯誤。
   Search(16) 的回傳值為 14，而 14 > 16，錯誤。

題目 (十)

給定右側程式，其中 s 有被宣告為全域變數，請問程式執行後輸出為何？

(A) 1,6,7,7,8,8,9

(B) 1,6,7,7,8,1,9

(C) 1,6,7,8,9,9,9

(D) 1,6,7,7,8,9,9

```
01 int s=1;
02 void add(int a) {
03    int s=6;
04    for( ; a>=0; a=a-1) {
05      printf("%d,", s);
06      s++;
07      printf("%d,", s);
08    }
09 }
10
11 int main() {
12    printf("%d,", s);
13    add(s);
14    printf("%d,", s);
15    s=9;
16    printf("%d,", s);
17    return 0;
18 }
```

說明

1. 答案是(B)，程式檔請參考 test08_10.cpp。
2. 第 1 行：宣告整數變數 s 為全域變數。

3. 第 12 行：因為 s 為全域變數，所以執行此行敘述時會顯示「1,」。
4. 第 13 行：呼叫 add 函式傳入引數值為 1。
5. 第 3 行：宣告整數變數 s 為 add 函式的區域變數，並設初值為 6。
6. 第 4~8 行：for 迴圈因為 a=1 所以會執行兩次，會顯示「6,7,7,8,」。
7. 第 14 行：雖然區域變數 s 值為 8，但是不影響 main 函式所以會顯示「1,」。
8. 第 15~16 行：重設全域變數 s 值為 9，所以會顯示「9,」。

題目 (十一)

右側 F() 函式執行時，若輸入依序為整數 0, 1, 2, 3, 4, 5, 6, 7, 8, 9，請問 X[] 陣列的元素值依順序為何？

```
int i, X[10]={0};
for(i=0; i<10; i=i+1) {
  scanf("%d", &X[(i+2)%10]);
}
```

(A) 0, 1, 2, 3, 4, 5, 6, 7, 8, 9
(B) 2, 0, 2, 0, 2, 0, 2, 0, 2, 0
(C) 9, 0, 1, 2, 3, 4, 5, 6, 7, 8
(D) 8, 9, 0, 1, 2, 3, 4, 5, 6, 7

說明

1. 答案是(D)，程式檔請參考 test08_10.cpp。
2. 所輸入的數值依序存入陣列元素的索引順序為：
   X[2], X[3], X[4] , … , X[9], X[0], X[1]

題目 (十二)

給定右側函式 F()，執行 F() 時哪一行程式碼可能永遠不會被執行到？

```
01 void F(int a) {
02     while (a < 10)
03         a = a + 5;
04     if (a < 12)
05         a = a + 2;
06     if (a <= 11)
07          a = 5;
08 }
```

(A) a = a + 5
(B) a = a + 2
(C) a = 5;
(D) 每一行都執行得到

說明

1. 答案是(C)。
2. 第 2~3 行：跳離 while 迴圈的條件是，a 必須大於等於 10。

3. 當 a 為 10 或 11 時，會符合第 4 行 if (a < 12) 的條件，而執行第 5 行，使得 a 為 12 或 13 時。
4. 當 a 為 12 或 13 時，不會符合第 6 行 if (a <=11) 的條件。因此不會有機會執行到第 7 行的敘述。

題目 (十三)

給定右側函式 F()，已知 F(7) 回傳值為 17，且 F(8) 回傳值為 25，請問 if 的條件判斷式應為何？

```
void F(int a) {
    if ( ____?____ )
        return a * 2 + 3;
    else
        return a * 3 + 1;
}
```

(A) a % 2 != 1　　(B) a * 2 > 16
(C) a + 3 < 12　　(D) a * a < 50

說明

1. 答案是(D)。
2. F(7) 回傳值 17，是使用 return a * 2 + 3; 敘述傳出的值。表示符合 if 的條件式。目前成立的條件式選項有(A) (C) (D)。
3. F(8) 回傳值 25，是使用 return a * 3 + 1; 敘述傳出的值。表示不符合 if 的條件式。目前不成立的條件式選項有(D)。

題目 (十四)

給定右側函式 F()，F()執行完所回傳的 x 值為何？

```
int F (int n) {
   int x = 0;
   for(int i=1; i<=n; i=i+1)
      for(int j=i; j<=n; j=j+1)
         for(int k=1;k<=n; k=k*2)
            x = x + 1;
   return x;
}
```

(A) $n(n+1)\sqrt{\lfloor \log_2 n \rfloor}$

(B) $n^2(n+1) / 2$

(C) $n(n+1)\lfloor \log_2 n + 1 \rfloor$

(D) $n(n+1) / 2$

說明

1. 答案是(C)。
2. 前兩個 for 迴圈執行的次數為 n+(n-1)+(n-2)+…+1 = n*(n+1)/2 次。
3. 第三個 for 迴圈執行的次數為 [log2 n + 1] 次。
4. x 值是三個內外迴圈執行完的總次數，為 n*(n+1)* [log2 n + 1] / 2 次。

題目 (十五)

小藍寫了一段複雜的程式碼想考考你是否了解函式的執行流程。請回答程式最後輸出的數值為何？

(A) 70　　(B) 80

(C) 100　　(D) 190

```
01 int g1 = 30, g2 = 20;
02
03 int f1(int v){
04     int g1 = 10;
05     return g1+v;
06 }
07
08 int f2(int v){
09     int c = g2;
10     v = v+c+g1;
11     g1 = 10;
12     c = 40;
13     return v;
14 }
15
16 int main(){
17     g2 = 0;
18     g2 = f1(g2);
19     printf("%d", f2(f2(g2)));
20     return 0;
21 }
```

說明

1. 答案是(A)，程式檔請參考 test08_15.cpp。
2. 第 1 行：g1=30，g2=20
   第 18 行：g2 = f1(g2) = f1(0) = ?
   第 4,5 行：int g1=10，f1(0)傳回值=10+0=10，故 g2=10
   第 19 行：f2(f2(g2)) = f2(f2(10)) = ?
   第 10 行：v=v{10}+c{g2=10}+g1{30}=10+10+30=50
   第 11 行：g1=10
   第 13 行：傳回值 50，所以 f2(f2(10)) = f2(50) = ?
   第 10 行：v=v{50}+c{g2=10}+g1{10}=50+10+10=70
   第 13 行：傳回值 70，所以 f2(f2(10)) = f2(50) = 70

8.10 習題

選擇題

1. 使用 rand() 函式須含入哪一個標頭檔？
   (A) stdio.h (B) math.h (C) stdlib.h (D) randomize.h。

2. 寫程式時，我們會將小功能獨立之重複敘述片段以下何者為之
   (A) 函式 (B) 巨集 (C) 標頭檔 (D) 元件。

3. 以下何者不為 C++ 語言的系統函式？
   (A) rand() (B) scanf() (C) print() (D) exp()。

4. 結構化程式著重在「模組化」和什麼的觀念？
   (A) 由下而上 (B) 物件導向 (C) 由上而下 (D) 由小而大。

5. 使用數值函式應含入哪一個標頭檔？
   (A) stdio.h (B) math.h (C) number.h (D) stdlib.h。

6. 在函式中遇到哪一個敘述會離開函式回到原呼叫處的下一行？
   (A) bye (B) return (C) back (D) home。

7. 以下何者不是 C++ 語言之函式呼叫傳值方式？
   (A) 傳值呼叫 (B) 傳址呼叫 (C) 傳名呼叫 (D) 以上都不是。

8. C++ 語言中，函式使用自動變數宣告前須加入哪一個保留字？
   (A) static (B) dynamic (C) auto (D) C++ 語言沒有自動變數。

9. C++ 語言中，函式使用外部變數宣告前須加入哪一個保留字？
   (A) outside (B) extern (C) extra (D) C++ 語言沒有外部變數。

10. 名稱為 sum 的函式要傳入兩個單精準數型別的引數，傳回值是整數型別，則函式原型應如何宣告？
    (A) int sum(float, int); (B) int sum(float, float);
    (C) float sum(int, int); (D) double sum(int, int);

CHAPTER 9

遞迴

9.1 遞迴

函式間可以相互呼叫，除了呼叫別的函式外，也可呼叫自己本身，這種函式呼叫自己的方式稱為「遞迴」。遞迴是一種應用極廣的程式設計技術，在函式執行的過程不斷的呼叫函式自身，但每一次呼叫，皆會產生不一樣的效果，直到遇到終止再呼叫函式自身的條件或效果時，才會停止遞迴離開函式。如果遞迴的函式內沒有設定終止呼叫的條件，這樣的函式會形成無窮遞迴。

一個問題如果能拆成同形式且較小範圍時，就可以使用遞迴函式來設計。例如要計算 1 + 2 + ... + 10 的總和時，可以拆成 1 和 2 + 3 + ... + 10，而 2 + 3 + ... + 10 又可以拆成 2 和 3 + 4 + ... + 10，其餘類推，此時就可以設計成遞迴函式。遞迴函式常使用在具有規則性的程式設計中，其優點是具結構化可以增加程式的可讀性，以及能以簡潔的程式處理反覆的複雜問題。

遞迴在數學或電玩遊戲上常被使用，例如：數列、階乘、費氏數列、輾轉相除法、排列、組合、堆疊、河內塔、八個皇后、老鼠走迷宮…等。有些程式雖然使用 for、while...等重複結構也能處理，但使用遞迴函式會較為簡潔易懂，本章將針對遞迴的基本範例做設計的說明。

9.2 數列

本節提供兩個數列函式求總和的範例，說明如何使用遞迴解題的方式來設計程式。如下：

1. sum = n + (n-1) + ⋯ + 3 + 2 + 1
2. sum = 1 – 4 + 7 – 10 + 13 – ⋯ – (n-3) + n

範例 ：series_01.cpp

使用遞迴函式計算 n + (n-1) + (n-2) + … + 3 + 2 + 1 的結果。
其中 n = 100。

程式碼 FileName：series_01.cpp

```
01 #include <iostream>
02 using namespace std;
03
04 int f(int n) {
05     if (n <= 0)
06         return 0;
07     else                    // n > 0
08         return n + f(n-1);
09 }
10
11 int main()
12 {
13     int n = 100, sum;
14     sum = f(n);
15     cout << "\n " << n << " + " << n-1 << " + … + 3 + 2 + 1 = " << sum;
16     cout << "\n " ;
17     return 0;
18 }
```

```
C:\cpp\ex09\series_01\bin\Debug\series_01.exe
100 + 99 + … + 3 + 2 + 1 = 5050
```

說明

1. 第 4~9 行：建立 f(n) 遞迴函式。該函式被呼叫 f(100) 的流程如下所示：

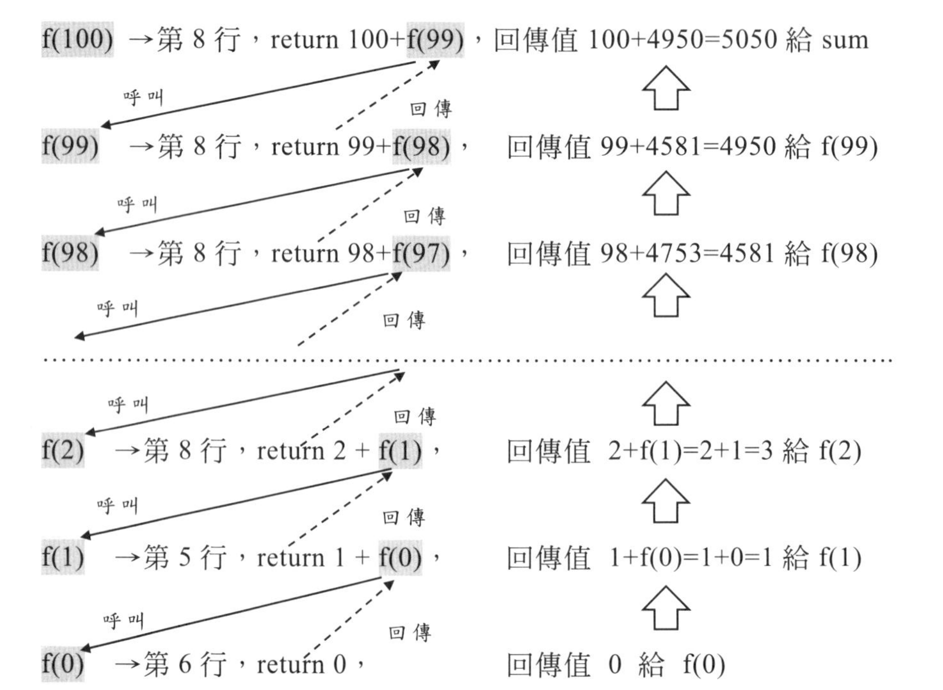

2. 第 14 行：將 f(100) 的回傳值 5050 指定給 sum 變數。
3. 遞迴函式一定要有結束遞迴的敘述。當第 5 行的條件式 (n<=0) 成立時，執行第 6 行 return 0，就不再遞迴呼叫，而將回傳值逐層回溯給原呼叫敘述。
4. 遞迴函式的流程圖如右：

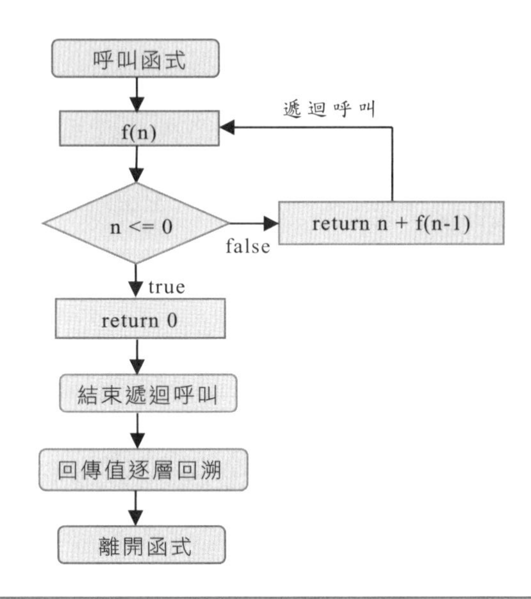

範例：series_02.cpp

使用遞迴函式計算 1 – 4 + 7 – 10 + 13 – … n 的結果，其中 n 由使用者輸入。n 的輸入值必須符合 (n % 3 == 1) 條件，即 n 為 3 的倍數加 1，如 1、4、7、10、14…等。

執行結果

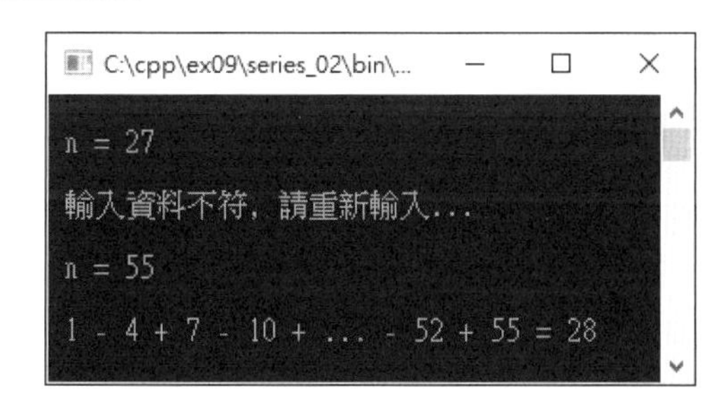

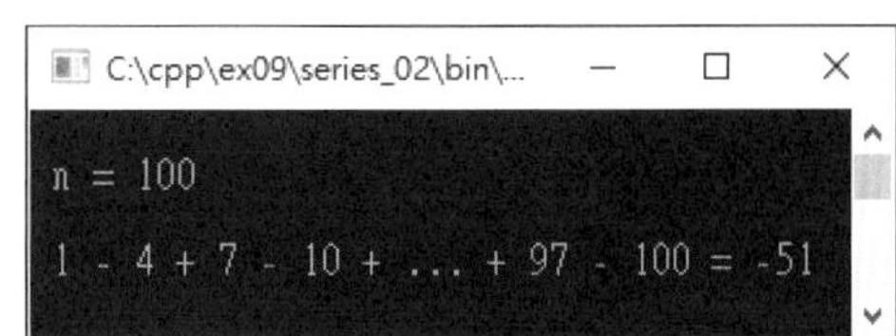

程式碼 FileName : series_02.cpp

```
01 #include <iostream>
02 using namespace std;
03
04 int g(int n) {
05   if (n <= 0) {
06     return 0;
07   } else if (n % 2 == 0) {      // n > 0,為偶數
08     return -n + g(n-3);
```

```
09    } else {                          // n > 0,為奇數
10       return n + g(n-3);
11    }
12 }
13
14 int main()
15 {
16    int n, sum;
17    while (true) {
18       cout << "\n n = ";
19       cin >> n;
20       if (n % 3 == 1)
21          break;               //輸入值符合條件跳離迴圈
22       else
23          cout << "\n 輸入資料不符, 請重新輸入...\n";
24    }
25
26    sum = g(n);
27    if (n % 2 == 1) {          // n 輸入值為奇數
28       cout << "\n 1 - 4 + 7 - 10 + ... - " << n-3 << " + " << n << " = " << sum;
29    } else {                   // n 輸入值為偶數
30       cout << "\n 1 - 4 + 7 - 10 + ... + " << n-3 << " - " << n << " = " << sum;
31    }
32    cout << "\n\n";
33    return 0;
34 }
```

說明

1. 遞迴函式的流程圖如下所示：

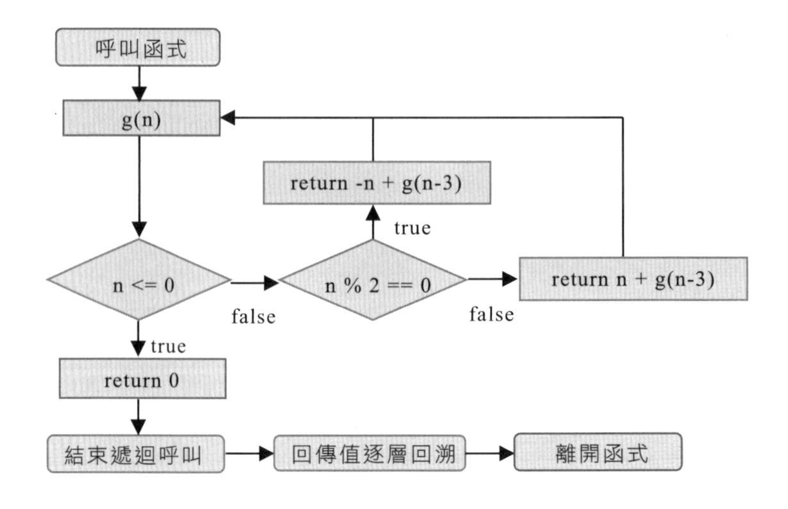

2. 第 4~12 行：建立 g(n) 遞迴函式。該函式被呼叫 g(100) 的流程如下：
   g(100)
   → return -100 + g(97)
   → -100 + return 97 + g(94)
   → -100 + 97 + return -94 + g(91)
   ………………
   → -100 + 97 – 94 + … -10 + return 7 + g(4)
   → -100 + 97 – 94 + … -10 + 7 + return -4 + g(1)
   → -100 + 97 – 94 + … -10 + 7 - 4 + return 1 + g(0)
   → -100 + 97 – 94 + … -10 + 7 - 4 + 1 + 0
   → -51 (回傳值)
3. 第 20~23 行：篩選使用者的輸入值是否符合 (n % 3 == 1) 的條件。
4. 第 26 行：呼叫 g(n) 的遞迴計算結果回傳指定給 sum 變數。
5. 第 27,28 行：若輸入值為奇數時，印出遞迴函式執行的加減過程，其中最後兩數是先減後加。
6. 第 29,30 行：若輸入值為偶數時，印出遞迴函式執行的加減過程，其中最後兩數是先加後減。

9.3 階乘

在數學中，正整數的「階乘」是所有小於及等於該數 n 的正整數的乘積，以 n! 表示。階乘的公式為 n! = n * (n-1) * (n-2) * … * 3 * 2 * 1，例如：
5! = 5 * 4 * 3 *2 * 1 = 120。

範例 ：factorial.cpp

使用階乘函式計算 n! = 1 * 2 * 3 * (n-1) * n 的結果，其中 n 由使用者輸入。
n 的輸入值必須大於等於 1。

執行結果

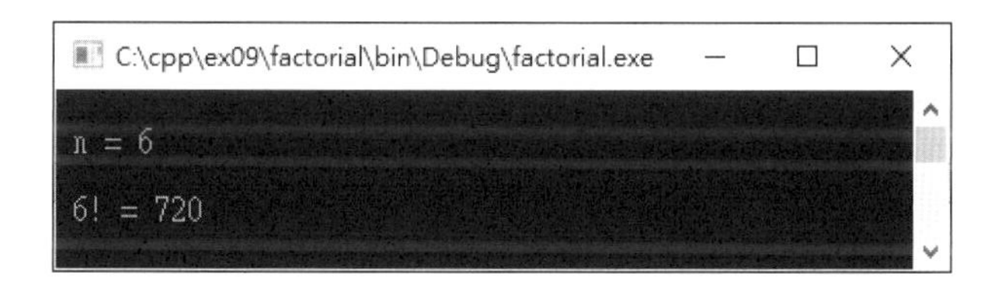

程式碼 FileName：factorial.cpp

```
01 #include <iostream>
02 using namespace std;
03
04 int d(int n){
05     if (n <= 1) {
06         return 1;
07     } else {                    // n>1
08         return n * d(n-1);
09     }
10 }
11
12 int main()
13 {
14     int n, fac;
15     while (true) {
16         cout << "\n n = ";
17         cin >> n;
18         if (n>=1)
19             break;
20         else
21             cout << "\n 輸入資料不符，請重新輸入... \n";
22     }
23     fac = d(n);
24     cout << "\n " << n << "! = " << fac;
25
26     cout << "\n\n";
27     return 0;
28 }
```

說明

1. 第 4~10 行：建立 d(n) 遞迴函式。該函式被呼叫 d(6) 的流程如下所示：

   d(6)
   → return 6 * d(5)
   → return 6 * 5 * d(4)
   → return 6 * 5 * 4 * d(3)
   → return 6 * 5 * 4 * 3 * d(2)
   → return 6 * 5 * 4 * 3 * 2 * d(1)
   → return 6 * 5 * 4 * 3 * 2 * 1
   → return 720 (回傳值)

2. 第 18~21 行：篩選使用者的輸入值是否符合 (n >= 1) 的條件。
3. 第 23 行：呼叫 d(6) 的遞迴計算結果，回傳指定給 fac 變數。

9.4 最大公因數

使用遞迴求兩整數 p、q 之最大公因數 GCD(p, q) 函式的設計，就是將兩數進行輾轉相除法的數學運算。所謂「輾轉相除法」就是將兩數相除，若能整除則除數為最大公因數；若不能整除，則除數變為被除數，餘數變為除數，再將兩數相除，… 以此類推。

範例：gcd.cpp

使用輾轉相除法的遞迴運算設計 GCD(p, q) 函式，求出兩整數 64、96 的最大公因數。

執行結果

程式碼 FileName：gcd.cpp

```
01 #include <iostream>
02 using namespace std;
03
04 int GCD(int p, int q) {
05     int rem;
06     if (p == 0 or q == 0) {
07         return 0;
08     } else {
09         rem = p % q;
10         if (rem == 0)
11             return q;
12         else
13             return GCD(q, rem);
14     }
15 }
16
17 int main()
18 {
19     int n1, n2, res;
20     n1 = 64;
21     n2 = 96;
22     res = GCD(n1, n2);
23     cout << "\n GCD(" << n1 << ", " << n2 << ") = " << res;
24
25     cout << "\n\n";
26     return 0;
27 }
```

說明

1. 第 4~15 行：建立 GCD(p, q) 遞迴函式。該函式被呼叫 GCD(64, 96) 的流程如下：
   GCD(64, 96) → p = 64, q = 96 → 第 9 行：rem(餘數) = 64 % 96 = 64
   → 第 13 行：return GCD(96,64) → p=96, q=64 → 第 9 行：rem=96%64=32
   → 第 13 行：return GCD(64,32) → p=64, q=32 → 第 9 行：rem=64%32=0
   → 第 10,11 行：return 32 (回傳值)
2. 第 22 行：呼叫 GCD(64, 96) 的遞迴計算結果 32，回傳指定給 res 變數。

9.5 費氏數列

西元 1200 年代的歐洲數學家 Fibonacci，在他的著作中曾經提到：「若有一對兔子每個月生一對小兔子，兩個月後小兔子也開始生產。前兩個月都只有一對兔子，第三個月就有兩對兔子，第四個月有三對兔子，第五個月有五對兔子…」。費氏觀察兔子發現，假設兔子都沒有死亡，則每個月兔子的總對數就形成了一種數列，即為「1, 1, 2, 3, 5, 8, 13, 21, 34, 55, 89, 144, …」，這種數列被稱為「費氏數列」。

範例：Fibonacci.cpp

利用遞迴來算出費氏數列。費氏數列值為前面兩個項數的和。如下：
第 1 項和第 2 項的值皆為 1，第 3 項是第 1 項和第 2 項的和，第 4 項是第 2 項和第 3 項的和，… 以此類推。

執行結果

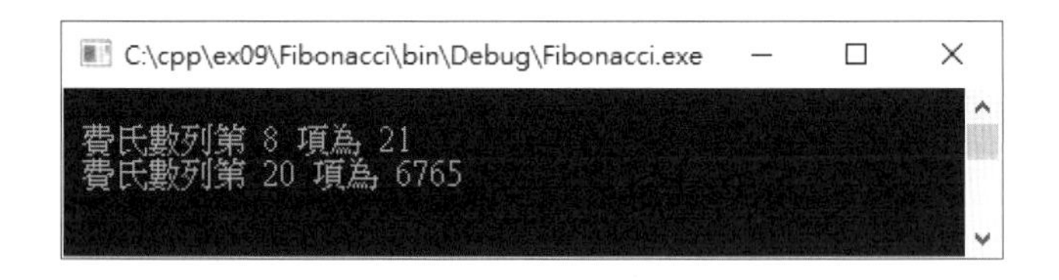

程式碼 FileName：Fibonacci.cpp

```
01 #include <iostream>
02 using namespace std;
03
04 int fib(int n) {
05     if (n == 1 or n == 2)
06         return 1;
07     else
08         return fib(n-1) + fib(n-2);
09 }
10
```

```
11 int main()
12 {
13     int n = 8;
14     cout << "\n 費氏數列第 " << n << " 項為 " << fib(n);
15     n = 20;
16     cout << "\n 費氏數列第 " << n << " 項為 " << fib(n);
17 
18     cout << "\n\n";
19     return 0;
20 }
```

說明

1. 第 4~9 行：建立 fib(n) 遞迴函式。該函式被呼叫 fib(8) 的流程，如下所示：
   fib(8)
   = fib(7)+fib(6)
   = fib(6)+fib(5) + fib(5)+fib(4)
   = fib(5)+fib(4) + fib(4)+fib(3) + fib(4)+fib(3) + fib(3)+1
   = fib(4)+fib(3) + fib(3)+1 + fib(3)+1 + 1+1 + fib(3)+1 + 1+1 + 1+1 + 1
   = fib(3)+1 + 1+1 + 1+1 + 1 + 1+1 + 1 + 1 + 1 + 1+1 + 1 + 1 + 1 + 1 + 1 + 1
   = 1+1 + 1 + 1 + 1 + 1 + 1 + 1 + 1 + 1 + 1 + 1 + 1 + 1 + 1 + 1 + 1 + 1 + 1 + 1 + 1
   = 21 (回傳值)
2. 第 13,14 行：n=8 時，呼叫 fib(8) 遞迴函式。fib(8) 傳回值為 21。
3. 第 15,16 行：n=20 時，呼叫 fib(20) 遞迴函式。fib(20) 傳回值為 6765。

9.6 組合

有 n 個不同的物品，要挑出 m 個的方法數有幾個？這是數學上「組合」的題目，我們用 C(n, m) 來表示。若有針對某個特定物品，會分成兩種互斥情況：

1. 選到這個特定物品，就再從剩下的 n-1 個物品中挑出 m-1 個物品，則會有 C(n-1, m-1) 個方法數。
2. 沒有選到這個特定物品，就再從剩下的 n-1 個物品中挑出 m 個物品，則會有 C(n-1, m) 個方法數。

所以，當 $n = m$ 或 $m = 0$ 時，則 $C(n, m) = 1$；當 $n > m$ 時，則

$C(n, m) = C(n-1, m-1) + C(n-1, m)$。

範例：pascal.cpp

由使用者輸入兩個正整數 n、m，而且 n > m，使用遞迴函式求數學「組合」的 C(n, m) 之值。

執行結果

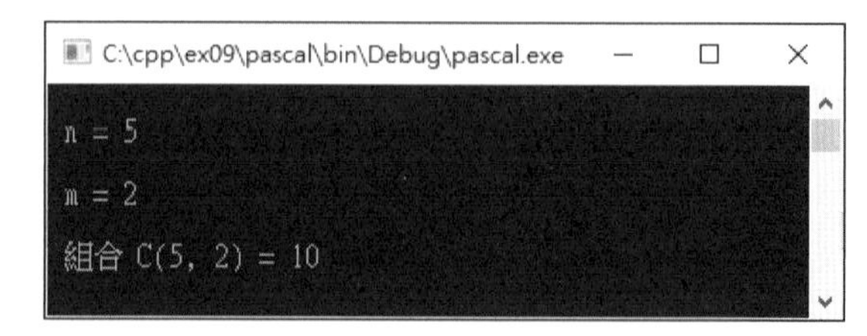

程式碼 FileName：pascal.cpp

```
01 #include <iostream>
02 using namespace std;
03
04 int C(int n, int m) {
05     if (n == m or m == 0)
06         return 1;
07     else
08         return C(n-1, m-1) + C(n-1, m);
09 }
10
11 int main()
12 {
13     int n, m, ans;
14     while (true) {
15         cout << "\n n = ";
16         cin >> n;
17         cout << "\n m = ";
18         cin >> m;
19         if (n>=0 and m>=0 and n>m)
20             break;
21         else
22             cout << "\n 輸入資料不符，請重新輸入...\n";
23     }
24     ans = C(n, m);
25     cout << "\n 組合 C(" << n << ", " << m << ") = " << ans << "\n\n";
26     return 0;
27 }
```

說明

1. 第 4~9 行：建立 C(n, m) 遞迴函式。該函式被呼叫 C(5, 2) 的流程如下所示：

   C(5, 2) = C(4, 1) + C(4, 2)

   = [C(3,0) + C(3,1)] + [C(3,1) + C(3,2)]

   = [1 + C(2, 0) + C(2,1)] + [C(2,0) + C(2,1) + C(2,1) + C(2,2)]

= [1 + 1 + C(1,0) + C(1,1)] + [1 + C(1,0) + C(1,1) + C(1,0) + C(1,1) + 1]
= [1 + 1 + 1 + 1] + [1 + 1 + 1 + 1 + 1 + 1]
= 10 (回傳值)

2. 第 19~22 行：篩選使用者的 n 和 m 的輸入值是否符合條件要求。
3. 第 24 行：呼叫 C(5, 2) 的遞迴計算結果，回傳指定給 ans 變數。

9.7 堆疊

「堆疊」(Stack) 是後進先出 (LIFO) 的概念。就像將一些物品依序放入有底的袋子，因為袋子的出入口只有一個，將物品一一拿出的順序就是後進先出。也像是一疊盤子，最後放上去的盤子會置於最上面，而要使用時，最後放上去的盤子最先取用。

參與堆疊的物品是屬於一個線性串列資料結構，它加入 (Push) 資料時會疊在串列的最上 (前) 端，而刪除 (Pop) 的資料也是從串列的最上 (前) 端開始移除。即最早存放的資料被擺在串列的最下或最末端，會是最晚被移除；最慢放入的資料，會是最先被移除。

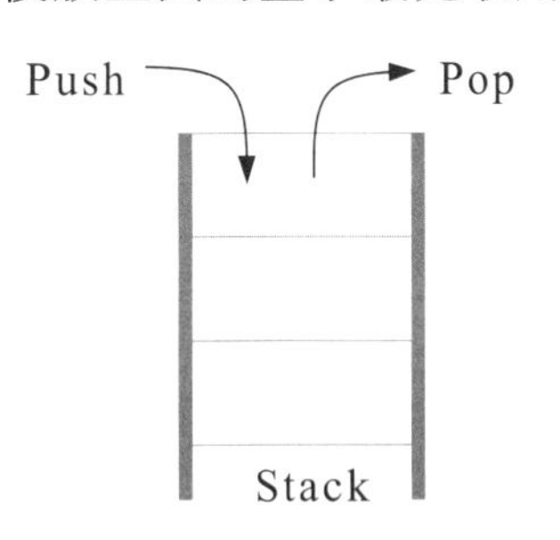

範例：stack.cpp

陣列 arr(4) = {"AAA", "@@@", "$$$", "MMM"}，將其元素依序放入只有一個出入口的袋子，再一一取出。在放入和取出的過程中，觀察這些元素值出現在最上面的順序為何？

執行結果

程式碼 FileName : stack.cpp

```
01 #include <iostream>
02 using namespace std;
03
04 void stack(int m, string arr[]) {
05     static int n=0;
06     cout << "\n " << arr[n] << "  ";
07     if (n >= (m-1)) {
08         return ;
09     } else {
```

```
10          n = n + 1;
11          stack(m, arr);
12      }
13      n = n - 1;
14      cout << "\n " << arr[n] << "  ";
15  }
16
17  int main()
18  {
19      string arr[4] = {"AAA", "@@@", "$$$", "MMM"};
20      stack(4, arr);
21
22      cout << "\n\n";
23      return 0;
24  }
```

說明

1. 第 4 行：m = 4
2. 當 n = 0 時 →第 6 行顯示 arr[0] →第 10 行 n=n+1=1 →第 11 行遞迴呼叫
   當 n = 1 時 →第 6 行顯示 arr[1] →第 10 行 n=n+1=2 →第 11 行遞迴呼叫
   當 n = 2 時 →第 6 行顯示 arr[2] →第 10 行 n=n+1=3 →第 11 行遞迴呼叫
   當 n = 3 時 →第 6 行顯示 arr[3] →第 7 行 →第 8 行 return →回原呼叫行
   →第 13 行，n=n-1=3-1=2 →第 14 行顯示 arr[2] →回原呼叫行
   →第 13 行，n=n-1=2-1=1 →第 14 行顯示 arr[1] →回原呼叫行
   →第 13 行，n=n-1=1-1=0 →第 11 行顯示 arr[0] →回主程式原呼叫行

9.8 多遞迴

所謂「多遞迴」是指兩個以上的遞迴函式彼此呼叫。本節就以兩個函式 F1()、F2() 相互呼叫的例子來做說明。

範例：multRec.cpp

給定兩個函式 F1(m) 及 F2(n)，F1(m) 函式若 m<3 就結束；否則就以參數值 m+2 呼叫 F2() 函式。F2(n) 函式若 n<3 就結束；否則就以參數值 n-1 呼叫 F1() 函式。由主程式先呼叫 F1(1) 函式，接著再讓兩函式彼此呼叫，並列出呼叫時所顯示的資料。

執行結果

程式碼 FileName : multRec.cpp

```
01 #include <iostream>
02 using namespace std;
03
04 void F1(int);
05 void F2(int);
06
07 void F1(int m) {
08     if (m>3) {
09         cout << m << "  ";
10         return;
11     } else {
12         cout << m << "  ";
13         F2(m+2);
14         cout << m << "  ";
15     }
16 }
17
18 void F2(int n) {
19     if (n>3) {
20         cout << n << "  ";
21         return;
22     } else {
23         cout << n << "  ";
24         F1(n-1);
25         cout << n << "  ";
26     }
27 }
28
29 int main()
30 {
31     F1(1);
32     cout << "\n\n";
33     return 0;
34 }
```

說明

1. 第 31 行 F1(1)
   → m=1 → 第 12 行 顯示 1 → 第 13 行 F2(m+2) → F2(3)
   → n=3 → 第 23 行 顯示 3 → 第 24 行 F1(n-1) → F1(2)
   → m=2 → 第 12 行 顯示 2 → 第 13 行 F2(m+2) → F2(4)
   → n=4 → 第 20 行 顯示 4 → 第 21 行 return → 回原呼叫行
   → m=2 → 第 14 行 顯示 2 → 回原呼叫行
   → n=3 → 第 23 行 顯示 3 → 回原呼叫行
   → m=1 → 第 14 行 顯示 1 → 回主程式原呼叫行

2. 多遞迴函式的流程圖如下所示：

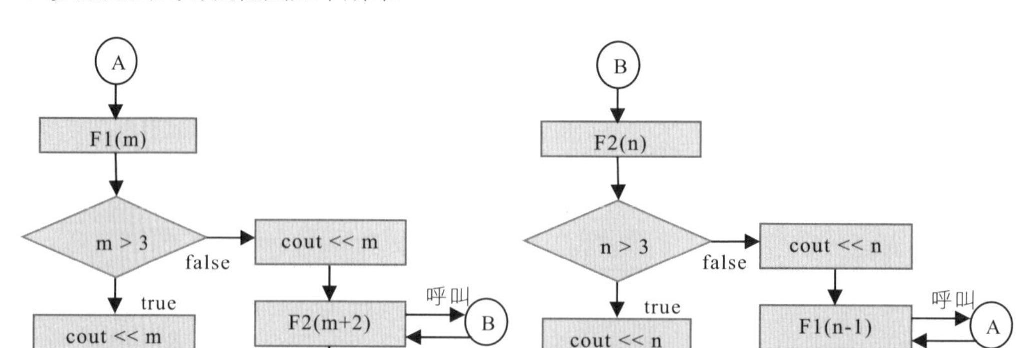

9.9 ACPS 觀念題攻略

題目 (一)

給定右側函式 f( )，當執行 f(10) 時，最終回傳為何？

(A) 1　　(B) 3840　　(C) -3840

(D) 執行時導致無窮迴圈，不會停止執行

```
01 int f(int i) {
02    if (i>0)
03       if(((i/2)%2 == 0))
04          return f(i-2)*i;
05       else
06          return f(i-2)*(-i);
07    else
08       return 1;
09 }
```

說明

1. 答案是(C)，程式檔請參考 test09_1.cpp。
2. 當 i 為奇數時，會符合第 3 行 if(((i/2)%2 == 0)) 條件而執行第 4 行。
   當 i 為偶數時，不會符合第 3 行 if(((i/2)%2 == 0)) 條件而執行第 6 行。
3. f(10) = f(i-2)*(-i) = f(8)*(-10)　　// i = 10
   = (f(6)*(-8)) *(-10)　　// i = 8
   = (f(4)*(-6)) *(-8)*(-10)　　// i = 6
   = (f(2)*(-4)) *(-6)*(-8)*(-10)　　// i = 4
   = (f(0)*(-2)) *(-4)*(-6)*(-8)*(-10)　　// i = 2
   = (1* (-2)) *(-4)*(-6)*(-8)*(-10)　　// i = 0, 第 8 行
   = -3840

題目 (二)

給定右側函式 f( )，已知 f(14)、f(10)、f(6) 分別回傳 25、18、10，函式中的__?__應為何者？

(A) (n+1) / 2　　(B) n / 2

(C) (n-1) / 2　　(D) (n/2) + 1

```
int f(int n) {
    if(n < 2) {
        return n;
    }
    else {
        return (n + f(___?___));
    }
}
```

說明

1. 答案是(B)，程式檔請參考 test09_2.cpp。
2. 用選項(B) n/2 代入，則

   f(14) = 14 + f (7) = 14 + 7 + f(3) = 14 + 7 + 3 + f(1) = 14+7+3+1 = 25

   f(10) = 10 + f (5) = 10 + 5 + f(2) = 10 + 5 + 2 + f(1) = 10+5+2+1 = 18

   f(6) = 6 + f (3) = 6 + 3 + f(1) = 6 + 3 + 1 = 10

題目 (三)

函數 f 定義如下，如果呼叫 f(1000)，指令 sum=sum+i 被執行的次數最接近下列何者？

(A) 1000　　(B) 3000

(C) 5000　　(D) 10000

```
01 int f (int n) {
02    int sum=0;
03    if (n<2) {
04       return 0;
05    }
06    for (int i=1; i<=n; i=i+1) {
07       sum = sum + i;
08    }
09    sum = sum + f(2*n/3);
10    return sum;
11 }
```

說明

1. 答案是(B)，程式檔請參考 test09_3.cpp。
2. 當 n=1000 時，第 7 行的 sum=sum+i; 會執行 1000 次，接著是第 9 行呼叫遞迴函式 f(2*n/3)，即呼叫 f(1000*2/3)。

   當 n=1000*2/3 時，第 7 行的 sum=sum+i; 會執行 1000*2/3 次，接著是第 9 行呼叫 f((1000*2/3)*2/3) 遞迴函式，即呼叫 $f(1000*(2/3)^2)$。

   當 $n=1000*(2/3)^2$ 時，第 7 行的 sum=sum+i; 會執行 $1000*(2/3)^2$ 次，接著是第 9 行呼叫 $f((1000*(2/3)^2)*2/3)$ 遞迴函式，即呼叫 $f(1000*(2/3)^3)$。... 以此類推。
3. 第 7 行會執行的總次數為 $1000 + 1000*2/3 + 1000*(2/3)^2 + 1000*(2/3)^3 + \ldots$，

   這是個等比級數，其首項 A1 = 1000，公比 R = 2/3，則

   總次數的公式為 $Sn = A1 * (1-R^n) / (1-R)$。當 n 很大時，$R^n$ 趨近於 0。

   所以 總次數 ≒ 1000 * (1-0)/(1-2/3) ≒ 3000
4. 呼叫 f(1000)，sum=sum+i 被執行的實際次數是 2980。

題目 (四)

請問以 a(13,15) 呼叫右側 a()函式，函式執行完後其回傳值為何？

(A) 90　　(B) 103

(C) 93　　(D) 60

```
01 int a(int n, int m) {
02   if (n < 10) {
03     if (m < 10) {
04       return n + m ;
05     }
06     else {
07       return a(n, m-2) + m ;
08     }
09   }
10   else {
11     return a(n-1, m) + n ;
12   }
13 }
```

說明

1. 答案是(B)，程式檔請參考 test09_4.cpp。
2. a(13,15) = a(12,15)+13　　// 第 11 行
   = a(11,15)+12+13 = a(11,15)+25　　// 第 11 行
   = a(10,15)+11+25 = a(10,15)+36　　// 第 11 行
   = a(9,15)+10+36 = a(9,15)+46　　// 第 11 行
   = a(9,13)+15+46 = a(9,13)+61　　// 第 7 行
   = a(9,11)+13+61 = a(9,11)+74　　// 第 7 行
   = a(9,9)+11+74 = a(9,9)+85　　// 第 7 行
   = (9 + 9) +85 = 103　　// 第 4 行

題目 (五)

給定 g() 函式如下，則 g(13) 的傳回值為何？

(A) 16　　(B) 18

(C) 19　　(D) 22

```
01 int g(int a) {
02    if (a>1) {
03       return g(a-2)+3;
04     }
05    return a;
06 }
```

說明

1. 答案是(C)，程式檔請參考 test09_5.cpp。
2. g(13) = g(11)+3 = g(9)+3+3 = g(7)+3+6
   = g(5)+3+9 = g(3)+3+12 = g(1)+3+15
   = 1+18 = 19

題目 (六)

給定右側函式 f1() 及 f2()。f1(1) 運算過程中，以下敘述何者為錯？

(A) 印出的數字最大的是 4

(B) f1 一共被呼叫二次

(C) f2 一共被呼叫三次

(D) 數字 2 被印出兩次

```
void f1 (int m) {
  if (m > 3) {
    printf ("%d\n", m);
    return;
  }
  else {
    printf ("%d\n", m);
    f2(m+2);
    printf ("%d\n", m);
  }
}

void f2 (int n) {
  if (n > 3) {
    printf ("%d\n", n);
    return;
  }
  else {
    printf ("%d\n", n);
    f1(n-1);
    printf ("%d\n", n);
  }
}
```

說明

1. 答案是(C)，程式檔請參考 test09_6.cpp。
2. f2() 被呼叫了二次。

題目 (七)

右側程式輸出為何？

(A) bar: 6
    bar: 1
    bar: 8

(B) bar: 6
    foo: 1
    bar: 3

(C) bar: 1
    foo: 1
    bar: 8

(D) bar: 6
    foo: 1
    foo: 3

```
01 void foo (int i) {
02    if (i <= 5) {
03        printf ("foo: %d\n", i);
04    }
05    else {
06        bar(i - 10);
07    }
08 }
09
10 void bar (int i) {
11    if (i <= 10) {
12       printf ("bar: %d\n", i);
13    }
14    else {
15       foo(i - 5);
16    }
17 }
18
19 void main() {
20    foo(15106);
21    bar(3091);
22    foo(6693);
23 }
```

說明

1. 答案是(A)，程式檔請參考 test09_7.cpp。
2. 在 foo() 函式中，當 i > 5 時，會呼叫 bar(i-10)，i 變數值減了 10。 // 第 6 行
   在 bar() 函式中，當 i > 10 時，會呼叫 foo(i-5)，i 變數值減了 5。 // 第 15 行

因此兩函式彼此呼叫一次，i 變數值減了 15。

3. foo(15106) → foo(15*1006+16) → foo(16) → bar(6) → 印出 bar: 6
   bar(3091) → bar(15*205+16) → bar(16) → foo(11) → bar(1) → 印出 bar: 1
   foo(6693) → foo(15*445+18) → foo(18) → bar(8) → 印出 bar: 8

題目 (八)

右側為一個計算 n 階層的函式，請問該如何修改才能得到正確的結果？

(A) 第 2 行，改為 int fac = n;

(B) 第 3 行，改為 if (n > 0) {

(C) 第 4 行，改為 fac = n * fun(n+1);

(D) 第 4 行，改為 fac = fac * fun(n-1);

```
01 int fun(int n) {
02     int fac = 1;
03     if (n >= 0) {
04         fac = n * fun(n-1);
05     }
06     return fac;
07 }
```

說明

1. 答案是(B)，程式檔請參考 test09_8.cpp。
2. 第 3 行，當 n = 0 時，fac 最後會乘以 0，傳回值會為 0。

題目 (九)

右側 g(4) 函式呼叫執行後，回傳值為何？

(A) 6　　(B) 11

(C) 13　　(D) 14

```
01 int f(int n) {
02     if (n > 3) {
03         return 1;
04     } else if (n==2) {
05         return 3 + f(n+1);
06     } else {
07         return 1 + f(n+1);
08     }
09 }
10
11 int g(int n) {
12     int j=0 ;
13     for (int i=1; i<=n-1; i=i+1) {
14         j = j + f(i);
15     }
16     return j;
17 }
```

說明

1. 答案是(C)，程式檔請參考 test09_9.cpp。
2. j = 0 + f(1) + f(2) + f(3)
   f(1) = 1+f(2) = 1+3+f(3) = 1+3+1+f(4) = 1+3+1+1 = 6
   f(2) = 3+f(3) = 3+1+f(4) = 3+1+1 = 5
   f(3) = 1+f(4) = 1+1 = 2
   j = 0 + 6 + 5 + 2 = 13

題目 (十)

右側 Mystery() 函式 else 部分運算式應為何，才能使得 Mystery(9) 的回傳值為 34。

(A) x + Mystery(x-1)

(B) x * Mystery(x-1)

(C) Mystery(x-2) + Mystery(x+2)

(D) Mystery(x-2) + Mystery(x-1)

```
int Mystery (int x) {
   if (x <= 1) {
      return x;
   }
   else {
      return ____________ ;
   }
}
```

說明

1. 答案是(D)，程式檔請參考 test09_10.cpp。

2. 選項(A)，結果為 Mystery(9) = 9+8+7+…+1 = 45。

   選項(B)，結果為 Mystery(9) = 9*8*7*…*1 = 362880。

   選項(C)，結果 遞迴無法結束。

   選項(D)，是個費氏數列，即為「1, 1, 2, 3, 5, 8, 13, 21, 34, 55, 89, 144, …」。

   而 Mystery(9) = Mystery(7) + Mystery(8) = 13 + 21 = 34

題目 (十一)

給定右側 G() 函式及 K() 函式，執行 G(3) 後的傳回值為何？

(A) 5

(B) 12

(C) 14

(D) 15

```
01 int K(int a[], int n) {
02    if (n >= 0)
03       return (K(a, n-1) + a[n]);
04    else
05       return 0;
06 }
07
08 int G(int n) {
09    int a[] = {5,4,3,2,1};
10    return K(a,n);
11 }
```

說明

1. 答案是(C)，程式檔請參考 test09_11.cpp。

2. G(3) = K(a,3) = K(a,2)+a[3] = K(a,1)+a[2]+2 = K(a,0)+a[1]+3+2

   = K(a,-1)+a[0]+4+5 = 0+5+9 = 14

題目 (十二)

右側函式以 F(7) 呼叫後傳回值為 12，則 <condition> 應為何？

(A) a < 3　　(B) a < 2

(C) a < 1　　(D) a < 0

```
01 int F(int a) {
02    if ( <condition> )
03       return 1;
04    else
05       return F(a-2) + F(a-3);
06 }
```

說明

1. 答案是(D)，程式檔請參考 test09_12.cpp。
2. F(7) = F(5)+F(4) = F(3)+F(2) + F(2)+F(1)
   = F(1)+F(0)+F(0)+F(-1) + F(0)+F(-1)+F(-1)+F(-2)
   = F(-1)+F(-2)+F(-2)+F(-3)+F(-2)+F(-3)+1+F(-2)+F(-3)+1+1+1
   = 12

題目 (十三)

右側主程式執行完三次 G()的呼叫後，p 陣列中有幾個元素的值為 0？

(A) 1　　(B) 2
(C) 3　　(D) 4

```
int K (int p[], int v){
   if (p[v]!=v) {
      p[v] = K(p, p[v]);
   }
   return p[v];
}
void G(int p[], int l, int r){
   int a=K(p, l), b=K(p, r);
   if (a!=b) {
      p[b]=a;
   }
}
int main(void){
   int p[5]={0, 1, 2, 3, 4};
   G(p, 0, 1);
   G(p, 2, 4);
   G(p, 0, 4);
   return 0;
}
```

說明

1. 答案是(C)，程式檔請參考 test09_13.cpp。
2. p[5] = {0, 1, 2, 3, 4}
   呼叫 G(p, 0, 1) 時
   a = K(p, 0) → return p[0]，故 a = p[0] = 0
   b = K(p, 1) → return p[1]，故 b = p[1] = 1
   由於符合 if (a!=b) 條件，所以 p[b]=a → p[1]=0
   故 p[5] = {0, 0, 2, 3, 4}
3. 呼叫 G(p, 2, 4) 時
   a = K(p, 2) → return p[2]，故 a = p[2] = 2
   b = K(p, 4) → return p[4]，故 b = p[4] = 4
   由於符合 if (a!=b) 條件，所以 p[b]=a → p[4]=2
   故 p[5] = {0, 0, 2, 3, 2}
4. 呼叫 G(p, 0, 4) 時
   a = K(p, 0) → return p[0]，故 a = p[0] = 0
   b = K(p, 4) → return p[4]，故 b = p[4] = 2
   由於符合 if (a!=b) 條件，所以 p[b]=a → p[2]=0
   故 p[5] = {0, 0, 0, 3, 2}

題目 (十四)

給定右側 G() 函式，執行 G(1) 後所輸出的值為何？

(A) 1 2 3　　(B) 1 2 3 2 1
(C) 1 2 3 3 2 1　　(D) 以上皆非

```
01 void G (int a){
02   printf("%d ", a);
03   if(a>=3)
04      return;
05   else
06      G(a+1);
07   printf("%d ", a);
08 }
```

說明

1. 答案是(B)，程式檔請參考 test09_14.cpp。
2. 當 a=1 時，第 2 行先印出 1，第 6 行呼叫 G(a+1) → G(2)，第 7 行存入堆疊第一層。
3. 當 a=2 時，第 2 行先印出 2，第 6 行呼叫 G(a+1) → G(3)，第 7 行存入堆疊第二層。
4. 當 a=3 時，第 2 行先印出 3，第 3 行條件符合 return。
5. 取出堆疊第二層 G(3)時的第 7 行，印出 a 變數值 2。
6. 取出堆疊第一層 G(2)時的第 7 行，印出 a 變數值 1。

題目 (十五)

右側 G() 應為一支遞迴函式，已知當 a 固定為 2，不同的變數 x 值會有不同的回傳值如下表所示。請找出 G() 函式中 (a) 處的計算式該為何？

(A) ((2*a)+2) * G(a, x -1)
(B) (a+5) * G(a-1, x -1)
(C) ((3*a)-1) * G(a, x -1)
(D) (a+6) * G(a, x -1)

```
01 int G (int a, int x) {
02    if (x == 0)
03       return 1;
04    else
05       return ____(a)____ ;
06 }
```

a 值	x 值	G(a, x) 回傳值
2	0	1
2	1	6
2	2	36
2	3	216
2	4	1296
2	5	7776

說明

1. 答案是(A)，程式檔請參考 test09_15.cpp。
2. 當 a=2, x=0 時，所有的選項皆執行第 3 行，回傳值皆是 1。
3. 當 a=2, x=1 時，執行第 5 行

   選項 (A) → ((2*a)+2) * G(a, x-1) = ((2*2)+2) * G(2, 0) = 6 * 1 = 6。

   選項 (B) → (a+5) * G(a-1, x-1) = (2+5) * G(1, 0) = 7 * 1 = 7。

   選項 (C) → ((3*a)-1) * G(a, x-1) = ((3*2)-1) * G(2, 0) = 5 * 1 = 5。

   選項 (D) → (a+6) * G(a, x-1) = (2+6) * G(2, 0) = 8 * 1 = 8。

題目（十六）

右側 G() 為遞迴函式，G(3, 7) 執行後回傳值為何？

(A) 128　(B) 2187
(C) 6561　(D) 1024

```
01 int G (int a, int x) {
02    if (x == 0)
03       return 1;
04    else
05       return (a * G(a, x -1));
06 }
```

說明

1. 答案是(B)，程式檔請參考 test09_16.cpp。
2. G(3,7) = 3*G(3, 6) = 3*3*G(3,5) = 3*3*3*G(3,4) = 3*3*3*3*G(3,3) = 3*3*3*3*3*G(3,2) = 3*3*3*3*3*3*G(3,1) = 3*3*3*3*3*3*3*G(3,0) = 3*3*3*3*3*3*3*1 = 2187

題目（十七）

右側函式若以 search (1, 10, 3) 呼叫時，search 函式總共會被執行幾次？

(A) 2
(B) 3
(C) 4
(D) 5

```
01 void search(int x, int y, int z){
02    if(x < y) {
03       t = ceiling((x + y)/2);
04       if(z >= t)
05          search(t, y, z);
06       else
07          search(x, t-1, z);
08    }
09 }
註：ceiling()為無條件進位至整數位。例如
ceiling(3.1)=4, ceiling(3.9)=4。
```

說明

1. 答案是(C)。
2. 當第 2 行 if(x < y) 不成立時，就不會再呼叫遞迴，也就是 x >= y 時為遞迴的出口。
3. 第一次呼叫：search (1, 10, 3)，x=1, y=10, z=3，t = ceiling((1+10)/2)=6。
   因 (z >= t) 不成立，所以執行第 7 行 search(1, 6-1, 3)。
4. 第二次呼叫：search (1, 5, 3)，x=1, y=5, z=3，t = ceiling((1+5)/2)=3。
   因 (z >= t) 成立，所以執行第 5 行 search(3, 5, 3)。
5. 第三次呼叫：search (3, 5, 3)，x=3, y=5, z=3，t = ceiling((3+5)/2)=4。
   因 (z >= t) 不成立，所以執行第 7 行 search(3, 4-1, 3)。
6. 第四次呼叫：search (3, 3, 3)，x=3, y=3, z=3，t = ceiling((3+3)/2)=3。
   此時因 x==y，第 2 行 if(x < y) 不成立，使跳離遞迴。

題目 (十八)

給定函式 A1()、A2()與 F()如下，以下敘述何者有誤？

(A) A1(5)印的 '*' 個數比 A2(5)多

(B) A1(13)印的 '*' 個數比 A2(13)多

(C) A2(14)印的 '*' 個數比 A1(14)多

(D) A2(15)印的 '*' 個數比 A1(15)多

```
void A1(int n){
    F(n/5);
    F(4*n/5);
}
```

```
void A2(int n){
    F(2*n/5);
    F(3*n/5);
}
```

```
void F(int x) {
    int i;
    for(i=0; i<x; i=i+1)
        printf("*");
    if (x>1) {
        F(x/2);
        F(x/2);
    }
}
```

說明

1. 答案是(D)，程式檔請參考 test09_18.cpp。
2. 先了解由 F(x) 函式代入不同 x 參數，分別所印出的 '*' 個數：

   F(1) → 1 '*'

   F(2) → 2 '*' + F(2/2) + F(2/2) → 2 '*' + F(1) + F(1) → 4 '*'

   F(3) → 3 '*' + F(3/2) + F(3/2) → 3 '*' + F(1) + F(1) → 5 '*'

   F(4) → 4 '*' + F(4/2) + F(4/2) → 4 '*' + F(2) + F(2) → 12 '*'

   F(5) → 5 '*' + F(5/2) + F(5/2) → 5 '*' + F(2) + F(2) → 13 '*'

   F(6) → 6 '*' + F(6/2) + F(6/2) → 6 '*' + F(3) + F(3) → 16 '*'

   F(7) → 7 '*' + F(7/2) + F(7/2) → 7 '*' + F(3) + F(3) → 17 '*'

   F(8) → 8 '*' + F(8/2) + F(8/2) → 8 '*' + F(4) + F(4) → 32 '*'

   F(9) → 9 '*' + F(9/2) + F(9/2) → 9 '*' + F(4) + F(4) → 33 '*'

   F(10) → 10 '*' + F(10/2) + F(10/2) → 10 '*' + F(5) + F(5) → 36 '*'

   F(11) → 11 '*' + F(11/2) + F(11/2) → 11 '*' + F(5) + F(5) → 37 '*'

   F(12) → 12 '*' + F(12/2) + F(12/2) → 12 '*' + F(6) + F(6) → 44 '*'

3. 選項 (A)

   A1(5) = F(5/5) + F(4*5/5) = F(1) + F(4) = 1 '*'+ 12 '*' = 13 '*'

   A2(5) = F(2*5/5) + F(3*5/5) = F(2) + F(3) = 4 '*'+ 5 '*' = 9 '*'

   選項 (B)

   A1(13) = F(13/5) + F(4*13/5) = F(2) + F(10) = 4 '*'+ 36 '*' = 40 '*'

   A2(13) = F(2*13/5) + F(3*13/5) = F(5) + F(7) = 13 '*'+ 17 '*' = 30 '*'

   選項 (C)

   A1(14) = F(14/5) + F(4*14/5) = F(2) + F(11) = 4 '*'+ 37 '*' = 41 '*'

   A2(14) = F(2*14/5) + F(3*14/5) = F(5) + F(8) = 13 '*'+ 32 '*' = 45 '*'

   選項 (D)

   A1(15) = F(15/5) + F(4*15/5) = F(3) + F(12) = 5 '*'+ 44 '*' = 49 '*'

   A2(15) = F(2*15/5) + F(3*15/5) = F(6) + F(9) = 16 '*'+ 33 '*' = 49 '*'

題目 (十九)

右側 F()函式回傳運算式該如何寫，才會使得 F(14) 的回傳值為 40？

(A) n * F(n-1)　　(B) n + F(n-3)

(C) n - F(n-2)　　(D) F(3n+1)

```
01 int F(int n){
02    if (n < 4)
03       return n;
04    else
05       return ______?______;
06 }
```

說明

1. 答案是(B)，程式檔請參考 test09_19.cpp。
2. 當第 2 行 if(n < 4) 成立時，回傳 n，做為遞迴的出口。而若 n >= 4 時，皆會執行第 5 行進入遞迴。
3. 選項 (A)

   n * F(n-1) = 14*F(14-1) = 14*13*F(13-1) = … = 14*13*12*…*5*4 遠大於 40。

   選項 (B)

   n + F(n-3) = 14+F(14-3) = 14+11+F(11-3) = 14+11+8+5+2 = 40。

   選項 (C)

   n - F(n-2) = 14-F(12) = 14-12+F(10) = 14-12+10-8+6-4+2 = 8。

   選項 (D)

   F(3n+1)，n 會越來越大，遞迴沒有出口。

題目 (二十)

右側函式兩個回傳式分別該如何撰寫，才能正確計算並回傳兩參數 a, b 之最大公因數 (Greatest Common Divisor)？

(A) a, GCD(b,r)　　(B) b, GCD(b,r)

(C) a, GCD(a,r)　　(D) b, GCD(a,r)

```
01 int GCD(int a, int b) {
02     int r;
03     r = a%b;
04     if (r==0)
05        return __________ ;
06     return __________ ;
07 }
```

說明

1. 答案是(B)。
2. 本題是使用輾轉相除法求兩大小不同整數的最大公約數 GCD(a,b)。其步驟是使較大數 a 為被除數，較小數 b 為除數。使用取餘數相除 (第 3 行)，若整除餘數 r 為 0，則回傳較小數 b (第 5 行)；否則，較小數 b 改為較大數，餘數 r 改為較小數，進入遞迴 GCD(b,r) 函式 (第 6 行)。

題目 (二十一)

若以 B(5,2) 呼叫右側 B() 函式，總共會印出幾次 "base case"？

(A) 1 (B) 5

(C) 10 (D) 19

```
int B (int n, int k){
    if (k == 0 || k == n){
        printf("base case\n");
        return 1;
    }
    return B(n-1,k-1)+B(n-1,k);
}
```

說明

1. 答案是(C)。
2. B(5,2) = B(4,1)+B(4,2) = B(3,0)+B(3,1) + B(3,1)+B(3,2) = 1 + 2*B(3,1) + B(3,2) 次
   B(3,1) = B(2,0)+B(2,1) = 1 + B(1,0) + B(1,1) = 3 次
   B(3,2) = B(2,1)+B(2,2) = B(1,0) + B(1,1) + 1 = 3 次
   所以 B(5,2) = 1 + 2*B(3,1) + B(3,2) 次 = 1 + 2*3 + 3 次 = 10 次

題目 (二十二)

若以 G(100) 呼叫右側函式後，n 的值為何？

(A) 25 (B) 75

(C) 150 (D) 250

```
01 int n = 0;
02 void K (int b) {
03     n = n + 1;
04     if (b % 4)
05         K(b+1);
06 }
07 void G (int m) {
08     for (int i=0; i<m; i=i+1) {
09         K(i);
10     }
11 }
```

說明

1. 答案是(D)。
2. 呼叫 G(100) 執行第 7 行，會依序呼叫 K(0) ~ K(99)。
3. 參數 b 以 0~99 呼叫 K(b) 時，b % 4 = r
   若 r = 0，即 b 為 4 的倍數，則以 b 為參數呼叫 K() 函式 1 次，n 累加 1。
   若 r = 1，則分別以 b, b+1, b+2, b+3 為參數呼叫 K() 函式 4 次，n 累加 4。
   若 r = 2，則分別以 b, b+1, b+2 為參數呼叫 K() 函式 3 次，n 累加 3。
   若 r = 3，則分別以 b, b+1 為參數呼叫 K() 函式 2 次，n 累加 2。
4. b=0~99 呼叫 K(b)，用 4 取餘數相除的過程有 25 個循環，每一次 n 共累加 10，故共累加 25*10 = 250。

題目 (二十三)

若以 F(15) 呼叫右側 F() 函式，總共會印出幾行數字？

(A) 16 行　　(B) 22 行

(C) 11 行　　(D) 15 行

```
01 void F(int n){
02   printf("%d\n", n);
03   if((n%2 == 1)&&(n > 1)){
04      return F(5*n+1);
05   }
06   else {
07      if(n%2 == 0)
08         return F(n/2);
09   }
10 }
```

說明

1. 答案是(D)，程式檔請參考 test09_23.cpp。
2. 當第 3 行 if((n%2 == 1)&&(n > 1)) 條件成立時，呼叫 F(5*n+1) 遞迴函式；而且第 7 行 if(n%2 == 0) 條件成立，為呼叫 F(n/2) 遞迴函式。
3. F(15) → 印出 15，呼叫 F(5*15+1) = F(76)
   F(76) → 印出 76，呼叫 F(76/2) = F(38)
   F(38) → 印出 38，呼叫 F(38/2) = F(19)
   F(19) → 印出 19，呼叫 F(5*19+1) = F(96)
   F(96) → 印出 96，呼叫 F(96/2) = F(48)
   F(48) → 印出 48，呼叫 F(48/2) = F(24)
   F(24) → 印出 24，呼叫 F(24/2) = F(12)
   F(12) → 印出 12，呼叫 F(12/2) = F(6)
   F(6) → 印出 6，呼叫 F(6/2) = F(3)
   F(3) → 印出 3，呼叫 F(5*3+1) = F(16)
   F(16) → 印出 16，呼叫 F(16/2) = F(8)
   F(8) → 印出 8，呼叫 F(8/2) = F(4)
   F(4) → 印出 4，呼叫 F(4/2) = F(2)
   F(2) → 印出 2，呼叫 F(2/2) = F(1)
   F(1) → 印出 1，跳離遞迴函式
   共印出 15 行數字

題目 (二十四)

若以 F(5,2) 呼叫右側 F()函式，執行完畢後回傳值為何?

(A) 1　　(B) 3

(C) 5　　(D) 8

```
01 int F (int x,int y){
02   if(x<1)
03     return 1;
04   else
05     return F(x-y,y)+F(x-2*y,y);
06 }
```

說明

1. 答案是(C)，程式檔請參考 test09_24.cpp。
2. F(5,2) = F(5-2,2) + F(5-2*2,2) = F(3,2) + F(1,2)。
   = F(1,2)+F(-1,2) + F(1,2) = 2* F(1,2) + 1
   = 2 * (F(-1,2)+F(-3,2)) + 1 = 2 * 2 + 1 = 5

9.10 習題

選擇題

1. 函式呼叫自己本身的方式，稱為？
   (A) 迴圈 (B) 遞迴 (C) 堆疊 (D) 循環函式
2. 遞迴函式是被何者呼叫？
   (A) 主程式 (B) 其它函式 (C) 自身函式 (D) 以上皆是
3. 下列何者是階乘的公式？
   (A) sum = 1 – 4 + 7 – 10 + 13 – … – (n-3) + n
   (B) C(n, m) = C(n-1, m-1) + C(n-1, m)
   (C) n! = n * (n-1) * (n-2) * … * 3 * 2 * 1
   (D) 以上皆非
4. 使用「輾轉相除法」的遞迴運算，是用來解下列何者？
   (A) 最大公因數 (B) 費式數列 (C) 巴斯卡定理 (D) 等差數列
5. 下列數列，何者是費氏數列？
   (A) 1, 2, 3, 4, 5, 6, 7, 8, 9, 10, 11, 12…
   (B) 1, -4, 7, -10, 13, -16, 19, …
   (C) 1, 1, 2, 3, 5, 8, 13, 21, 34, 55, 89, …
   (D) 1, 2, 6, 24, 120, 720, 5040, …

指標

CHAPTER 10

10.1 指標簡介

在前面章節所談及的變數是一般變數，就是變數裡面所存放的是變數本身的資料，只要指定變數名稱即可存取其內容。C++語言另外提供一種存取變數的方法，就是「指標變數」(Pointer variable)。在指標變數裡面所存放的不是變數的內容 (變數值)，而是該變數在主記憶體中的位址 (address)，變數位址也就是指標 (Pointer)，透過指標找到變數的位置就可以存取變數值。使用指標變數可以增加程式的彈性，也能提高程式執行效率。

指標變數存取資料的方式和一般變數是不一樣，譬如「一般變數」就好像要向張三拿一份文件，只要找到張三便馬上拿到資料，是採直接存取方式。而「指標變數」是要先找到張三，張三才會告知資料存在李四處，是採間接存取方式。例子中張三就像指標變數，李四就是指標，而李四的文件就是變數值。換言之，一般變數和指標變數兩者存取資料的方式不同，一般變數裡面所存放的是資料本身，存取資料是採直接方式；指標變數裡面所存放的是某個資料的位址，存取資料是採間接取值。

程式中需要使用到指標變數的時機如下：

1. 函式必須傳回一個以上的值時。
2. 函式間若需要傳遞陣列或字串資料時。
3. 利用指標來存取字串或陣列的資料，不必移動資料較易處理。
4. 有些複雜的資料結構，使用指標構成鏈結串列較易處理。
5. 能靈活應用動態配置記憶空間，在程式執行時能減少所占用的記憶空間。

10.2 指標變數的宣告

當使用 C++語言來設計程式時，程式中使用到的變數必須先宣告才能使用。由於指標變數亦是變數的一種，當然也必須先經過宣告才能使用，其宣告方式如下：

```
語法  資料型別 *變數名稱 [, *變數名稱 …];
```

可宣告一或多個指標變數，指標變數實際存放的資料是變數的位址。例如執行 int *ptr; 敘述，會宣告 ptr 為一個指標變數，ptr 裡面存放一個記憶體位址 (指標)，而且該位址指到的地方只允許存放整數資料。經過宣告後，若是 32 位元的 C++語言編譯器，會在記憶體中找出連續四個記憶體位址 (簡稱位址) 給 ptr 使用。譬如下圖假設找出記憶位址 22ff70 ~ 22ff73 共四個位址給 ptr 使用，22ff70 即為 ptr 的起始位址。由於目前只宣告 ptr 是一個指標變數，尚未將指標放入 ptr 裡面，因此只是保留位址而已：

變數名稱	記憶體位址	記憶體內容
	22ff6c-22ff6f	
ptr	**22ff70**-22ff73	?
	22ff74-22ff77	

簡例

```
float *ptr1;         //宣告 ptr1 為指標變數，它所指的位址存放的是浮點數資料
double *ptr2;        //宣告 ptr2 為指標變數，它所指的位址存放的是倍精確度資料
char *ptr3,*ptr4;    //宣告 ptr3、ptr4 為指標變數，它所指的位址存放的是字元資料
```

當宣告指標變數後，編譯器會保留連續位址給變數使用，但是編譯器不會將這些位址內原來存放的資料內容清掉，若未先指定資料的位址給變數，便直接存取指標變數資料會發生錯誤。為避免此現象發生，可以先將指標變數裡面先存放 NULL，表示目前尚未指向任何資料。例如：清空 ptr 指標變數內容寫法如下：

```
ptr = NULL;
```

10.3 指標運算子

C 和 C++語言是透過 & (取址運算子) 和 * (間接運算子) 來處理有關指標的運算，程式中靈活使用指標運算子，可使得程式存取資料時能更加有彈性。

10.3.1 & 取址運算子

&(取址運算子) 是用來取得等號右邊變數在記憶體位址，再將此記憶體位址放入給等號左邊指標變數裡面。其語法如下：

語法	指標變數 = &變數;

說明

1. & 運算子用來取得指定變數的記憶體位址。
2. & 後面只能接變數名稱，不能接常數或是運算式。

簡例

```
int *ptr;
int num = 10;
ptr = &num;
```

說明

1. 執行後會將 num 整數變數的記憶體位址，存入 ptr 指標變數中，所以 ptr 和 num 變數的內容是不相同。各變數內容和相關記憶體配置如下：

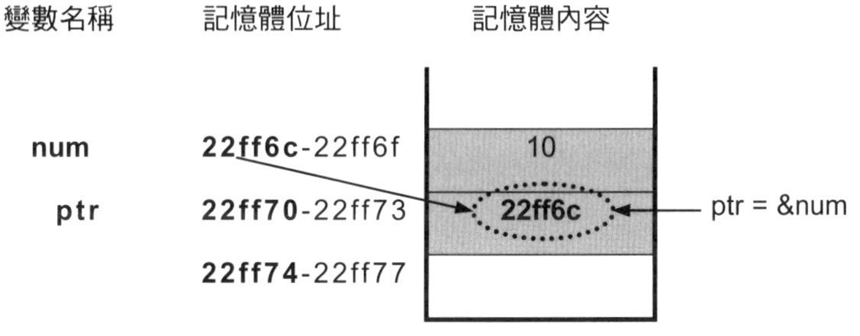

2. 因為宣告指標變數時也可同時設定初值，所以簡例的三行敘述可以縮減成兩行，寫法如下：

```
int *ptr;          左邊三行可改寫成：
int num=10;        int num=10 ;
ptr=&num;          int *ptr=&num;
```

10.3.2 * 間接運算子

由於指標變數裡面是存放某個資料的位址，指標變數前面使用 * 間接運算子，就可以取得指標變數所指位址內的資料。其語法如下：

語法	變數 = *指標變數;

簡例

```
int *ptr;
int num = 10;
ptr = &num;
num = *ptr + 5;
```

說明

1. 將 ptr 指標所指位址（例如 22ff6c 位址）內的資料（10）取出加 5，運算結果為 15，再將 15 放回 num 整數變數內。
2. 各變數存取的過程，和相關記憶體配置如下圖所示：

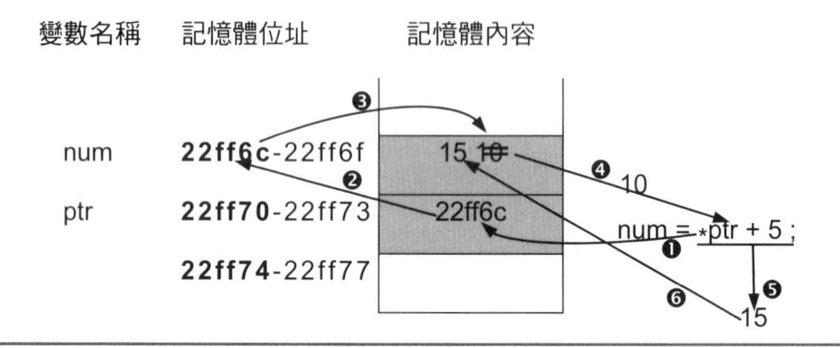

簡例

```
int *ptr ;          // 宣告 ptr 為指標變數，假設其記憶體位址在 22ff70
int num1 = 10 ;     // 宣告 num1 是整數變數，假設其記憶體位址在 22ff6c
                    // 並給予初值 10，即記憶體位址 22ff6c 的記憶體內容為 10
int num2;           // 宣告 num2 是整數變數，假設其記憶體位址在 22ff68，並沒有初值
ptr = &num1;        // 將 num1 的位址放入 ptr 中，ptr 的記憶體內容為 22ff6c
num2 = *ptr;        // 將 ptr 所指到位置即位址 22ff6c 內的資料 10 放入 num2 變數中
```

說明

1. 程式執行時先將 ptr 指到 num1 整數變數上，接著再將 ptr 所指到的資料指定給 num2 變數，相當於使用間接方式將 num1 的值指定給 num2。
2. 上述五行程式片段執行後的記憶體配置情形如下圖所示：

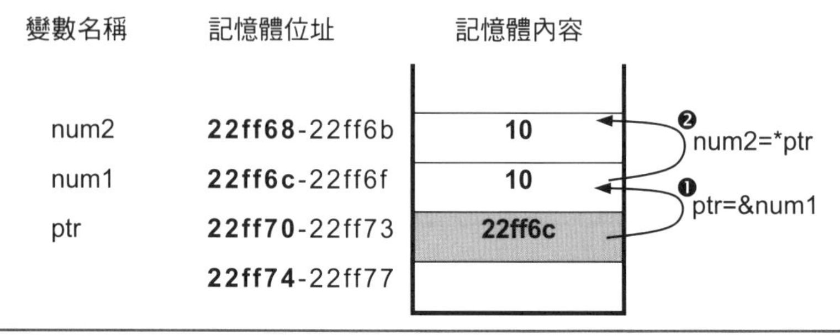

範例： pointer1.cpp

顯示指標變數及資料在記憶體的位址，來觀察指標變數及資料之間的關係。

執行結果

```
1. &ptr1=0x6ffe28     &ptr2=0x6ffe20
2. &num1=0x6ffe1c     &num2=0x6ffe18     &num3=0x6ffe14
3. ptr1=0x6ffe1c      *ptr1=10
4. num1=10     &num1=0x6ffe1c
5. num2 =10        *ptr1=10
6. ptr2=0x6ffe1c     ptr1=0x6ffe1c     *ptr1=10     *ptr2=10
7. *ptr2=10        *ptr2+5=15       num3=15

Process returned 0 (0x0)   execution time : 0.094 s
Press any key to continue.
```

程式碼 FileName : pointer.cpp

```
01 #include <iostream>
02 using namespace std;
03
04 int main()
05 {
06     int *ptr1, *ptr2;
07     int num1= 10, num2, num3;
08
09     cout << "1. &ptr1=" << &ptr1 << "\t &ptr2=" << &ptr2 << endl;
10     cout<<"2. &num1="<<&num1<<"\t &num2="<<&num2<<
           "\t &num3="<<&num3<<endl;
11
12     ptr1=&num1;
13     cout << "3. ptr1=" << ptr1 << "\t *ptr1=" << *ptr1 << endl;
14     cout << "4. num1=" << num1 << "\t &num1=" << &num1 << endl;
15
16     num2=*ptr1;
17     cout << "5. num2 =" << num2 << "\t *ptr1=" << *ptr1 << endl;
18
19     ptr2=ptr1;
20     cout<<"6. ptr2="<<ptr2<<"\t ptr1="<<ptr1<<"\t *ptr1="<<*ptr1<<
           "\t *ptr2="<<*ptr2<<endl;
21
22     num3=*ptr2 + 5;
23     cout << "7. *ptr2=" << *ptr2 << "\t *ptr2+5=" << *ptr2+5 << "\t num3="
             << num3 << endl;
24     return 0;
25 }
```

說明

1. 第 6、7 行：分別宣告指標變數 ptr1、ptr2，以及整數變數 num1、num2、num3，其中 num1 有指定初值為 10。注意實際執行後的記憶體位址會有所不同，假設記憶體配置如下圖：

變數	位址	內容
num3	**6ffe14**-6ffe17	?
num2	**6ffe18**-6ffe1b	?
num1	**6ffe1c**-6ffe1f	**10**
ptr2	**6ffe20**-6ffe27	?
ptr1	**6ffe28**-6ffe2f	?

2. 第 12 行：ptr1=&num1; 該敘述會將 num1 的位址 6ffe1c 放入 ptr1 變數內容中，表示 ptr1 指到 num1 的變數位址。記憶體配置如下圖：

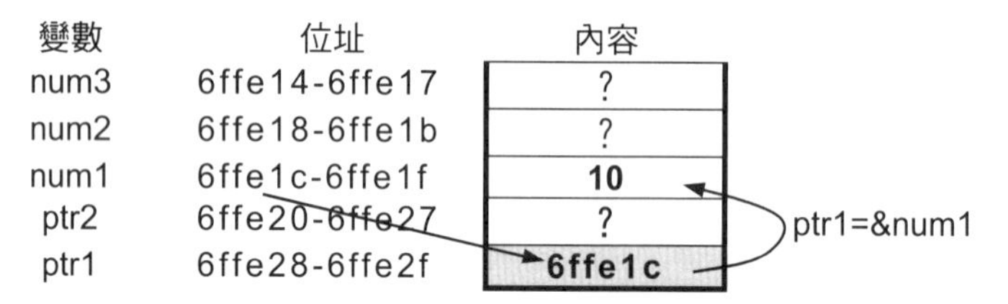

3. 第 16 行：num2=*ptr1; 該敘述會將 ptr1 指標變數所指位址 (6ffe1c) 的內容 10，放入 num2 整數變數內。記憶體配置如下圖：

變數	位址	內容
num3	6ffe14-6ffe17	?
num2	6ffe18-6ffe1b	**10**
num1	6ffe1c-6ffe1f	10
ptr2	6ffe20-6ffe27	?
ptr1	6ffe28-6ffe2f	**6ffe1c**

*ptr1→ num2

4. 第 19 行：ptr2=ptr1; 該敘述，會將 ptr1 位址的內容 6ffe1c 指定給 ptr2，由於 ptr1 裡面所存放的是 num1 位址，因此 ptr2 裡面亦存放 num1 的位址，表示 ptr1 和 ptr2 都指到 num1。記憶體配置如下圖：

變數	位址	內容
num3	6ffe14-6ffe17	?
num2	6ffe18-6ffe1b	10
num1	6ffe1c-6ffe1f	10
ptr2	6ffe20-6ffe27	**6ffe1c**
ptr1	6ffe28-6ffe2f	6ffe1c

5. 第 22 行：num3=*ptr2+5; 敘述，會將 ptr2 所指到位址 (即 num1 位址) 裡面所存放的內容 10 加上 5，存入 num3 變數中，因此 num3 裡面的內容變成 15。記憶體配置如下圖：

變數	位址	內容
num3	6ffe14-6ffe17	**10 + 5**
num2	6ffe18-6ffe1b	10
num1	6ffe1c-6ffe1f	10
ptr2	6ffe20-6ffe27	**6ffe1c**
ptr1	6ffe28-6ffe2f	6ffe1c

10.4 多重指標變數

指標變數也可以再指向另一個指標變數，這種指標稱為「多重指標」或是「指標的指標」。譬如用「多重變數」方式來拿一份文件，要先找到張三，張三會告知資料在李四處，李四又告知資料在王五處，最後在王五那裡拿到文件，這是種間接再間接的存取方式。多重指標通常使用在多維陣列、鏈結串列資料結構，以及要將函式所傳入指標內容改變的時候。宣告多重指標變數的語法如下：

語法一
```
資料型別 **指標變數 1 = &指標變數 2;
```

語法二
```
資料型別 *(*指標變數 1) = &指標變數 2;
```

說明

1. 宣告指標變數 1 為雙重指標變數，其內容為指標變數 2 的位址。
2. 用 ** 宣告的多重指標變數，稱為雙重指標變數。如果使用 *** 宣告多重指標變數，稱為三重指標變數。

簡例

```
01 int num=3;              // 宣告整數變數 num 的初值為 3
02 int *ptr1=&num;         // 宣告 ptr1 為指標變數，指向 num 整數變數
03 int **ptr2=&ptr1;       // 宣告 ptr2 為雙重指標變數
04 int ***ptr3=&ptr2;      // 宣告 ptr3 為三重指標變數
```

說明

1. 第 1,2 行：程式片段執行後的記憶體配置情形如下圖所示：

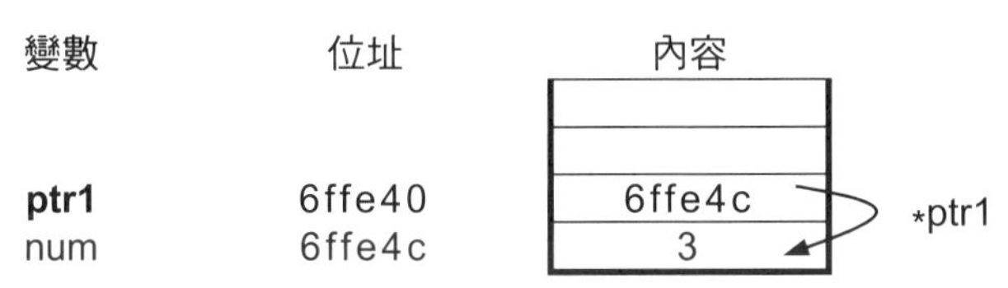

2. 第 3 行：宣告 prt2 為雙重指標變數，其內容指向 prt1。執行後的記憶體配置情形如下圖所示，由圖可知 ptr2 的內容是 ptr1 的位址，使得執行**ptr2 時，ptr2 先指向 ptr1，再透過 ptr1 取得 num 變數的內容。

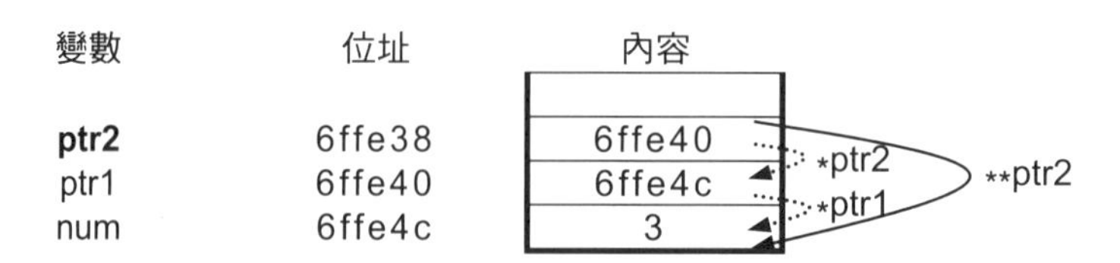

3. 第 3 行：此行敘述也可以改寫為：

```
int *(*ptr2) = &ptr1;
```

4. 第 4 行：此行敘述是宣告 ptr3 為三重指標變數，其內容指向 prt2。執行後的記憶體配置情形如下圖所示，由圖可知 ptr3 的內容為 ptr2 的位址，執行***ptr3 時，ptr3 先指向 ptr2，再由 ptr2 指到 ptr1，再透過 ptr1 取得 num 變數的內容。

變數	位址	內容
ptr3	6ffe30	6ffe38
ptr2	6ffe38	6ffe40
ptr1	6ffe40	6ffe4c
num	6ffe4c	3

*ptr3 *ptr2 *ptr1 ***ptr3

5. 由上面四個敘述可知 num 為整數變數、ptr1、ptr2、ptr3 為指標變數，ptr3 指向 ptr2、ptr2 指向 ptr1，ptr1 指向 num。因此，可以 ptr1、ptr2、ptr3 指標變數配合「*」間接運算子來存取 num 整數變數的內容。各變數記憶體配置改以直線方式表示如下：

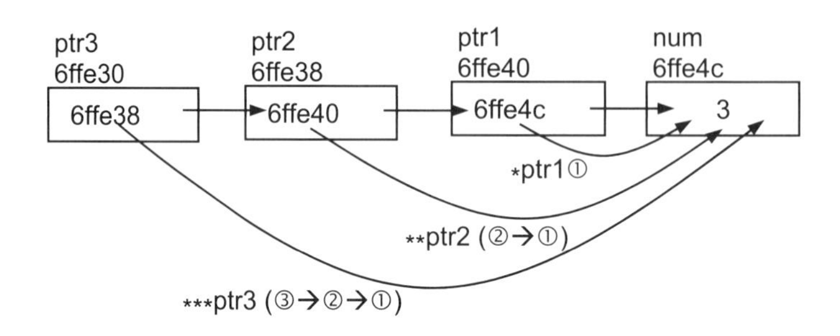

6. 若想將 num 的值修改為 10，透過 ptr1 指標變數來修改，可以寫為 *ptr1=10; ，這是因為 ptr1 指標變數直接指向 num，所以只要使用一個 *間接運算子 即可。若想透過 ptr2 指標變數來修改，可以寫為 **ptr2=10;，這是因為 ptr2 先指向 ptr1，再由 ptr1 指向 num 取其內容，因此必須使用兩個 **間接運算子，其它以此類推…。

10.5 指標與陣列

在前面章節中，對於陣列裡面元素的存取是透過索引值來處理，為了提高程式的執行效率，可改用指標來存取陣列中某個元素。因為指標變數是單一變數，透過它可以隨意指到陣列中任一個元素，不像使用陣列索引需經數值運算後才能指到元素本身，因此使用指標變數可以改善程式的執行效率。但是如何將指標和陣列連用呢？您只要將指標變數指向陣列名稱或是陣列的第一個元素，此時指標將指向陣列的起始位址，語法如下：

語法一	指標變數 = 陣列名稱 ;
語法二	指標變數 = &陣列名稱[0] ;

10.5.1 指標如何存取陣列

將指標指向陣列的起始位址後，就可以用指標來存取陣列指定索引的陣列元素值，方式有取值和取址兩種，語法如下：

語法一	*(陣列名稱 + 索引)
語法二	&陣列名稱[索引]

說明

1. 語法一為用指標取得陣列指定索引元素值的方式，等於 陣列名稱[索引] 的寫法。
2. 語法二為用指標取得陣列指定索引元素位址的方式。

簡例

```
01 int a[5] ={10, 20, 30, 40, 50};
02 int b, c, *ptr;
03 ptr = a ;
04 b = *ptr;
05 c = *(ptr+2);
```

說明

1. 第 1 行：宣告一個名稱為 a 的整數陣列，系統會在記憶體中保留連續不中斷 20 個記憶體位址給 a[0]~a[4] 使用，每個陣列元素占用四個位址，同時將 10、20、30、40、50 依序放入 a[0] ~ a[4] 中。
2. 第 2 行：宣告 b、c 為整數變數，ptr 為指向整數變數的指標變數。
3. 第 3 行：將陣列名稱指定給 ptr 指標變數，也可以指向陣列的第一個元素，其寫法如下：

```
ptr = &a[0];
```

4. 第 4 行：將目前 ptr 指向陣列中的第一個元素的內容指定給變數 b。
5. 第 5 行：若目前 ptr 指向第一個元素 a[0]，則 *(ptr+2) 表示將指標 ptr 往下移動兩個元素，即指向 a[2]，將 a[2] 的內容 30 指定給變數 c。

索引取址	陣列元素	位址	陣列內容	指標取值	指標取位址
&a[0]	a[0]	22ff64	10	*(ptr+0)	ptr
&a[1]	a[1]	22ff68	20	*(ptr+1)	ptr+1
&a[2]	a[2]	22ff6c	30	*(ptr+2)	ptr+2
&a[3]	a[3]	22ff70	40	*(ptr+3)	ptr+3
&a[4]	a[4]	22ff74	50	*(ptr+4)	ptr+4

6. 由上表可知，指標變數也可以做運算，但是只能做加法、減法和比較運算而已，例如：ptr+1、ptr-1。將指標變數加 1，表示將指標往下移一個資料大小的位址；指標變數減 1 表示指標往上移一個資料大小的位址。所以在陣列中指標位址的計算方式為：

   陣列元素位址 ＝ 陣列起始位址 ＋ 元素索引 × 資料型別大小

   譬如上表整數陣列 a 的起始位址為 22ff64，則 a[3] 位址為

   22ff64+3×4 = 22ff7016

範例： pointer2.cpp

請宣告一個整數陣列 a[6] 來儲存座號 1～6 同學的成績，依序輸入成績，計算並顯示六位同學的平均成績。請以指標方式存取資料，操作畫面參考下面輸出結果。

執行結果

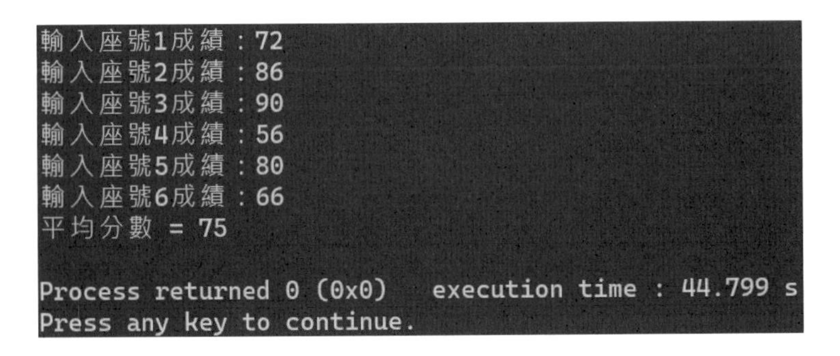

程式碼 FileName：pointer2.cpp

```
01 #include <iostream>
02
03 using namespace std;
04
05 int main()
```

```
06 {
07     int a[6];
08     int *ptr = a;
09     int i, j;
10
11     for(i = 0; i < 6; i ++){
12         printf("輸入座號%d成績：", i + 1);
13         cin >> *(ptr + i);
14     }
15     for(j = 0, i = 0; i < 6; i ++)
16         j += *(ptr + i);
17     cout << "平均分數 = " << j / 6.0 << endl;
18     return 0;
19 }
```

說明

1. 第 8 行：宣告一個指向陣列 a 的指標變數 ptr。
2. 第 11~14 行：成績輸入介面。
3. 第 15~16 行：利用 for 迴圈，以指標取陣列元素值的方式，逐一讀取陣列的元素值。

10.5.2 多維陣列指標的操作

由上一小節知道一維陣列經宣告後，系統自動將陣列元素逐一放入連續記憶體位址內，而且是按照陣列的索引值由小而大，配置由低至高記憶體位址給陣列各元素。若是二維陣列，會以列為主 (Row-Majored) 方式，先將第 0 列的所有陣列元素由低位址往高位址存入記憶體，接著第二列、第三列…以此類推下去。因此，要使用指標變數來操作多維陣列，與一維陣列的方式是一樣的。

簡例

```
01 int a[2][2][3] = {{{10,11,12},{13,14,15}},{{16,17,18},{19,20,21}}};
02 int *ptr = a[0][0];
03 int b = *(ptr + 5);
```

說明

1. 第 1 行：宣告一個三維陣列，並設定初值。
2. 第 2 行：宣告 ptr 為一個指到整數陣列 a 第一元素的指標變數。

3. 第 3 行：目前指標指到陣列的第一個元素，將指標下移五個陣列元素的位址，即取得 a[0][1][2] 陣列元素裡面的內容 15，然後將取得的 15 指定給 b 整數變數。相當於取得陣列中的第五個元素指標的表示圖如下：

陣列元素	記億位址	陣列內容	指標取值	指標取位址
a[0][0][0]	22ff48	**10**	***(ptr+0)**	**ptr**
a[0][0][1]	22ff4c	11	*(ptr+1)	ptr+1
a[0][0][2]	22ff50	12	*(ptr+2)	ptr+2
a[0][1][0]	22ff54	13	*(ptr+3)	ptr+3
a[0][1][1]	22ff58	14	*(ptr+4)	ptr+4
a[0][1][2]	22ff5c	**15**	***(ptr+5)**	**ptr+5**
a[1][0][0]	22ff60	16	*(ptr+6)	ptr+6
a[1][0][1]	22ff64	17	*(ptr+7)	ptr+7
a[1][0][2]	22ff68	18	*(ptr+8)	ptr+8
a[1][1][0]	22ff6c	19	*(ptr+9)	ptr+9
a[1][1][1]	22ff70	20	*(ptr+10)	ptr+10
a[1][1][2]	22ff74	21	*(ptr+11)	ptr+11

範例：pointer3.cpp

透過指標來顯示三維陣列全部的元素值。

執行結果

```
*(ptr+0)=111
*(ptr+1)=112
*(ptr+2)=113
*(ptr+3)=121
*(ptr+4)=122
*(ptr+5)=123
*(ptr+6)=211
*(ptr+7)=212
*(ptr+8)=213
*(ptr+9)=221
*(ptr+10)=222
*(ptr+11)=223

Process returned 0 (0x0)   execution time : 0.031 s
Press any key to continue.
```

程式碼 FileName : pointer3.cpp

```
01 #include <iostream>
02 using namespace std;
03
04 int main()
05 {
06     int a[2][2][3]=
         {{{111,112,113},{121,122,123}},{{211,212,213},{221,222,223}}};
07     int *ptr=a[0][0];
```

```
08
09    for (int i = 0; i < 12; i ++)
10        cout << "*(ptr+" << i << ")=" << *(ptr+i) << endl;
11    return 0;
12 }
```

說明

1. 第 6 行：宣告一個陣列名稱為 a 的三維整數陣列，並給予該陣列初值。
2. 第 7 行：宣告一個名稱為 ptr 的指標變數，ptr 指標變數指向 a 起始位址。
3. 第 9~10 行：使用 for 迴圈與 ptr 指標變數，逐一取得 a 三維陣列每個元素的內容。迴圈的終值<12，12 是三維索引 2x2x3 求得。若改用陣列索引來存取資料，就必須使用三層 for 迴圈才能達到。

10.6 指標與函式

10.6.1 傳值呼叫

C 語言函式引數的傳遞方式，預設為傳值呼叫 (Call By Value)。呼叫函式若採傳值呼叫，當呼叫函式 (Calling Function) 呼叫被呼叫函式 (Called Function) 時，會將呼叫函式小括號內的實引數複製一份給對應的虛引數，兩種引數所占用的記憶體位址不同。因此，在執行被呼叫函式時裡面的引數值有變動，是不會影響到呼叫函式的實引數值。其使用時機是呼叫函式只要將值傳給被呼叫的函式，但不將結果傳回時使用，此種傳值呼叫可以防止被呼叫函式更改到呼叫函式中的變數。

10.6.2 傳址呼叫

「傳址呼叫」(Call By Adress) 就是函式在做引數傳遞時，呼叫函式中的實引數是將自己本身的記憶體位址傳給被呼叫函式內的虛引數。因此，採傳址呼叫的使用時機是希望將傳回一個以上的結果時使用。傳址呼叫的設定方式是：定義的函式小括號內的虛引數必須宣告為指標變數 (即在變數前面加上*)，而呼叫函式內的實引數必須傳送變數的記憶體位址 (即變數前面加上&)。

例如建立一個 swap 函式，可以將傳入的兩個整數變數的值交換，因為要將交換後的值傳回，所以需要用傳址呼叫。其函式原型的宣告寫法如下：

```
void swap(int *, int *);          // 函式原型宣告中引數的資料型別後面加上 * 符號
```

swap 函式的虛引數必須使用指標變數，寫法如下：

```
void swap(int *x , int *y)   {        // 虛引數加上 * 符號，表示傳址呼叫
      ⋮
}
```

呼叫 swap 函式時，實引數必須加 & 運算子取變數的位址，寫法如下：

```
swap( &a , &b);
```

10.6.3 傳參考呼叫

「傳參考呼叫」(Call By Reference) 就是使用 C++新提供的參考型別來做函式的引數傳遞。例如下面敘述：

```
int x = 10;
int & y = x;
```

int &的意思是「對 int 型別之變數的參考」，以本例來說 y 是 x 的參考，自宣告參考型別後，任何對 x 的存取，皆會同步影響 y。使用參考型別可避免傳址呼叫那種容易混淆的語法，又可達到傳址呼叫的效果。

上面 swap 函式改用傳參考呼叫，其函式原型的宣告寫法如下：

```
void swap(int &, int &);          // 函式原型宣告中引數的資料型別後面加上 & 符號
```

swap 函式的虛引數必須使用 & 運算子，寫法如下：

```
void swap(int & x , int & y)   {     // 引數加上 & 運算子，表示傳參考呼叫
      ⋮
}
```

呼叫採傳參考呼叫的 swap 函式時，實引數不必須再加 & 運算子，寫法如下：

```
swap( a , b);
```

範例： swap.cpp

分別使用傳值、傳址與傳參考呼叫方式，來執行 swap 交換變數函式，並觀察呼叫前後的引數變化。

```
傳值呼叫函式中 x=20 y=10
函式呼叫後 x=10 y=20
傳址呼叫函式中 x=20 y=10
函式呼叫後 x=20 y=10
傳參考呼叫函式中 x=10 y=20
函式呼叫後 x=10 y=20

Process returned 0 (0x0)   execution time : 0.094 s
Press any key to continue.
```

程式碼 FileName：swap.cpp

```
01 #include <iostream>
02 using namespace std;
03 void swap1(int , int);      //傳值函式宣告
04 void swap2(int *, int *);   //傳址函式宣告
05 void swap3(int &, int &);   //傳參考函式宣告
06
07 int main()
08 {
09     int x = 10, y = 20;
10
11     swap1(x, y);
12     cout << "函式呼叫後 x=" << x << " y=" << y << endl;
13     swap2(&x, &y);
14     cout << "函式呼叫後 x=" << x << " y=" << y << endl;
15     swap3(x, y);
16     cout << "函式呼叫後 x=" << x << " y=" << y << endl;
17     return 0;
18 }
19 void swap1(int x, int y){
20     int temp = x;
21     x = y;
22     y = temp;
23     cout << "傳值呼叫函式中 x=" << x << " y=" << y << endl;
24 }
25 void swap2(int * x, int * y){
26     int temp = *x;
27     *x = *y;
28     *y = temp;
29     cout << "傳址呼叫函式中 x=" << *x << " y=" << *y << endl;
30 }
31 void swap3(int & x, int & y){
32     int temp = x;
33     x = y;
34     y = temp;
```

```
35    cout << "傳參考呼叫函式中 x=" << x << " y=" << y << endl;
36 }
```

說明

1. 第 11,12 行：傳值呼叫 swap1()，雖然引數在函式內被對調，但是函式結束後返回主程式，引數的值未被改變。

2. 第 13、15 行：傳址呼叫 swap2() 及傳參考呼叫 swap3()，引數值在函式中一旦改變，相對應的引數的值亦會跟著改變。

3. 第 25~30 行：因為 swap2() 函式的引數是指標變數，函式內對引數的操作皆需使用取值運算子「*」。

4. 第 31~36 行：與傳址呼叫比較起來，傳參考呼叫 swap3() 函式內引數的寫法更直覺易懂。

10.7 動態記憶體配置

到目前為止，在設計階段都已經規劃好陣列的大小，如此一來程式的運作範圍在編譯時便被固定，無法在程式執行過程中更改陣列的大小。這樣如果宣告超量的記憶體空間，有可能會形同浪費；宣告不足時，又會限制程式的運作。因此開發人員可以使用動態記憶體配置 (Dynamic Memery Allocation)，配合實際開發需求來動態增減記憶體空間，使得程式能夠擁有彈性。

10.7.1 C 語言的動態記憶體配置

傳統 C 語言中，需要記憶體時可使用 malloc() 函式來動態配置一塊記憶體空間。如果記憶體配置失敗時，會傳回 NULL 值；如果配置成功，則會將此塊配置記憶體空間的起始位址傳回，程式就可以移動此指標來存取記憶體位址內的資料。當記憶體不再使用時，必需透過 free() 函式將此塊記憶體釋放掉歸還給系統。由於 malloc() 函式和 free() 函式都定義在 stdlib.h 標頭檔內，若程式中有用到這兩個函式，必須在程式開頭將此標頭檔含入到程式中。

由於 malloc() 函式所配置的記憶體是不做初始值設定，使用前建議最好先做清除的工作。要求配置多少空間來存放資料時，必須要考慮資料的長度。另外因為配置的記憶的資料型別是 void，所以必須強制型別轉換。malloc()函式語法如下：

語法	指標變數名稱 = (資料型別 *)malloc(記憶體空間大小);

說明

1. 配置指定記憶體空間給指標變數使用，記憶體空間大小是用 byte 為單位，大小可以用 陣列大小 x sizeof(資料型別) 來計算，例如宣告 double 陣列 ary，並配置 12 個元素的記憶體空間，程式寫法如下：

```
double *ary;
ary = ( double *)malloc(12*size(double));
```

2. 配置新的記憶體空間後，會傳回指向該空間第一個位元組的指標。萬一系統的記憶體不夠無法配置記憶體時，則會傳回 NULL。

動態配置的記憶體若不再使用，必須使用 free() 函式釋放記憶體，如此才不會浪費記憶體空間。所以通常程式中只要執行 malloc() 函式，後面就有對應的 free()函式，來確保配置的記憶體使用後都被妥善釋放。其語法如下：

語法	free(指標變數名稱);

10.7.2 C++的動態記憶體配置

在 C++中可以使用 new 及 delete 運算子，來進行動態記憶體的配置及釋放。用 new 配置記憶體後會傳回指定資料型別的指標，並且可以自動計算所需要的大小，這和 malloc 函式不同。new 的語法如下：

語法	指標變數名稱 = new 資料型別 ([陣列長度]);

說明

1. 配置指定記憶體空間給指標變數使用，例如宣告 int 變數 x、y 並配置記憶體空間，y 同時指定初值為 3，程式寫法如下：

```
int *x, *y;
x = new int;       //傳回 int 型別指標，分配的記憶體大小為 sizeof(int)
y = new int(3);    //配置記憶體並同時指定初值為 3
```

2. 例如宣告 int 陣列 ary，並配置 12 個元素的記憶體空間，程式寫法如下：

```
int *ary;
ary = new int[12];          //傳回 int 型別指標，分配的記憶體大小為 12 * sizeof(int)
```

語法一 delete 運算子可以釋放 new 運算子所配置指標變數占用的記憶體；語法二為釋放陣列空間，其語法如下：

語法一	delete 指標變數名稱;
語法二	delete [] 指標變數名稱;

範例： mem.cpp

使用 malloc 函式及 new 運算子，實作動態配置記憶體，並使用 free 函式及 delete 運算子釋放記憶體。

執行結果

```
請輸入要配置多少記憶體空間：4
1       2       3       4
1       2       3       4
101

Process returned 0 (0x0)   execution time : 3.649 s
Press any key to continue.
```

程式碼 FileName：mem.cpp

```
01 #include <iostream>
02
03 using namespace std;
04
05 int main()
06 {
07     int *ptr, n, i;
08
09     cout << "請輸入要配置多少記憶體空間：";
10     cin >> n;
11     ptr = (int *)malloc(sizeof(int) * n);
12     if(ptr == NULL){
13         cout << "記憶體配置失敗！ \n";
14         return 1;
15     }
16     else{
17         for(i = 0; i < n; i ++)
18             ptr[i] = i + 1;
19         for(i = 0; i < n; i ++)
20             cout << *(ptr + i) << '\t';
21         free(ptr);
22     }
23     cout << endl;
24     ptr = new int[n];
25     for(i = 0; i < n; i ++)
26         ptr[i] = i + 1;
27     for(i = 0; i < n; i ++)
28         cout << *ptr+i << '\t';
29     cout << endl;
30     delete [] ptr;
```

```
31     ptr = new int(101);
32     cout << *ptr << endl;
33     delete ptr;
34     return 0;
35 }
```

說明

1. 第 11 行：計算配置的空間時，以 sizeof(int) 將陣列元素占用的空間大小交由編譯器來決定。
2. 第 12~15 行：若取得的位址是 NULL 代表配置失敗，就結束程式並回傳錯誤碼。
3. 第 21 行：用 free 函式釋放 malloc 所配置的記憶體。
4. 第 24 行：分別用 new 運算子配置整數陣列記憶體空間。
5. 第 31 行：分別用 new 運算子配置整數的記憶體空間，同時賦與初值。
6. 第 30、33 行：用 delete 運算子釋放 new 所配置的記憶體。

10.8 指標的活用一堆疊

「堆疊」(Stack) 是演算法中常用到的資料結構。在處理資料時，需要將資料做後進先出 (Last In First Out:LIFO) 的處理動作時，便需要使用到堆疊的觀念。堆疊是由多個資料項所形成的有序集合，每個資料項進出堆疊都是由同一端出入，相當於有底的袋子。我們將資料項放入堆疊的動作稱為「壓入」(Push)，將資料項由堆疊中取出稱為「彈出」(Pop)。堆疊的觀念就像是疊盤子，每洗好一個盤子就疊放在最上面，如果要用盤子就從最上面取用，如此就符合後進先出的原則。

堆疊可以使用陣列來製作，再配合指標便可存取堆疊內的資料，此處的指標是指到目前放在堆疊中最上面的資料項。在做 Push 動作之前要先將指標加 1，也就是陣列的索引加 1，然後檢查堆疊是否已滿？若是就表示已到堆疊頂端；若未滿則將資料項放入目前指標所指到的位址。至於做 Pop 動作時，是先將目前指標指到的資料項取出，再將指標減 1 往下移一個資料項，然後檢查堆疊是否已經沒有資料？若是就表示已到堆疊底部。下圖是使用五個元素的陣列所製作的堆疊之 Push 和 Pop 動作圖：

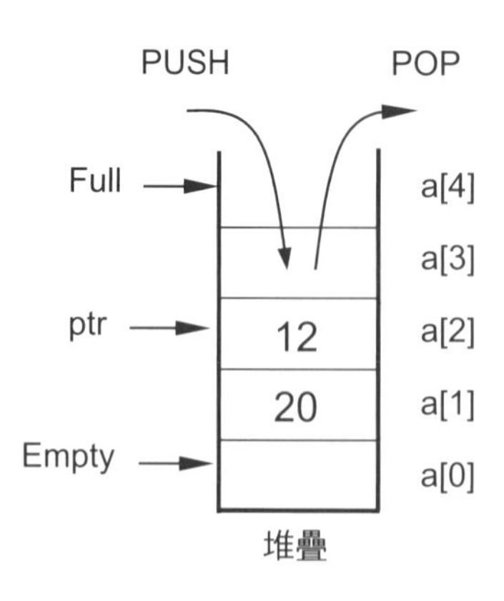

注意

1. 指標 ptr 指到之處是目前堆疊最上面的資料。
2. 當 ptr 指到 a[0] 時，表示堆疊是空的。
3. 當 ptr 指到 a[4] 時，表示堆疊是滿的。
4. 此種方式會犧牲掉兩個陣列元素無法使用。

範例： stack.cpp

以一個陣列來製作堆疊，使用者可以輸入整數資料到堆疊，最多可以放置八個資料。最後依照後進先出方式，輸出堆疊的資料。

執行結果

```
請輸入整數：19
繼續Push整數到堆疊？(y/n)y
請輸入整數：29
繼續Push整數到堆疊？(y/n)y
請輸入整數：39
繼續Push整數到堆疊？(y/n)n
Pop堆疊內所有資料
  39   29   19
已到堆疊底部

Process returned 0 (0x0)   execution time : 22.558 s
Press any key to continue.
```

程式碼 FileName：stack.cpp

```
01 #include <iostream>
02 #include <iomanip>
03 using namespace std;
04
05 int main()
06 {
07     int a[10]={0};
08     char ch;
09     int *ptr, *full, *empty;
10     full=a+9;              // full 指標指到 a[9]
11     empty=a;               // empty 指標指到 a[0]
12     ptr=a;                 // ptr 先指到 a[0]
13
14     do{                    // Push 資料項到堆疊
15         ptr++;             // ptr 指標變數往下移一個資料項
```

```
16        if (ptr == full){                  // 判斷推疊是否已經滿了
17           cout << " 已到堆疊頂端 !";
18           ptr--;
19           break;          // 離開 do…while 迴圈
20        }
21        cout << " 請輸入整數：";
22        cin >> *ptr;
23        cout << " 繼續 Push 整數到堆疊？(y/n)";
24        cin >> ch;
25        if(ch == 'n' || ch == 'N')
26           break;
27     } while(1);
28     cout << " Pop 堆疊內所有資料\n";
29     do{               //Pop 堆疊內所有資料項
30        if(ptr != empty){                  // 判斷堆疊是否沒有空的
31           cout << setw(5) << *ptr;
32           ptr --;
33        }
34        else{
35           cout << "\n 已到堆疊底部\n";
36           break;
37        }
38     }while(1);
39     return 0;
40 }
```

說明

1. 本程式要放置八個資料，a 陣列大小要為 10，因為 a[0] 和 a[9] 不放資料當做旗標 (Flag)，empty 指標指到 a[0]，full 指標指到 a[9]。因此實際資料只存放在 a[1] ~ a[8] 中。
2. 陣列是由低位址開始往高位址存放資料，利用 ptr 指標指到目前堆疊最上面的資料項。
3. 第 10 行：使 full 指標指到 a[9]，full 指標用來表示推疊已滿的位置。
4. 第 11 行：使 empty 指標指到 a[0]，empty 指標用來表示推疊已空的位置。
5. 第 12 行：一開始設定 ptr 指標指向 empty 指標，也就是指向 a[0]。
6. 第 14~27 行：為堆疊 Push (壓入) 的程式。利用 do 迴圈，每寫入一筆資料 ptr 指標就加 1，直到指標和 full 指標指到相同位址時，便顯示已到堆疊頂端，並跳離 do 迴圈。
7. 第 15 行：每輸入一筆資料，就將 ptr 指標往前移。

8. 第 16~20 行：第 16 行先判斷堆疊是否已經滿了，若成立則執行第 17~19 行程式結束 Push 迴圈。

9. 第 22 行：如果堆疊未滿，就將輸入的資料放入 ptr 指標所指的陣列元素中。

10. 第 24~26 行：在第 25 行判斷使用者是否輸入'n' 或 'N'，若為真就執行第 26 行 break 敘述離開迴圈，停止 Push (壓入) 的動作。

11. 第 29~38 行：為堆疊 Pop (彈出) 的程式。利用 do 迴圈，每讀取一筆資料 ptr 指標就減 1，直到指標和 empty 指標指到相同位址時，便顯示已到堆疊底部，並跳離 do 迴圈。

10.9 APCS 檢測試題攻略

題目 (一)

大部分程式語言都是以列為主的方式儲存陣列。在一個 8×4 的陣列 (array) A 裡，若每個元素需要兩單位的記憶體大小，且若 A[0][0] 的記憶體位址為 108(十進制表示)，則 A[1][2]的記憶體位址為何？

(A) 120　　(B) 124　　(C) 128　　(D) 以上皆非

說明

答案是 (A)，A[0][0] 和 A[1][2] 相隔 1 列 (4 個元素) 及 2 個元素，所以 A[1][2] 的記憶體位址值 = 108 + (4 + 2) * 2 = 120。

題目 (二)

右列程式片段中，假設 a，a_ptr 和 a_ptrptr 這三個變數都有被正確宣告，且呼叫 G() 函式時的參數為 a_ptr 及 a_ptrptr。G() 函式的兩個參數型態該如何宣告？

(A)　(a) *int, (b) *int

(B)　(a) *int, (b) **int

(C)　(a) int*, (b) int*

(D)　(a) int*, (b) int**

```
void G( (a) a_ptr, (b) a_ptrptr) {
  …
}
void main(){
  int a = 1;
  //加入 a_ptr, a_ptrptr 變數的宣告
  …
  a_ptr = &a;
  a_ptrptr = &a_ptr;
  G(a_ptr, a_ptrptr);
}
```

說明

答案是 (D)，由第 8 行可知 a_ptr 存放的是整數變數 a 的位址，所以 a_ptr 的型別是指向整數變數的指標變數，即 int*。再觀察第 9 行 a_ptrptr 存放的是整數指標變數的位址，所以是指標的指標，即 int**。

題目 (三)

右側 F()函式執行時，若輸入依序為整數 0,1,2,3,4,5,6,7,8,9，請問 X[] 陣列的元素值依順序為何？

(A) 0, 1, 2, 3, 4, 5, 6, 7, 8, 9
(B) 2, 0, 2, 0, 2, 0, 2, 0, 2, 0
(C) 9, 0, 1, 2, 3, 4, 5, 6, 7, 8
(D) 8, 9, 0, 1, 2, 3, 4, 5, 6, 7

```
void F ( ) {
  int X[10] = { 0};
  for ( int i = 0 ; i < 10 ; i = i + 1) {
     scanf ( "%d" , &X[ ( i + 2 ) % 10 ] );
  }
}
```

說明

1. 答案是 (D)，將變數 i 代入迴圈可得下表的結果，即 X[] 內元素值依序為 8, 9, 0, 1, 2, 3, 4, 5, 6, 7。

迴圈	i	(i+2)%10=n	X[n] = i
1	0	(0+2)%10=2	X[2] = 0
2	1	(1+2)%10=3	X[3] = 1
⋮			
9	8	(8+2)%10= 0	X[0] = 8
10	9	(9+2)%10=1	X[1] = 9

10.10 習題

選擇題

1. 假設指標變數未指向任何資料，應將以下哪一個常數指定給該指標變數？
   (A) NO (B) NONE (C) NULL (D) EMPTY。
2. 取得變數之記憶體位址，應使用以下哪一個運算子？
   (A) * (B) getadd() (C) & (D) #。

3. & 取址運算子後面接

   (A) 常數 (B) 運算式 (C) 變數 (D) 以上皆可。

4. 取得指標變數所指記憶體位址之記憶體內容，應使用以下哪一個運算子？

   (A) * (B) getval() (C) & (D) #。

5. int num[5]={5,10,15,20,25};

   int *ptr=num;

   則 *(ptr+1)之值為何？

   (A) 5 (B) 10 (C) 15 (D) 20。

6. 承上題，以下何者之值與其他不同？

   (A) *(prt+1); (B) *(ptr++); (C) num[1] (D) 以上值皆相同。

7. int num[2][3]={ { 1, 2, 3}, { 4, 5, 6}};

   int *ptr=num;

   則*(ptr+2) 之值為何？

   (A) 1 (B) 2 (C) 3 (D) 無法執行。

8. 宣告 100 個 int 大小的動態空間，應使用下列哪一敘述？

   (A) int *buf = new int[100 * sizeof(int)];

   (B) int buf[] = new int[100];

   (C) int *buf = new int[100];

   (D) int *buf = new int;

9. 使用 malloc() 函式必須含入下列哪個標頭檔？

   (A)stdio.h (B) stdlib.h (C) io.h (D) conio.h。

10. int *buf;

    buf = new int[8];

    如果要釋放 buf 所占用的記憶體，應使用下列哪一敘述？

    (A) buf = NULL; (B) free(buf);

    (C) delete []buf; (D) close(buf);

CHAPTER

11 自定資料型別

11.1 struct 結構資料型別

C++語言提供整數、浮點數…等基本資料型別，以方便在程式中使用。但是有時候單靠這些基本型別，不容易處理複雜的資料。所以又提供 struct、enum、typedef 等幾種型別，程式設計者可以自行定義資料型別，大大提高處理資料的能力。

11.1.1 結構的定義與宣告

當使用陣列來處理一個含有客戶代號、姓名、電話號碼的客戶聯絡簿時，由於一位客戶就含有三種不同性質的資料，因此必須分別使用三個陣列來存放客戶代號、姓名、電話號碼。當需要對客戶代號做排序時，必須同時對姓名和電話號碼兩個陣列作相對應的處理，方能保持資料的一致性。程式中若使用太多的陣列，做交換時不但會增加程式碼的長度而且不易閱讀。因此，C 語言另外提供一種使用者自定型別 (User Defined Type) 稱為結構 (Structure) 或記錄 (Record)，它允許將不同資料型別的資料放在一起構成一筆記錄，不像陣列必須分成多個陣列來存放該筆資料。

結構是由一些邏輯相關的資料欄或稱欄位 (Field) 所構成。例如：一位客戶的資料是由客戶代號、姓名、電話號碼等不同資料型別組合，就構成一筆記錄。該記錄擁有「客戶代號」欄位、「姓名」欄位、「電話號碼」欄位，而多筆客戶電話記錄的集合，就構成一個結構陣列。所謂結構陣列，即是陣列中的每個元素都對應到一個結構。如下圖所示：

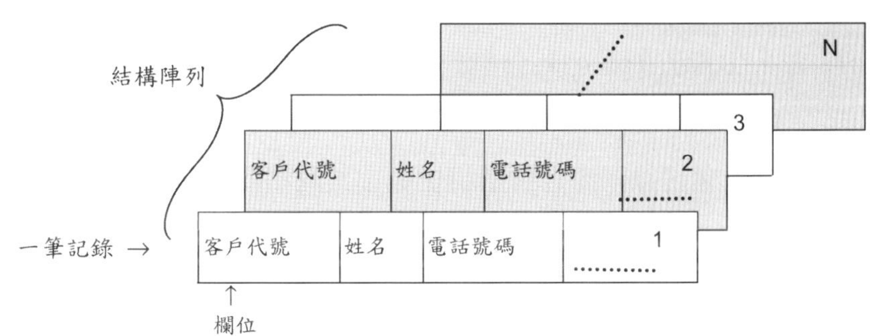

我們將結構中的每一個資料稱為「欄位」，每一個欄位都要指定資料型別，並賦與一個欄位名稱。結構在使用之前必須要先行定義，然後再經過宣告後才可使用。至於定義結構資料型別的語法如下：

語法
```
struct 結構型別名稱
{
    資料型別 欄位名稱 1 ;
    資料型別 欄位名稱 2 ;
          ⋮
    資料型別 欄位名稱 N ;
};
```

說明

1. 結構資料型別可以視結構和結構變數使用的範圍，自行決定在宣告區或在函式內宣告。
2. 「結構型別名稱」及結構內欄位名稱的命名規則和變數名稱相同。
3. 欄位的資料型別，可以是基本資料型別、自行定義的結構型別，或是陣列。

由於結構是應程式需求才自定的資料型別，所以使用前必須先定義。經過定義後，就可以宣告屬於這個結構的變數，然後才能在程式中使用。其語法如下：

語法一	struct 結構型別名稱 變數 1, 變數 2, …變數 N ;	// C 及 C++ 通用
語法二	結構型別名稱 變數 1, 變數 2, …變數 N ;	// C++ 專用

簡例

定義一個名稱為 people 的結構，並宣告 student 和 teacher 結構變數：

```
struct   people
{
    char birthday[12];
    float weight;
};
struct people student;// C & C++  通用語法
people teacher;          // C++  專用語法
```

在定義結構時，也可以同時宣告結構變數。其語法如下：

```
struct  結構型別名稱
{
          ⋮
}結構變數 1, 結構變數 2, …;
```

定義結構時也可以不賦與結構名稱，這種定義方式只能同時宣告結構變數。其語法如下：

```
struct
{
        ⋮
}結構變數 1, 結構變數 2, …;
```

11.1.2 結構欄位的初始設定及存取

結構中欄位初值的設定有下列方法：

1. 在定義時可直接宣告並設定初值，例如：

```
struct    people
{
    char birthday[12];
    float weight;
} Tom = {"2006/1/20", 57.4};
```

2. 先定義結構，另外宣告結構變數的同時直接設定欄位的初值，例如：

```
struct    people
{
    char birthday[12];
    float weight;
};
    ⋮
struct people Tom = {"2006/1/20", 57.4};
```

3. 先定義結構及宣告結構變數，另外設定各欄位的值，例如：

```
struct    people
{
    char birthday[12];
    float weight;
}Tom;
    ⋮
strcpy(Tom.birthday, "2006/1/20");
Tom.weight = 57.4;
```

說明

1. 由於 Tom.birthday 欄位是使用字元陣列來存放字串，因此在程式中不能使用 Tom.birthday = "2006/1/20" 敘述來設定字串常值；必須使用 strcpy() 函式來達成。使用 strcpy() 時，要引入<cstring>這個標頭檔。
2. 欲存取結構變數內的某個欄位，只要在結構變數名稱和欄位名稱中間加上「．」欄位直接存取運算子即可存取。

範例： struct1.cpp

延伸上例的 people 結構資料型別，新增兩個欄位 int height(身高)、bool male(男性)，練習宣告結構變數、設定結構的初值以及整個結構變數的複製。

執行結果

```
Mary：生日=2007/1/9 身高=158cm 體重=48.2kg 男性=false
Tom：生日=2006/3/8 身高=170cm 體重=76.5kg 男性=true
Amy：生日=2007/1/9 身高=158cm 體重=48.2kg 男性=false

Process returned 0 (0x0)   execution time : 0.062 s
Press any key to continue.
```

程式碼 FileName：struct1.cpp

```
01 #include <iostream>
02 #include <cstring>
03 using namespace std;
04
05 struct people{
06     char birthday[12];  //生日
07     float weight;       //體重
08     int height;         //身高
09     bool male;          //男性
10 };
11
12 int main()
13 {
14     struct people Amy, Mary;
15     people Tom={"2006/3/8", 76.5, 170, true};
16     strcpy(Amy.birthday , "2007/1/9");
17     Amy.weight = 48.2;
18     Amy.height = 158;
19     Amy.male = false;
20
```

```
21     Mary = Amy;
22     cout << boolalpha;
23     cout.setf(ios::fixed);
24     cout.precision(1);
25     cout << "Mary：生日=" << Mary.birthday << " 身高=" << Mary.height;
26     cout << "cm 體重=" << Mary.weight <<"kg 男性="<< Mary.male << endl;
27     cout << "Tom：生日=" << Tom.birthday << " 身高=" << Tom.height;
28     cout << "cm 體重=" << Tom.weight <<"kg 男性="<< Tom.male << endl;
29     cout << "Amy：生日=" << Amy.birthday << " 身高=" << Amy.height;
30     cout << "cm 體重=" << Amy.weight <<"kg 男性="<< Amy.male << endl;
31     return 0;
32 }
```

說明

1. 第 5~10 行：定義 people 為結構資料型別，這個結構有 birthday、height、weight 及 male 四個欄位成員。
2. 第 14 行：宣告 Amy 及 Mary 為具有 people 結構 (struct) 的結構變數。
3. 第 15 行：宣告 Tom 具有 people 結構的變數，並給予初值。
4. 第 16~19 行：賦與 Amy 結構變數內各欄位初值。
5. 第 21 行：將 Amy 內所有資料複製一份給 Mary，因此執行第 25、26 行輸出 Mary 結構的各欄位的值皆與 Amy 結構相同。
6. 第 22~24 行：設定輸出格式。第 22 行，設定輸出的布林值使用 true 和 false 表示。第 23 行，設定以浮點數輸出。第 24 行，設定輸出 1 位小數點位數。
7. 第 25~30 行：輸出結構變數 Mary、Tom 及 Amy 結構成員所有欄位的設定值。

11.1.3 結構變數的記憶體空間大小

結構變數所配置的記憶體空間，是否等於所有欄位長度的總和呢？答案是不一定的。這是因為編譯器在編譯時，會將變數定址在偶數位的記憶體位址，因此可能會多使用一些記憶體空間，所以宣告結構變數的記憶體空間大小，可能和結構變數內各欄位的總和相同，或許會多幾個 Bytes，而這些記憶體空間的配置都是由編譯器所決定的。

範例： struct_size.cpp

以實際範例檢視結構變數所占用的記憶體空間。

執行結果

```
char佔用的記憶體空間=1
short int佔用的記憶體空間=2
int佔用的記憶體空間=4
float佔用的記憶體空間=4
ex1佔用的記憶體空間=12
ex2佔用的記憶體空間=12

Process returned 0 (0x0)   execution time : 0.172 s
Press any key to continue.
```

程式碼 FileName：struct_size.cpp

```
01 #include <iostream>
02
03 using namespace std;
04
05 int main()
06 {
07     struct example1{
08         char c[4];
09         int i;
10         float f;
11     }ex1;
12     struct example2{
13         char c;
14         short int si;
15         int i;
16         float f;
17     }ex2;
18     cout << "char 占用的記憶體空間=" << sizeof(char) << endl;
19     cout << "short int 占用的記憶體空間=" << sizeof(short int) << endl;
20     cout << "int 占用的記憶體空間=" << sizeof(int) << endl;
21     cout << "float 占用的記憶體空間=" << sizeof(float) << endl;
22     cout << "ex1 占用的記憶體空間=" << sizeof(ex1) << endl;
23     cout << "ex2 占用的記憶體空間=" << sizeof(ex2) << endl;
24     return 0;
25 }
```

說明

1. 第 7~17 行：定義兩個結構資料型別及結構變數。
2. 第 18~21 行：顯示各種資料型別所占用的記憶體空間。
3. 第 22 行：ex1 結構變數的 char 陣列有 4 個 char 共使用 4 Bytes，int 占用 4 Bytes，float 占用 4 Bytes，全部使用 12 Bytes，與 sizeof() 所統計的完全相同。

4. 第 23 行：ex2 結構變數有 1 個 char 占用 1Bytes，short int 占用 2 Bytes，int 占用 4 Bytes，float 占用 4 Bytes，全部使用 11 Bytes，與 sizeof() 所統計的有所差異。

由實例可知要計算結構共占用多少記憶體空間，請勿自行估算，必須交由 sizeof() 來統計才可避免錯誤。

11.1.4 巢狀結構

如果所定義的結構中還有結構型別的成員，我們稱之為巢狀結構型別。其定義的語法如下：

語法
```
struct 子結構型別名稱
{
        ⋮
};
struct 主結構型別名稱   //巢狀結構
{
        ⋮
     struct 子結構型別名稱 欄位名稱;
};
```

譬如定義一個名稱為 member 的結構，該結構成員包含 name(姓名)、sex(性別) 和 birthday(生日) 三個欄位成員。接著再將 birthday 欄位成員再細分為 year、month、day 三個子欄位成員，用來表示年、月、日。此種結構內再有子結構，就構成一個巢狀結構型別。子結構的定義必須寫在主結構的定義之前。其寫法如下：

```
struct birthday         //birthday 生日結構
{
    int year, month, day;
};
struct member           //member 會員結構
{
        char *id;
        char *sex;
        struct birthday mybirth;
}no1;
```

在定義巢狀結構型別時，會將子結構型別名稱宣告成主結構的欄位。因此若要由主結構存取子結構型別的成員時，就必需多一層 "."。譬如：

```
no1.mybirth.year = 2006;
```

範例： struct2.cpp

利用上面簡例所定義的巢狀結構，宣告兩筆紀錄。一筆記錄在宣告同時設定初值，另一筆記錄在宣告完畢後，才逐欄設定初值，最後將這兩筆記錄顯示在螢幕上。

執行結果

```
會員一：小傑
性　別：男
生　日：2005/3/5
會員二：小明
性　別：女
生　日：2005/10/22

Process returned 0 (0x0)   execution time : 0.016 s
Press any key to continue.
```

程式碼 FileName：struct2.cpp

```
01 #include <iostream>
02 #include <cstring>
03 using namespace std;
04 struct birthday        //birthday 生日結構
05 {
06      int year, month, day;
07 } ;
08 struct member          //member 會員結構
09 {
10      char id[8];
11      char sex[3];
12      birthday mybirth;
13 } no1 = {"小傑", "男", {2005, 3, 5}};
14 int main()
15 {
16    member no2;
17    strcpy(no2.id, "小明");
18    strcpy(no2.sex, "女");
19    no2.mybirth.year = 2005;
20    no2.mybirth.month = 10;
21    no2.mybirth.day = 22;
22    cout << "會員一：" << no1.id << endl;
23    cout << "性　別：" << no1.sex << endl;
24    printf("生　日：%d/%d/%d\n", no1.mybirth.year, no1.mybirth.month,
              no1.mybirth.day);
25    cout << "會員二：" << no2.id << endl;
26    cout << "性　別：" << no2.sex << endl;
```

```
27     printf("生  日：%d/%d/%d\n", no2.mybirth.year, no2.mybirth.month,
              no2.mybirth.day);
28     return 0;
29 }
```

說明

1. 第 4~7 行：定義子結構資料型別 birthday。
2. 第 8~13 行：定義主結構資料型別 member，宣告 no1 結構變數並指定初值。如果使用 C 語言，第 12 行的寫法為 struct birthday mybirth;。
3. 第 19~21 行：設定子結構欄位值時，每個結構欄位以存取運算子「.」隔開。

11.1.5 結構陣列

在程式中若要處理大量資料時，使用陣列是最佳方案。因此若宣告一個陣列，陣列元素是我們自行定義的結構，這就是「結構陣列」。這樣結構陣列就可以存放多筆記錄，假若要進行排序的動作，只要交換結構陣列的元素即可。其語法如下：

```
語法一  struct 結構型別名稱 陣列名稱 [ 陣列大小 ] ; // C & C++
語法二  結構型別名稱 陣列名稱 [ 陣列大小 ] ;        // C++
```

要存取結構陣列中某個欄位時，必須使用 [] 符號括住欲存取的註標，緊接其後加上欄位存取運算子和欄位名稱即可。其語法如下：

```
語法  結構陣列名稱 [ 註標 ] .欄位名稱
```

範例: struct3.cpp

利用結構陣列儲存五位學生的姓名、國文成績、數學成績等資料。然後分別計算此五位學生的平均分數，最後再輸出陣列內所有資料。

執行結果

```
姓名    國文    數學    平均
張三    73      75      74
李四    83      62      72.5
小明    93      55      74
小美    74      84      79
大雄    53      67      60

Process returned 0 (0x0)   execution time : 0.094 s
Press any key to continue.
```

程式碼 FileName：struct3.cpp

```
01 #include <iostream>
02 using namespace std;
03 struct exam{
04     char name[12];
05     int score[2];
06     float avg;
07 };
08 int main()
09 {
10     exam ex[5] = {{"張三",{73, 75},0},{"李四",{83, 62},0},{"小明",{93, 55},0},
                     {"小美",{74, 84},0},{"大雄",{53, 67},0}};
11     int i, j;
12 
13     for(i = 0; i < 5; i++){
14         for(j = 0; j < 2; j ++)
15             ex[i].avg += ex[i].score[j];
16         ex[i].avg /= 2.0;
17     }
18     cout << "姓名\t" << "國文\t" << "數學\t" << "平均\n";
19     for(i = 0; i < 5; i ++){
20         cout << ex[i].name << '\t';
21         for(j = 0; j < 2; j ++)
22             cout << ex[i].score[j] << '\t';
23         cout << ex[i].avg << '\n';
24     }
25     return 0;
26 }
```

說明

1. 第 3~7 行：定義結構資料型別 exam。
2. 第 10 行：宣告 ex 為結構型別 exam 的結構陣列，陣列長度為 5，並且賦與初值。
3. 第 13~17 行：用 for 迴圈逐一讀取 ex 結構陣列 score 欄位的元素值，計算出平均分數後，寫入對應註標的 avg 欄位中。
4. 第 19~24 行：用 for 巢狀迴圈逐一讀取 ex 結構陣列所有欄位的元素值，來顯示全部的資料。

11.1.6 結構指標

結構變數也可以用指標變數的形式存在，我們稱之為結構指標。結構指標的宣告方式和一般指標變數相同，先宣告一個指向該結構的指標變數，再將該指標變數指向一個結構的位址。定義結構並同時宣告結構指標的語法如下：

語法

```
struct 結構型別名稱 {
    結構欄位;
      ...
} 結構變數, *結構指標 = &結構變數;
```

當結構指標已經指向某個結構的位址時，此時結構指標即可以使用 "->" 來設定結構欄位的初值。其語法如下：

語法一
```
結構指標變數->結構欄位名稱
```

語法二
```
(*結構指標變數).結構欄位名稱
```

語法二方式，在結構指標前加上「*」取值運算子，取得結構指標變數的結構變數，並配合「.」欄位直接存取運算子來指定某個欄位。為何 (*結構指標變數) 要加上小括號？主要是由於「.」點運算子的優先權比「*」星號運算子高。以 (*ptr).name 為例，若*ptr 前後不加上小括號，以*ptr.name 運算時就會變成 *(ptr.name) 而發生錯誤。若不適應此種寫法，也可使用語法一方式使用「->」來存取。

範例： struct4.cpp

先定義一個 student 結構，擁有學生姓名(name)、t1(平時考 30%)、t2(期中考 30%)、t3(期末考 40%) 和 total(總成績) 五個欄位成員。然後再透過這個結構，宣告一個擁有三筆記錄的 stu 結構陣列，並等待使用者輸入資料，最後透過 ptr 結構指標來顯示 stu 結構陣列全部欄位的內容。

執行結果

```
請輸入學生姓名：John
請輸入三次測試成績：73 65 75
請輸入學生姓名：Mary
請輸入三次測試成績：68 66 70
請輸入學生姓名：Tom
請輸入三次測試成績：62 65 68
姓名    平時考  期中考  期末考  總成績
John    73      65      75      71.40
Mary    68      66      70      68.20
Tom     62      65      68      65.30

Process returned 0 (0x0)   execution time : 84.468 s
Press any key to continue.
```

程式碼 FileName：struct4.cpp

```
01 #include <iostream>
02 using namespace std;
03 struct student
04 {
05     char name[12];
06     int t1, t2, t3;
07     float total;
08 }stu[3];
09
10 int main()
11 {
12     int i;
13     struct student *ptr = stu;
14     for(i = 0; i < 3; i ++){
15         cout << "請輸入學生姓名：";
16         cin >> ptr->name;
17         cout << "請輸入三次測試成績：";
18         cin >> ptr->t1 >> ptr->t2 >> ptr->t3;
19         ptr->total = ptr->t1 * 0.3 + ptr->t2 * 0.3 + ptr->t3 * 0.4;
20         ptr ++;
21     }
22     ptr = stu;
23     cout << "姓名\t 平時考\t 期中考\t 期末考\t 總成績\n";
24     for(i = 0; i < 3; i ++){
25         printf("%s\t%d\t%d\t%d\t%.2f\n", ptr->name, ptr->t1, ptr->t2, ptr->t3,
                   ptr->total);
26         ptr ++;
27     }
28     return 0;
29 }
```

說明

1. 第 3~8 行：定義 student 為一個結構變數擁有五個欄位，同時宣告 stu 為一個具有 student 的結構陣列。
2. 第 13 行：宣告 ptr 為一個指到具有 student 結構的指標變數，並且將指標指到 stu 結構陣列。
3. 第 14~21 行：等待使用者輸入資料，並計算總分。
4. 第 22 行：將 ptr 移回 stu 結構陣列最前面。
5. 第 23~27 行：使用 for 迴圈配合 ptr 結構指標，逐一輸出欄位內資料。

11.2 enum 列舉資料型別

列舉資料型別是常數值的集合，我們通常使用列舉資料型別將一些整數常數命名，每個名稱都代表的一個整數，所以將這種型別視為集合的一種。例如：我們可以將星期定義為 enum 列舉資料型別，其中 Sunday(星期日) 常數值為 0、Monday(星期一) 常數值為 1...，定義後就可以用 Sunday 來代替 0，如此能提高程式的可讀性。

當執行 enum 敘述時，會將介於 { ... }; 敘述間的列舉型別成員都初始化為常數值 (包含正數和負數)。要注意在程式執行時期，是不能修改其定義的值。enum 敘述可在原始程式檔、函式或結構內宣告列舉型別。當宣告列舉資料型別完成後，便可在宣告 enum 列舉型別時所在的類別、結構或函式中的任何一處存取列舉資料型別。enum 列舉資料型別的定義與宣告方法如下：

enum 列舉資料型別的定義語法如下：

語法

```
enum 列舉型別名稱
{
     列舉成員 1  =  常數值 1,
     列舉成員 2  =  常數值 2,
       ...
     列舉成員 N  =  常數值 N
};
```

enum 列舉資料型別的宣告語法如下：

語法

```
enum 列舉型別名稱 列舉變數 1, 列舉變數 2, ...列舉變數 N;
```

說明

1. enum 列舉在使用前必須先完成定義，enum 後面必須接自定的列舉型別名稱。
2. 列舉成員可以設定為常數值，但不能使用變數或方法。
3. 若列舉成員名稱等號後面接常數值，表示該列舉成員名稱可用該常數值代表。
4. 若列舉成員名稱未設定常數值，預設常數值由 0 開始設定。譬如：定義名稱為 spring 的列舉型別，spring 成員常數值設定為 February=2, March, April，定義完成後初值由 2 開始，February 常數值為 2、March 常數值為 3、April 常數值為 4。因此，在程式中使用這些列舉成員名稱來取代數值，可提高程式碼的可讀性。

範例： enum1.cpp

定義一個列舉資料型別，其名稱為 result。並定義 result 包含有 Greater、Equal 及 Smaller 三個成員。並宣告一個自定函式 compare1()，這函式會判斷傳入引數，再依比較結果以列舉資料型別回傳。

執行結果

```
47 小於 50

Process returned 0 (0x0)   execution time : 0.047 s
Press any key to continue.
```

程式碼 FileName : enum1.cpp

```
01 #include <iostream>
02 using namespace std;
03 enum result { Greater, Equal, Smaller};
04
05 enum result compare1(int x1, int x2){
06     if(x1 == x2) return Equal;
07     if(x1 < x2) return Smaller;
08     return Greater;
09 }
10
11 int main()
12 {
13     int n1 = 47, n2 = 50;
14     enum result res1;
15     res1 = compare1(n1, n2);
16     switch (res1){
17         case Greater:
18             printf("%d 大於 %d\n", n1, n2);
19             break;
20         case Equal:
```

```
21              printf("%d 等於 %d\n", n1, n2);
22              break;
23          default:
24              printf("%d 小於 %d\n", n1, n2);
25      }
26      return 0;
27  }
```

說明

1. 第 3 行：定義 enum 列舉，其列舉資料型別名稱為 result，資料成員為 Greater、Equal、Smaller，上述資料成員常數值依序為 0～2。
2. 第 5~9 行：自定函式 compare1()宣告回傳值為 result 型別的列舉資料。
3. 第 14 行：宣告 res1 是 result 的列舉變數。
4. 第 16~25 行：以 switch case 敘述輸出判斷結果。

11.3 typedef 型別代名

11.3.1 typedef 的使用方法

typedef 關鍵字是專門用來對資料型別重新命名，讓資料型別有比較直覺而易懂的別名，跨平台時可藉此使型別名稱一致。至於 #define 對符號名稱命名便無此限制，因為 #define 是在編譯之前由前置處理器 (Preprocessor) 處理，至於 typedef 則是在編譯時才處理。typedef 由於有此限制，所以比 #define 更富彈性。定義語法如下：

語法

```
typedef 資料型別 型別代名;
```

宣告 typedef 所定義型別代名的語法如下：

語法

```
型別代名 變數 1, 變數 2, …變數 N ;
```

譬如：使用 float 可以宣告一個浮點數，浮點數在數學稱為實數，可以透過 typedef 將此資料型別名稱改名為 real。其寫法如下：

```
typedef float real;
```

當 float 經過重新定義後，程式中便可使用 real 來宣告實數，其寫法如下：

```
real x,a[10],*ptr;
```

一般在重新定義資料型別名稱後，為了和原來資料型別有所區分，可以採用大寫方式來加以區分。其寫法如下：

```
typedef float REAL;
```

範例：typedef1.cpp

試以 typedef 將 char、int、float 命名為 STRING、INT64、REAL，並透過這些型別代名宣告可存放字元陣列、整數與浮點數的變數，這些變數依序存放產品名稱、單價以及折扣資料。

執行結果

```
4K液晶電視 金額 = 34500 x 0.85 =  29325.0元

Process returned 0 (0x0)   execution time : 0.047 s
Press any key to continue.
```

程式碼 FileName：typedef1.cpp

```
01 #include <iostream>
02 using namespace std;
03
04 typedef char STRING;
05 typedef int INT64;
06
07 int main()
08 {
09     typedef float REAL;
10     STRING tv[] = "4K液晶電視";
11     INT64 price=34500;
12     REAL discount=0.85;
13
14     printf("%s 金額 = %d × %4.2f = %8.1f元 \n", tv, price, discount,
price*discount);
15     return 0;
16 }
```

11.3.2 使用 typedef 定義 struct 資料型別

在 C 語言中為了簡化宣告，可以使用 typedef 重新定義 struct 資料型別名稱；在 C++ 中因為定義成結構資料時，同時也隱含了 typedef，所以可直接使用結構型別名稱，而不用重新定義。譬如在 C 語言中：定義一個結構名稱 complex 結構，用來存放數學複數 x ± yi，一個欄位名稱 x 用來存放實數部份，另一個欄位名稱 y 用來存放虛數部分。其寫法如下：

原結構定義	使用 typedef 重新定義

struct complex {
　float x;
　float y;
};
struct complex equation1;
	typedef struct {
	　float x;
	　float y;
	}COMPLEX;
	COMPLEX equation1;

typedef 後面必須接 struct，並在定義結構的欄位最後面必須接 **結構型別名稱**。其定義語法如下：

語法

```
typedef struct {
    資料型別 欄位名稱 1 ;
    資料型別 欄位名稱 2 ;
        ⋮
    資料型別 欄位名稱 N ;
}結構型別名稱;
```

宣告 typedef 所定義 struct 資料型別的語法如下：

語法

```
結構型別名稱 變數 1, 變數 2,…,變數 N;
```

範例：typedef2.cpp

使用 typedef 定義名稱為 fruit 的結構資料型別，該結構擁有 name、kg、pirce、total 四個欄位。fruit 結構可用來存放品名、重量、單價、總價資料，請撰寫輸出並計算總價的程式。

執行結果

```
品名    重量    單價    總價
==============================
香蕉    13      25      325
西瓜    10      15      150
芒果    11      50      550
香瓜    12      35      420
==============================
                        1445

Process returned 0 (0x0)   execution time : 0.109 s
Press any key to continue.
```

程式碼 FileName：typedef2.cpp

```
01 #include <iostream>
02 using namespace std;
```

```
03
04 typedef struct{
05     char name[20];
06     int kg;
07     int price;
08     int total;
09 }fruit;
10
11 int main()
12 {
13     int i, total = 0;
14     fruit fru[4] = {{"香蕉", 13, 25, 0},
15         {"西瓜", 10, 15, 0},
16         {"芒果", 11, 50, 0},
17         {"香瓜", 12, 35, 0}};
18     cout << "品名\t重量\t單價\t總價\n";
19     cout << "============================\n";
20     for(i = 0; i < 4; i ++){
21         fru[i].total = fru[i].kg * fru[i].price;
22         total += fru[i].total;
23         printf("%s\t%d\t%d\t%d\n", fru[i].name, fru[i].kg, fru[i].price,
                fru[i].total);
24     }
25     cout << "============================\n";
26     cout << "\t\t\t" << total << endl;
27     return 0;
28 }
```

11.4 習題

選擇題

1. 下列程式片段中，請問括弧處應使用哪個運算子？

```
01    struct example {
02    int x, y;
03    } a, *b = &a;
04    b (____) x = 5;
```

(A) .　(B) ->　(C) =>　(D) >

2. C++語言中，可使用哪個指令自行宣告符合自己需要的資料型別？
   (A) union (B) enum (C) typedef (D) struct

3. 列舉成員可以設定為下列何者？
   (A) 變數 (B) 方法 (C) 常數 (D) 以上皆可

4. 下列程式片段中，請問括弧處應使用哪個運算子？

```
01    struct example {
02        int x, y;
03    } a, b;
04    b (   ) x = 5;
```

   (A) . (B) -> (C) => (D) >

5. 下列程式片段中欄位 birthday 中的欄位 year 原本存放著西元年，假若要將欄位 birthday 中的欄位 year 換成民國年，請問括弧處應使用哪個敘述才能正確執行？

```
01    struct date { int year, m, d; };
02    struct example{
03        name[8];
04        date birthday;
05    } a[10] ;
06    ⋮
07    a[2]( ________ ) -= 1911;
```

   (A) ->birthday->year (B) ->birthday.year
   (C) .birthday->year (D) .birthday.year

6. C++語言中，結構中的每一個資料型別稱為下列何者？
   (A) 記錄 (B) 欄位 (C) 檔案 (D) 資料

7. 我們通常會使用哪一種資料型別來宣告代表某一個有意義名稱的常數？
   (A) 結構 (B) 陣列 (C) 列舉 (D) 共用資料

8. 下列程式片段中，請問括弧處應使用哪個敘述才能正確輸出結構內欄位 name？

```
01    struct example {
02        char name[8];
03        int age;
04    } a={"張三", 17};
05    example *ptr = &a;
06    cout << (__________) << endl;
```

   (A) (*ptr).name (B) (*)ptr.name (C) *ptr.name (D) *(ptr.name)

9. 下列程式片段中，哪行有錯誤？

```
01      enum color { Red,
02              Brown,
03              Green, Yellow};
04      Green=5;
```

(A) 01 行　(B) 02 行　(C) 03 行　(D) 04 行

10. 有一程式片段如下，試問會輸出下列哪一個選項？

```
enum num{ one , two , three=3 };
cout << two << endl;
```

(A) 0　(B) 1　(C) 2　(D) 3

CHAPTER 12

鏈結串列

12.1 動態資料結構

所謂「動態資料結構」就是指程式執行時，系統會按照程式的要求彈性配置記憶體，也可以將不再使用的記憶體釋回。如此可以避免資料占用太多的記憶體空間，達到有效的記憶體管理。至於「靜態資料結構」在第七章的陣列即是屬於此種方式，由於陣列一經宣告後，不管是否有使用，便一直占用主記憶體，直到陣列的生命期 (Life cycle) 結束才將記憶體歸還給系統，很浪費記憶體空間。再加上陣列資料之間是靠著註標來連繫，因此資料在主記憶體中必須占用連續的位置不允許中斷，這對於需要經常做插入或刪除動作的資料是很不方便的，可能會牽一髮動全身，增加維護上的困難。所幸，在 C++ 中可以透過指標構成結構指標，將此類的資料以鏈結串列方式存入主記憶體中，資料中增加或刪除只會更改到該資料前後的資料位址，而不會動到整個資料，解決了資料增刪會牽一髮動全身的問題。

「動態資料結構」的資料在主記憶體中的位置是允許不連續存放的，為了能追蹤資料的前後關係，每一筆資料中除了資料所需的欄位外，還需要至少有一個欄位用來存放下一筆資料的位址，該欄位是一個指標變數用來告知下一筆資料在主記憶體中的位址。譬如下圖：

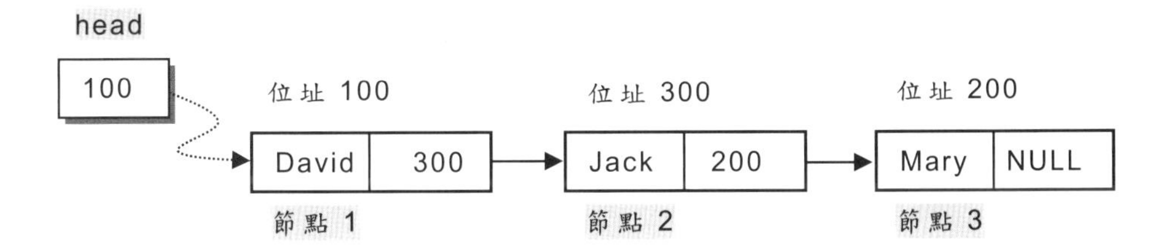

先透過起始指標 (head) 告知資料是由位址 100 開始放起，位址 100 裡面存放的資料是 "David"，再由接在 "David" 後面的指標可知道下一筆資料是放在位址 300，位址 300 裡面存放的資料是 "Jack"，再由接在 "Jack" 後面的指標可知道下一筆資料是放在位址 200，位址 200 裡面存放的資料是 "Mary"，再由接在 "Mary" 後面的指標是 NULL，告知資料到此為止。

一般的動態資料結構至少是由兩個以上的欄位所構成，其中一個欄位用來存放指向下一個結構的指標欄位，其他欄位則是分別用來存放該筆所有資料。下圖是最簡單的動態資料結構，共有兩個欄位組成一個結構 (Structure)，第一個欄位用來存放資料、第二個欄位存放結構指標，用來存放下筆資料的起始位址，此種結構方式稱為「節點」(Node)，其構造如下：

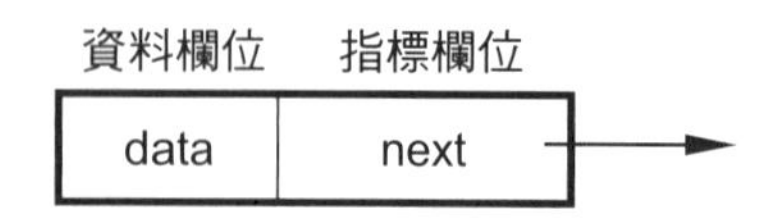

舉例說明 C++定義動態資料結構的方式如下：

```
struct Node
{
    int data ;
    Node *next ;
};
```

上面敘述定義 Node 為一個結構，有兩個成員欄位，第一個欄位名稱是 data 用來存放整數資料；第二個欄位名稱 next 是一個指標，它所指到的位址是具有 Node 的結構。

結構定義完畢後，再宣告某個變數具有此結構，最後再賦予此結構變數初值便可使用。譬如經過上面定義一個 Node 結構後，其宣告方式如下：

```
Node first ;     // 宣告 first 具有 Node 的結構
Node *ptr ;      // 宣告 ptr 是一個指標變數，它是指到一個具有 Node 的結構
```

若要將 ptr 指到如下圖所示的 first 這個節點上，其宣告方式如下：

```
ptr = &first ;
```

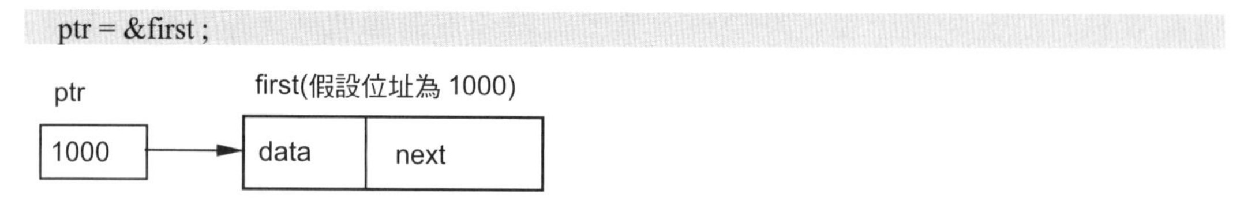

此種 Node 結構，可以將一個 Node 接一個 Node 前後連接在一起，像一條鍊子環環相扣，就構成一個串列 (List)。

12.2 鏈結串列

若一個串列是藉著每個節點內的 next 指標串接其後面的節點，我們稱之為「鏈結串列」(Linked List)。

在程式中使用鏈結串列來處理資料，最大的好處在於資料是以節點方式儲存在不連續主記憶體位址中，因此對資料做插入或刪除的動作時，只需要針對目前節點的前一個或後面一個節點變更其指標，其他的節點維持不動。不像陣列由於資料在主記憶體是以連續位址存放，碰到欲插入一筆資料時，插入點後面的資料必須全部往後移一個位置，空出的位置用來存放欲插入的資料。至於陣列要刪除資料時，必須將接在刪除資料後面的資料全部往前移動一個位置。譬如一個陣列有 1000 個資料，欲插入一筆資料到第二筆資料後面時，必須先將原來第 3 至 1000 筆資料往後移一個位置，再將新資料插入到空出來的第三個位置，可說是牽一髮動全身。

12.2.1 如何產生一個鏈結串列

當在程式中已經定義和宣告一個結構指標後，程式執行時若要在主記憶體中產生一個節點 (Node) 來存放新的資料時，可透過 new 運算子來產生一個新的節點，將資料放入對應的欄位中。再將這個節點的位址放入前一個節點的指標欄位內，使其節點頭尾互相串接起來便構成一個鏈結串列。

同樣地，透過 delete 運算子也可將鏈結串列上的節點刪除，該資料便從主記憶體中釋放掉。如此資料需要使用到主記憶體時，才配置空間給它使用；不需要使用時將所占用的主記憶體空間釋放掉，歸還給作業系統以供其他資料使用，可防止資料占用過多的主記憶體。將動態配置的記憶體位址指定給等號左邊的指標變數，產生一個節點的語法如下：

語法 `指標變數 = new 結構名稱;`

將目前指標變數所指資料占用的記憶體空間釋放掉，刪除一個節點的語法如下：

語法 `delete 指標變數;`

接著利用一個簡例介紹如何建立一個鏈結串列，每次新增的節點都串接到該串列的最尾端，其步驟如下：

Step1 **定義節點結構**：定義一個名稱為 Node 的結構，其中放置一個整數欄位資料 data (必要時定義多個欄位)，和紀錄下個節點位址的 next 欄位。

```
struct Node
{
    int data ;
    Node *next ;
} ;
```

Step2 **宣告頭尾兩個指標**：宣告兩個結構指標 head 和 tail 並設成 NULL，表示目前尚未指向任何節點資料。

```
Node *head, *tail ;
head = tail = NULL ;
```

head　NULL

tail　NULL

Step3 **建立新節點並設定欄位資料**：宣告 newptr 是一個 Node 結構指標，它指到新節點的起始位址，並使用 new 運算子建立一個新節點。接著將資料存入新節點的 data 欄中，並將新節點的 next 欄位設成空指標(NULL)。可以使用指標成員運算子(Pointer-to-member operator)->來存取結構中的成員，運算子是由減號 - 和 > 構成。

```
Node *newptr ;
newptr = new Node ;
newptr->data = 25 ;
newptr->next = NULL ;
```

newptr　1000

head　NULL

tail　NULL

1000(新節點位址)

25　NULL

newptr->data=25;　newptr->next=NULL;

Step4 **設定頭尾指標和各節點的指向**：檢查 head 的內容是否為 NULL？由於目前串列是空的(未建立任何節點)，所以將 head 和 tail 同時指到第一個節點。

```
if (head == NULL){
      head = newptr ;        // 指向第一節點
} else {
      tail->next = newptr ;
}
tail = newptr ;              // 指向最後節點
```

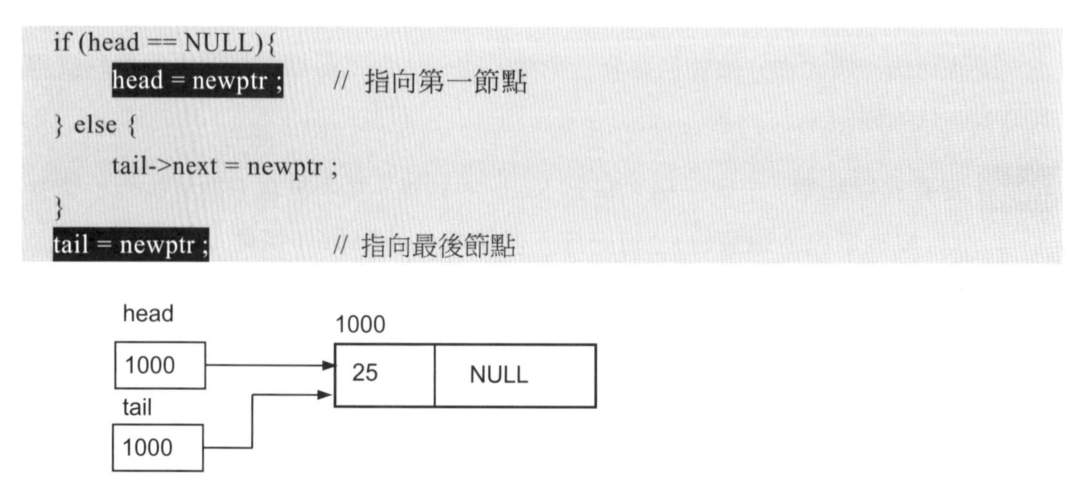

Step5 **建立新節點並設定欄位資料**：接著重複 Step3 動作建立新節點，並將 data 欄位設為 80、next 欄位設為 NULL。

```
newptr = new Node ;
newptr->data = 80 ;
newptr->next = NULL ;
```

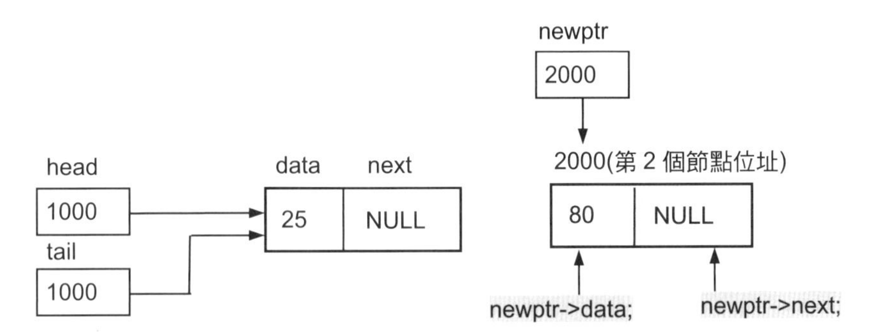

Step6 **設定頭尾指標和各節點的指向**：檢查 head 的內容是否為 NULL？由於串列已經有一個節點，head 的內容已經存放第一個節點的位址，執行第 1 行結果為 false。因此，執行第 4 行敘述，將新的節點接在第一個節點的後面。執行第 6 行敘述，將 tail 指標指到新增的節點，就完成鏈結串列的節點新增。

```
01 if (head = NULL){
02         head = newptr ;
03 }else{
04         tail->next = newptr; (如下圖❶)
05 }
06 tail=newptr; (如下圖❷);
```

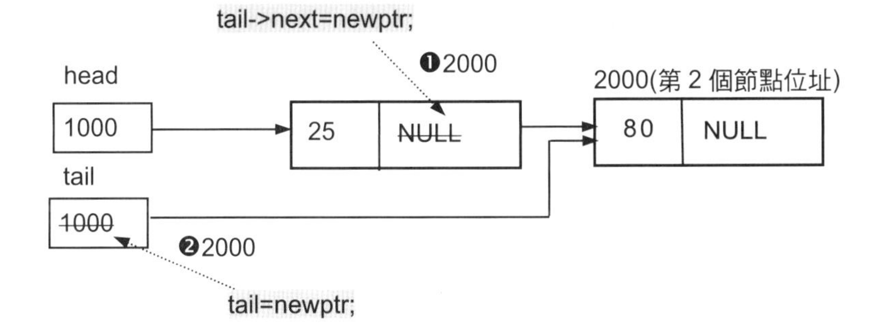

Step7 **插入新節點**：重複 Step5 ~ Step6 便可繼續做新增節點的動作。

範例： linkedlist1.cpp

使用結構建立一個鏈結串列。每次由鍵盤鍵入的整數資料皆置於串列的最後，當輸入「0」時結束輸入作業，並將鏈結串列內所有資料顯示在螢幕上。

執行結果

```
若要結束程式，請輸入數字0
請輸入整數資料：10
請輸入整數資料：20
請輸入整數資料：30
請輸入整數資料：0
顯示鏈結串列內所有資料
節點1=10        節點2=20        節點3=30

Process returned 0 (0x0)   execution time : 11.086 s
Press any key to continue.
```

程式碼 FileName：linkedlist1.cpp

```
01 #include <iostream>
02 using namespace std;
03
04 struct Node {
05     int data;
06     Node *next;
07 }*head, *tail;
08
09 void append_node(int i){
10     Node *newptr = new Node;
11
12     if (head == NULL){
13         head = newptr;
14     }else{
15         tail->next = newptr;
16     }
17     newptr->data = i;
18     newptr->next = NULL;
19     tail = newptr;
20 }
21
22 int main()
23 {
24     Node *node, *temp;
25     head = tail = NULL;
26     int input, i = 1;
27
```

```
28     cout << "若要結束程式，請輸入數字 0\n";
29     do{
30        cout << "請輸入整數資料：";
31        cin >> input;
32        if(input == 0)
33           break;
34        append_node(input);
35     }while(1);
36     cout << "顯示鏈結串列內所有資料\n";
37     node = head;
38     while(node != NULL){
39        temp = node;
40        cout << "節點" << i++ << "=" << node->data << '\t';
41        node = node->next;
42        delete temp;
43     }
44     cout << endl;
45     return 0;
46  }
```

說明

1. 第 4~7 行：定義 Node 節點結構，並同時宣告頭尾指標 head、tail。
2. 第 9~20 行：新增節點自定函式。
3. 第 29~35 行：while 迴圈為輸入節點介面，如果輸入 0 則結束輸入，反之則在尾端新增一個節點。
4. 第 38~43 行：顯示各節點內所含的資料後，並釋放該節點占用的記憶體。

12.2.2 如何插入一個節點

由於一般的鏈結串列大都有 head (指到最前面的節點) 和 tail (指到最後面的節點) 這兩個指標，因此欲在已知的鏈結串列中欲插入一個節點，最簡單的方式就是直接將新節點插在鏈結串列的最前面或是串列的最後面。假若希望插入的節點能夠做遞增或遞減排序時，必須先將插入的資料和串列中的資料，從 head 所指的節點 (第 1 個節點) 開始比較，找出適當插入節點的地方，再將新節點插入。所以，發生插入節點的位置有下列三種情形：

1. 插入到鏈結串列的最前面。
2. 插入到鏈結串列的最後面。
3. 插入到鏈結串列的中間。

假設已經建立好一個已排序好的鏈結串列，如下：

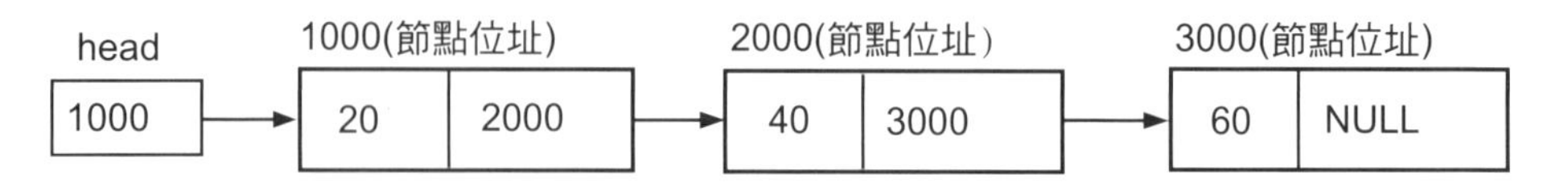

利用上面已經建好的鏈結串列，來說明插入節點三種方式的演算法：

Case1 將新的節點插入到鏈結串列最前面的演算法

1. 先利用 new 運算子產生一個新的 Node 節點，名稱為 newptr。

```
newptr = new Node ;   // 新節點
newptr->data = 10 ;
newptr->next = NULL ;
```

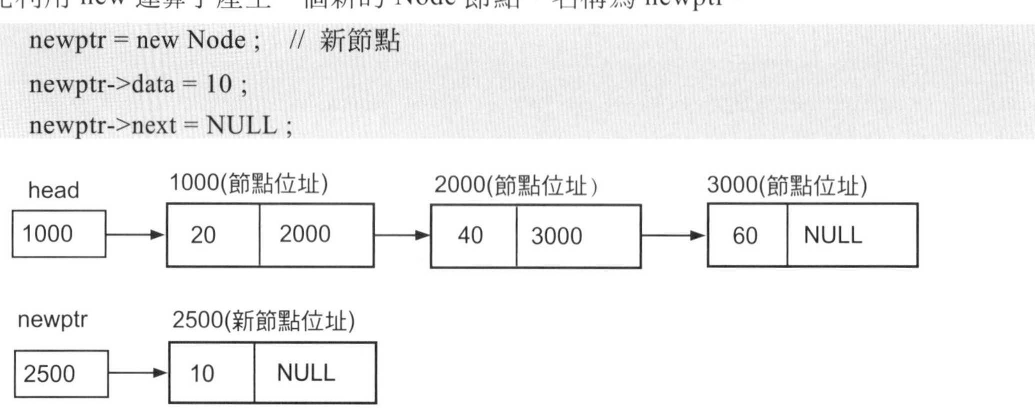

2. 將 head 的內容存入 newptr->next 欄位中，表示將原來第一個節點接到新節點的後面。接著再將 newptr 的內容存入 head 指標變數中，表示將 head 指到新節點的位址上。

```
newptr->next = head ;   // 指向原串列開頭      (如下圖❶)
head = newptr ;         // 新節點成為串列開頭  (如下圖❷)
```

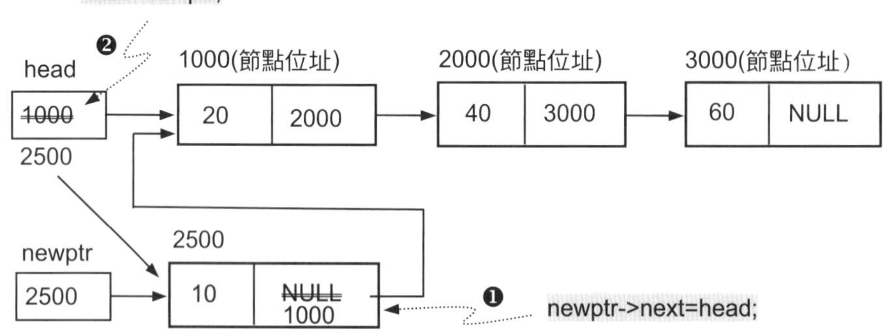

Case2 將新的節點插入到鏈結串列最後面的演算法

1. 先利用 new 運算子產生一個新的 Node 節點，名稱為 newptr，newptr 會指向新節點的位址。接著將輸入的資料放入 data 欄位，並將 next 欄位設為 NULL。

```
newptr = new Node ;    // 新節點
newptr->data = 80 ;
newptr->next = NULL ;
```

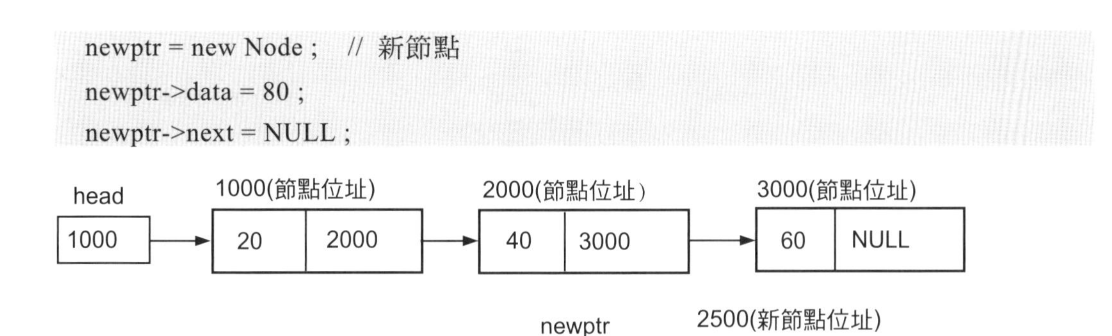

2. 將新節點插入目前最後節點的後面，其程式寫法有下列兩種方法。

方法 1 **有 tail 指標的做法：**

將 newptr 的內容存入 tail->next 欄位中，表示將新節點接到原來最後一個節點的後面，同時將 tail 指標指到新節點上。 (如下圖假設 tail 指到位址 3000)

```
tail->next = newptr ;      // 新節點加到串列尾端之後      (如下圖❶)
tail = newptr ;            // 新節點成為串列尾端          (如下圖❷)
```

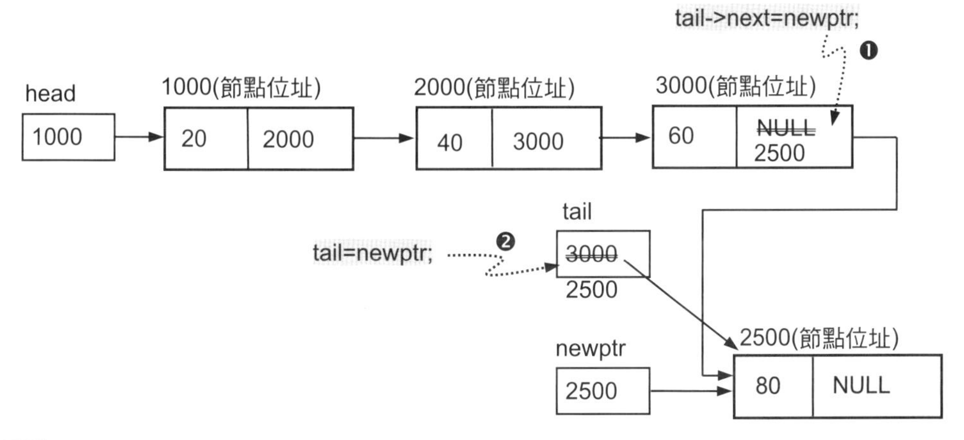

方法 2 **無 tail 指標的做法，使用 ptr：**

① 首先利用 ptr 指標由 head 開始一直往下找，檢查節點的 next 欄位是否為 NULL，若為真時表示 ptr 已經是鏈結串列最後一個節點，其寫法如下：

```
ptr = head ;
while (ptr->next!=NULL) {
        ptr=ptr->next;
}
```

② 當 ptr 指到最後一個節點時，ptr 類似於方法 1 的操作方式：

```
ptr->next = newptr ;       // 新節點加到串列尾端之後      (如下圖❶)
ptr = newptr ;             // 新節點成為串列尾端          (如下圖❷)
```

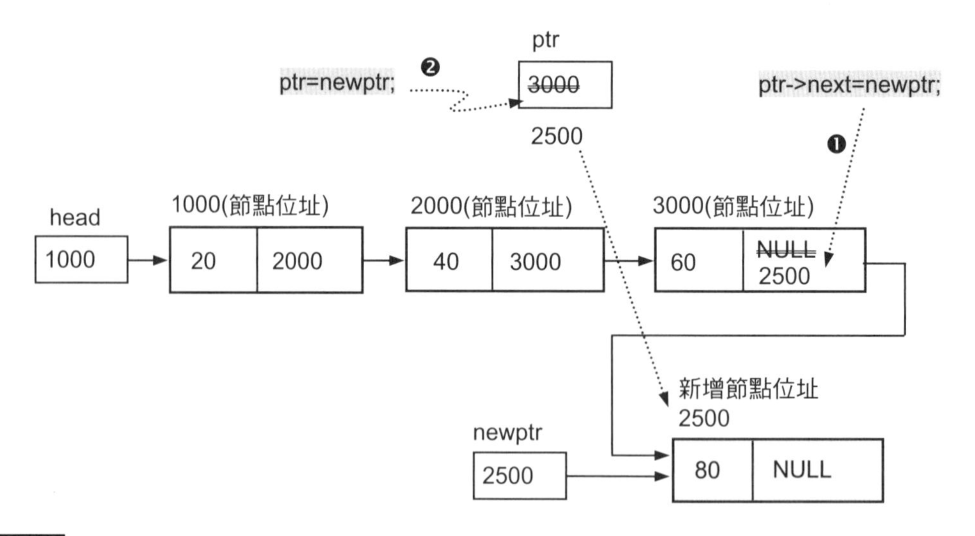

Case3 將新的節點插入到鏈結串列中間的演算法

假設要將新的節點 (資料為 50) 插入到第 2 個和第 3 個節點之間：

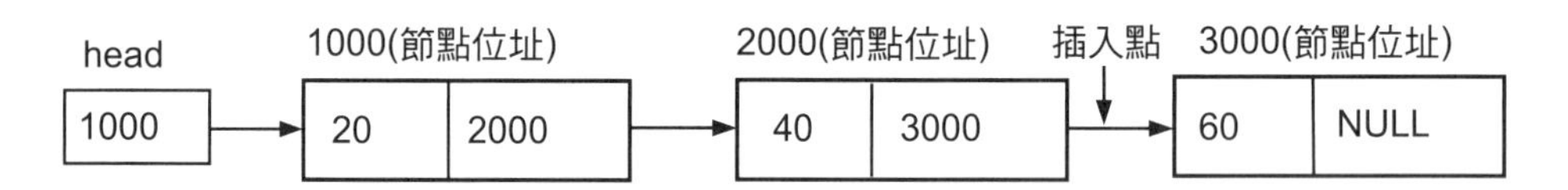

1. 先利用 new 運算子產生一個新的節點，設定 head、ptr 和 befptr 為指標變數 (其中 head 指到該鏈結串列的第一個節點；ptr 指到目前查詢的節點；befptr 指到 ptr 的前一個節點)，接著將 50 放入 newptr->data 欄位中，以及將新節點的 next 欄位設為 NULL (表示後面未接任何資料)。

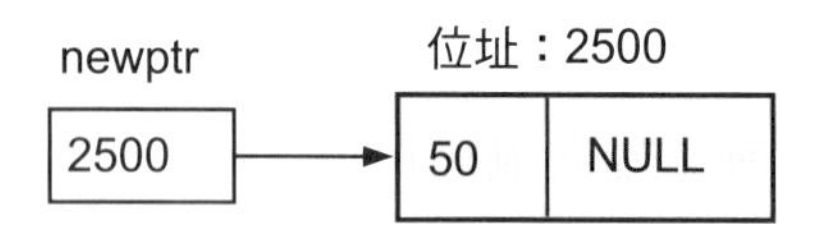

2. 將 befptr 和 ptr 指到鏈結串列的最開頭，寫法如下：

```
befptr = ptr = head ;
```

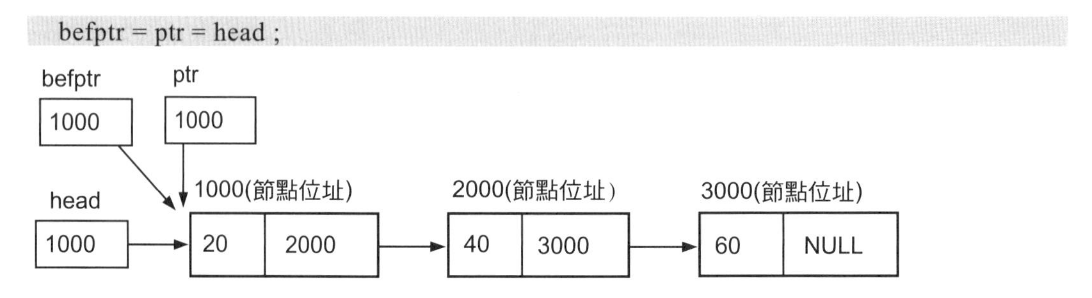

3. 移動 ptr 到要欲插入節點的後面 (資料 60) 的節點上 (如下圖) ，此時 befptr 會指到 ptr 的前一個節點 (資料 40)。

```
newptr->next = ptr ;        // 將 ptr 所指的位址放入新節點的 next 欄位中，
                            // 使得新節點指向第 3 個節點    (如下圖❶)
befptr->next = newptr ;     // newptr 所指的位址放入第 2 個節點的 next 欄位中，
                            // 使得第 2 個節點指向新節點    (如下圖❷)
```

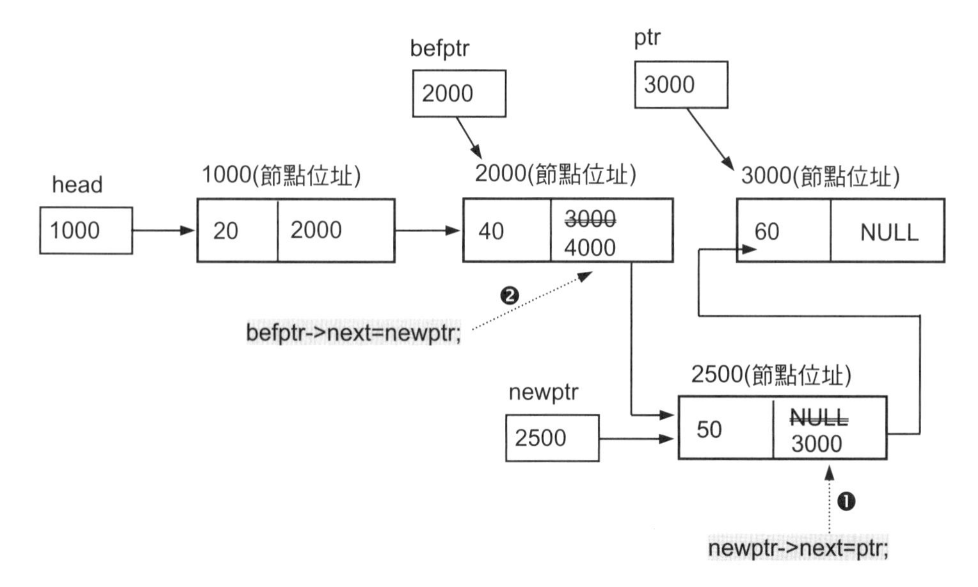

12.2.3 如何刪除一個節點

由鏈結串列中刪除某一節點的操作方式和插入節點一樣，視欲刪除節點的位置有下列三種情況：

1. 刪除的節點位在鏈結串列的最前面。
2. 刪除的節點位在鏈結串列的最後面。
3. 刪除的節點位在鏈結串列的中間。

假設下列是一個鏈結串列，ptr 是一個指標它是指向目前的節點；befptr 是指向目前 ptr 所指節點的前一個節點。ptr 由 head 開始往下一直找到欲刪除資料時便停止，再按照符合下列演算法的情況做刪除節點的動作。

Case1 刪除鏈結串列最前面節點的演算法

1. 將 head 指標指定給 ptr，其寫法如下：

```
ptr = head ;
```

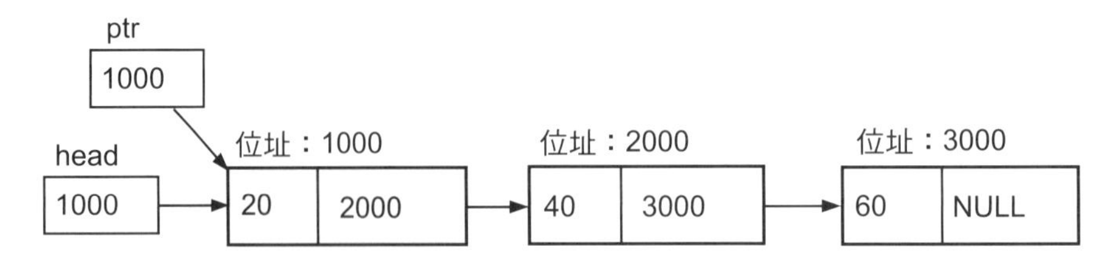

2. 將 head 指標指到下一個節點，其寫法如下：

```
ptr = head->next ;
```

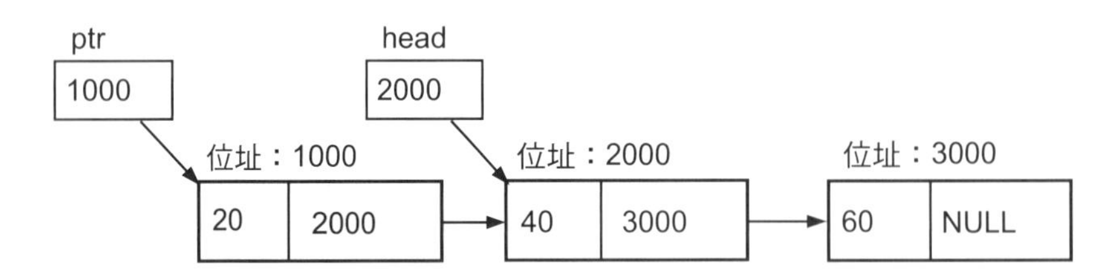

3. 使用 delete ptr 敘述將 ptr 所指的節點刪除掉。

```
delete ptr ;
```

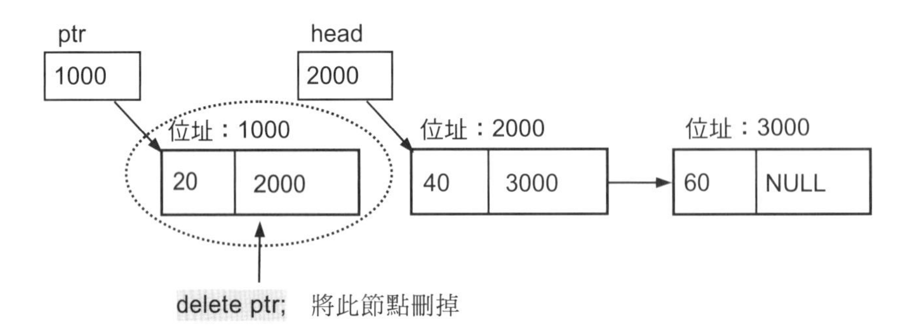

Case2 刪除鏈結串列最後面節點的演算法

1. 移動 ptr 指標由 head 最前面節點一直移到最後一個節點 (檢查 ptr->next 是否為 NULL)，befptr 是指向目前 ptr 所指節點的前一個節點，其寫法如下：

```
if (ptr->next == NULL)
```

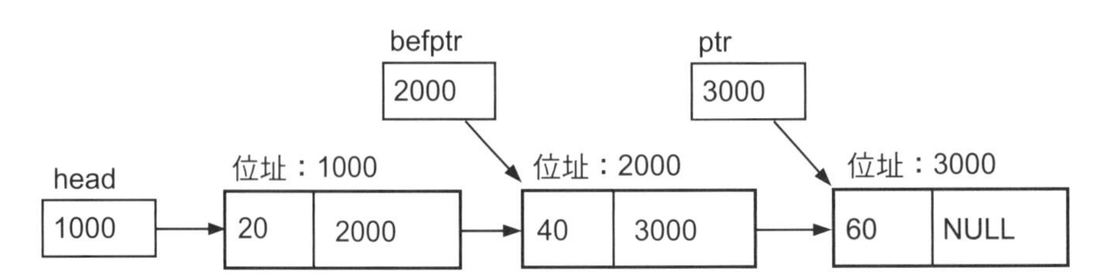

2. 若 ptr 指到最後一個節點，先將 befptr->next 設成 NULL，也就是說將 befptr 設成新的最後節點，接著再將目前 ptr 指的最後節點使用 delete 運算子，將該節點由所占的主記憶體釋放掉，還給系統，其寫法如下：

```
befptr->next = NULL ;   // (如下圖❶)
delete ptr ;            // (如下圖❷)
```

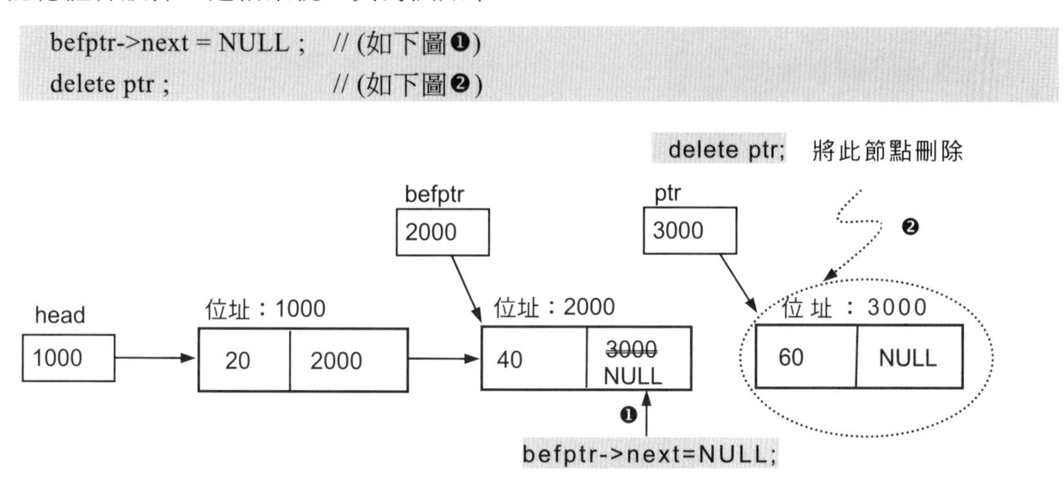

Case3 刪除鏈結串列中間某一節點的演算法

1. 先將 ptr 指標移到欲刪除的節點上，befptr 指標移到 ptr 的前一個節點上。

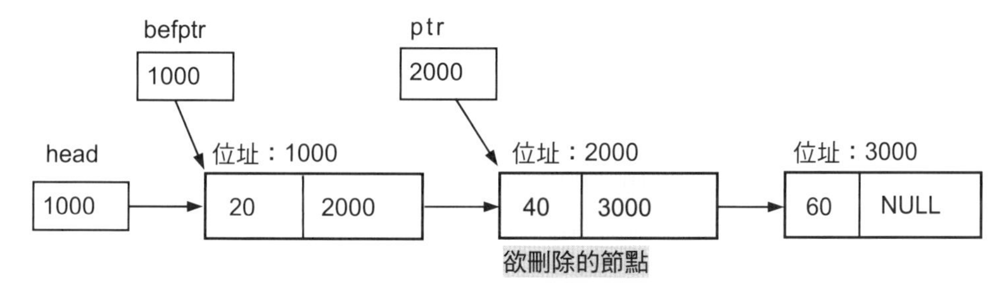

2. 將欲刪除節點的 next 欄位資料(ptr->next)複製到前一個節點的 next 欄位內(befptr->next)，其寫法如下：

```
befptr->next = ptr->next ;   // (如下圖❶)
delete ptr ;                 // (如下圖❷)
```

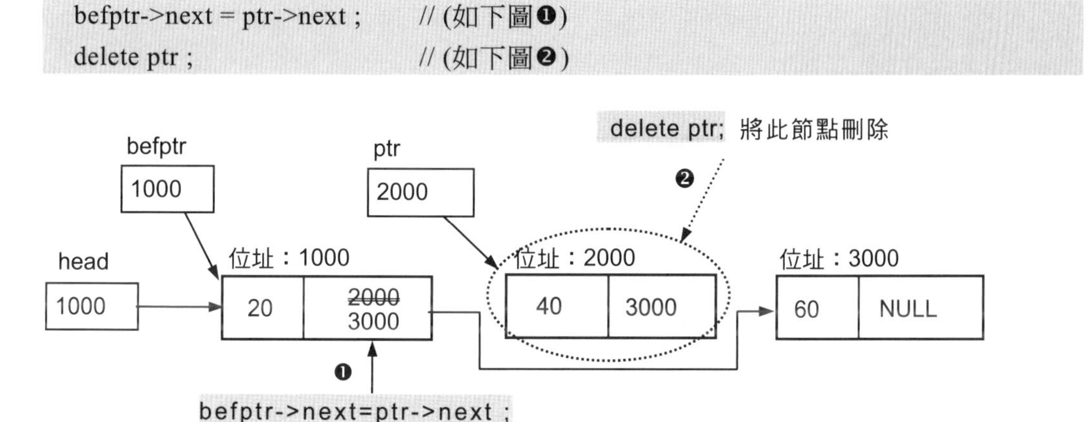

範例 ：linkedlist2.cpp

試以鏈結串列來建立一個員工資料庫，操作畫面如下，可以新增、刪除一筆資料及顯示所有資料。新增資料時會針依照年資作排序，年資最深者位於串列開頭，愈資淺則愈後面。

執行結果

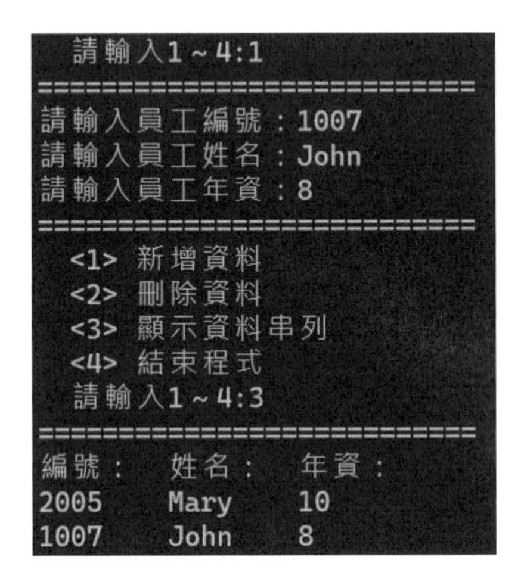

程式碼 FileName：linkedlist2.cpp

```
001 #include <iostream>
002 using namespace std;
003 
004 struct Node{
005     char name[8];
006     int id;
007     int age;
008     Node *next;
009 }*head; // 全域變數，串列開頭節點
010 
011 void addNode(void){
012     Node *newptr;
013     Node *ptr;         // 節點指標
014     Node *befptr;      // 前一節點指標
015     bool flag = false;
016     newptr = new Node;
017     cout << "==========================\n";
018     cout <<"請輸入員工編號：";
019     cin >> newptr->id;
020     cout << "請輸入員工姓名：";
021     cin >> newptr->name;
022     cout << "請輸入員工年資：";
```

```
023     cin >> newptr->age;
024     ptr = befptr = head;
025     if(head == NULL){        // 如果等於 NULL，表示是個空串列
026         head = newptr;       // 新增資料為起始節點
027         head->next = NULL; // 無後續節點
028     }else{
029         while(ptr != NULL){
030             if(newptr->age > ptr->age){  // 如果新資料的年資大於節點指標的年資
031                 flag = true;        // 旗標設為 true
032                 break;
033             }
034             befptr = ptr;           // 節點指標成為前一節點
035             ptr = ptr->next;        // 節點指標向下移動
036         }
037         if(flag == false){          // 表示指標已移到尾端，則新節點加在串列最後面。
038             newptr->next = NULL;
039             befptr->next = newptr;          // 新節點加在串列最後面
040         }
041         else{
042             if(ptr == head){        // 插入點為串列開頭
043                 newptr->next = head;
044                 head = newptr;
045             }
046             else{                   // 插入點為串列中間
047                 newptr->next = ptr;
048                 befptr->next = newptr;
049             }
050         }
051     }
052 }
053 void delNode(void){  // 刪除節點
054     Node *ptr, *befptr;
055     bool flag = false;
056     int id;
057 
058     cout << "輸入要刪除的員工編號：";
059     cin >> id;
060     ptr = befptr = head;
061     while(ptr != NULL){
062         if(id == ptr->id){
063             flag = true;
064             break;
```

```
065             }
066             befptr = ptr;
067             ptr = ptr->next;
068         }
069         if(flag == false){
070             cout << "無此員工編號\n";
071         }else{
072             cout << "刪除編號為" << ptr->id << "之資料\n";
073             if(ptr == head){
074                 head = ptr->next;
075             }
076             else if(ptr->next == NULL){
077                 befptr->next = NULL;
078             }
079             else{
080                 befptr->next = ptr->next;
081             }
082             delete ptr;
083         }
084     }
085     void showNode(void){  // 顯示串列內容
086         Node *node = head;
087 
088         cout << "===========================\n";
089         cout << "編號：\t 姓名：\t 年資：\n";
090         while(node != NULL){
091             cout << node->id << '\t' << node->name << '\t' << node->age << endl;
092             node = node->next;
093         }
094         cout << endl;//"===========================\n";
095     }
096 
097     int main()
098     {
099         char op;
100         Node *temp, *ptr;
101         head = NULL;
102 
103         while(1){
104             cout << "===========================\n";
105             cout << "  <1> 新增資料\n";
106             cout << "  <2> 刪除資料\n";
107             cout << "  <3> 顯示資料串列\n";
```

```
108         cout << "  <4> 結束程式\n";
109         cout << "  請輸入 1~4:";
110         cin >> op;
111         switch (op){
112            case ('1'):
113               addNode();
114               break;
115            case ('2'):
116               delNode();
117               break;
118            case ('3'):
119               showNode();
120               break;
121            case ('4'):
122               ptr = head;  // 刪除全部節點
123               while(ptr != NULL){
124                  temp = ptr;
125                  delete ptr;
126                  ptr = temp->next;
127               }
128               return 0;
129               break;
130            default:
131               continue;
132         }
133      }
134   }
```

說明

1. 第 4~9 行：定義節點結構 Node，其中有四個資料欄位成員。並且宣告結構指標 head。
2. 第 11~52 行：新增節點的自定函式。
3. 第 16 行：新增一個結構來存放資料。
4. 第 17~23 行：輸入介面。
5. 第 24 行：將指標變數 ptr 及 befptr 指向串列起始節點。
6. 第 25~27 行：如果 head 指向 NULL 代表目前是空串列，以新節點當串列開頭。
7. 第 29~36 行：由於題目要求串列是依年資排列，所以本例用移動指標依序判斷插入點。
8. 第 37~40 行：無插入點時，將新節點加在串列尾端。

9. 第 41~45 行：插入點等於串列開頭時，將新節點加在串列最前面。

10. 第 46~49 行：插入點在中間，則新節點插入 befptr 與 ptr 之間。

11. 第 53~84 行：刪除節點的自定函式，程式流程類似新增節點，在此不再贅述。

12. 第 85~95 行：顯示串列資料的自定函式。

12.3 實例

範例：lintAdd.cpp

試撰寫一個兩個長正整數相加的程式。程式執行時會要求使用者輸入兩筆位數小於 99 位的長正整數，接著程式會計算兩數值相加之和，最後以三位一逗點的格式輸出結果。

執行結果

```
請輸超長整數(位數小於99)；1234567890123456789012345
請輸超長整數(位數小於99)；9999999999999999999999999
11,234,567,890,123,456,789,012,344

Process returned 0 (0x0)   execution time : 30.647 s
Press any key to continue.
```

程式碼 FileName：lintAdd.cpp

```
001 #include <iostream>
002 #include <cstring>
003 using namespace std;
004
005 struct Node{
006     int data;
007     Node *next;
008 };
009 Node * getNode(){
010     Node *t;
011     t = new Node;
012     t->next = NULL;
013     return(t);
014 }
015 Node * createLink(void){
016     Node *head, *tail, *p;
017     char str[100];
018     int len, i, j, t;
```

```
019
020     cout << "請輸超長整數(位數小於 99)：";
021     cin >> str;
022     len = strlen(str); // 計算字串長度
023     head = tail = NULL;
024     for(i = len - 1; i >= 0; ){
025        for(j = 0; j < 3 && i >= 0; j ++){
026           switch(j){
027              case(1):
028                 t += (str[i] - '0') * 10;
029                 break;
030              case(2):
031                 t += (str[i] - '0') * 100;
032                 break;
033              default:
034                 t = str[i] - '0';
035           }
036           i --;
037        }
038        p = getNode();
039        p->data = t;
040        if(head == NULL)
041           head = p;
042        else
043           tail->next = p;
044        tail = p;
045     }
046     return head;
047 }
048 lintAdd(Node *t1, Node *t2){
049     Node *ptr, *head, *tmp;
050     int num, carry = 0;
051     head = NULL;
052     while(t1 != NULL || t2 != NULL){
053        ptr = getNode();
054        if(t1 != NULL && t2 != NULL){
055           num = t1->data + t2->data + carry;
056           ptr->data = num % 1000;
057           if(head == NULL)
058              head = ptr;
059           else{
060              ptr->next = head;
061              head = ptr;
062           }
```

```
063             t1 = t1->next;
064             t2 = t2->next;
065         }
066         else{
067             if(t1 != NULL){
068                 num = t1->data + carry;
069                 t1 = t1->next;
070             }
071             else{
072                 num = t2->data + carry;
073                 t2 = t2->next;
074             }
075             ptr->data = num % 1000;
076             ptr->next = head;
077             head = ptr;
078         }
079         carry = num / 1000;
080     }
081     if(carry > 0){
082         ptr = getNode();
083         ptr->data = carry;
084         ptr->next = head;
085         head = ptr;
086     }
087     for(ptr = head; ptr != NULL;  ){
088         if(ptr != head)
089             printf("%03d", ptr->data);
090         else
091             printf("%d", ptr->data);
092         if(ptr->next != NULL)
093             cout << ',';
094         ptr = ptr->next;
095     }
096     cout << endl;
097 }
098 freeNode(Node *node){ // 釋放全部節點
099     Node *p, *t;
100     for(p = node; p != NULL;  ){
101         t = p;
102         p = p->next;
103         delete t;
104     }
105 }
106
```

```
107 int main()
108 {
109     Node *num1, *num2;
110     num1 = createLink();
111     num2 = createLink();
112 
113     lintAdd(num1, num2);
114 
115     freeNode(num1);
116     freeNode(num2);
117     return 0;
118 }
```

說明

1. 基本資料型別無法表示超長整數，所以用串列每個節點儲存 0~999 整數，然後讀取節點資料作加法計算，並注意所產生的進位，就能做超長整數的加法運算。
2. 第 5~8 行：定義結構欄位，欄位 data 儲存長整數分解後的數值，next 用來指定串列的下一項的節點。
3. 第 15~47 行：createLink() 函式，函式接受使用者輸入長整數並將該數值分解成串列來儲存，最後回傳串列起始節點位址。
4. 第 24~45 行：將數值由右向左每 3 個數字產生 1 個節點。由於加法是從個位數起向左計算，所以分解時依序自尾端向前取 3 個數字，轉換成整數，定義為新節點，新節點置於串列末端。
5. 第 48~97 行：定義 lintAdd() 函式，呼叫此函式時必須傳入二個串列起始位址，此函式會新建一串列來儲存傳入值相加之和並輸出計算結果。
6. 第 50 行：變數 carry 是進位值，當兩數相加的和大於 999 時，將進位值儲存在這裡，預設無進位值，所以設為 0。
7. 第 52~80 行：while 迴圈會執行至兩個串列皆指向串列尾端為止。
8. 第 54~65 行：兩個串列皆有節點時，取出節點內欄位 data 值相加，加上進位值，最後除 1000 的餘數即是計算結果。因為顯示時位數大者在前面，所以新節點插在串列開頭。
9. 第 66~78 行：兩個串列中有一個串列無節點的運算式。
10. 第 79 行：計算新的進位值。
11. 第 81~86 行：迴圈結束後，若進位值不為 0，新增 1 節點，存放進位值，該節點放置於串列開頭。
12. 第 87~95 行：顯示計算結果。

12.4 APCS 檢測觀念題攻略

題目 (一)

List 是一個陣列，裡面的元素是 element，它的定義如右。List 中的每一個 element 利用 next 這個整數變數來記錄下一個 element 在陣列中的位置，如果沒有下一個 element，next 就會記錄-1。所有的 element 串成了一個串列 (linked list)。例如在 list 中有三筆資料。

```
struct element{
    char data;
    int next;
};
void RemoveNextElement(element list[], int current) {
    if(list[current].next != -1){
        /*移除 current 的下一個 element*/
        [          ]
    }
}
```

1	2	3
data = 'a' next = 2	data = 'b' next = -1	data = 'c' next = 1

它所代表的串列如下圖

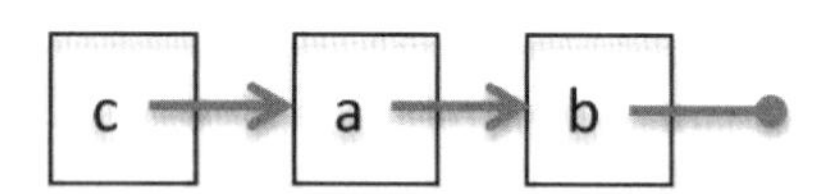

RemoveNextElement 是一個程序，用來移除串列中 current 所指向的下一個元素，但是必須保持原始串列的順序。例如，若 current 為 3 (對應到 list[3])，呼叫完 RemoveNextElement 後，串列應為

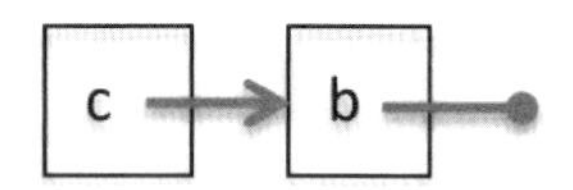

請問在空格中應填入的程式碼為何？

(A) list[current].next = current;
(B) list[current].next = list[list[current].next].next;
(C) current = list[list[current].next].next;
(D) list[list[current].next].next = list[current].next;

說明

1. 要移除鏈結串列中 current 所指向的下一個元素，其作法是：取出次一個節點的 next 欄位內容，覆蓋目前節點的 next 欄位。
2. 答案是 (B)。

12.5 習題

選擇題

1. 有程式片段如下：請問該程式執行後 x 值等於多少?

```
struct node{
        int no;
        node *next;
};
node s[3]={{1,&s[1]},{3,&s[2]},{5,NULL}};
struct node *ptr = &s[1];
int x = (*ptr->next).no;
```

(A) 1　(B) 3　(C) 5　(D) 無法執行

2. 有程式片段如下

```
struct node{
        int no;
        node *next;
};
```

以上面的結構建立一資料串列，現有 3 個結構 ptr1、ptr2、ptr3 依序排列。請問下列哪一個敘述可以刪除串列中的 ptr2？

(A) ptr2 = NULL;　(B) ptr1->next = ptr2->next;
(C) ptr1->next = ptr3->next;　(D) delete ptr2;

3. 有一串列，其串列結構同第 2 題，已知 p 指向串列尾端，有程式片段如下：

```
node *n = new node;
n->next = NULL;
n->data = 99;
(__________________)
```

請問括弧中填入下列那一個敘述，無法將節點 n 加在串列最後面？

(A) p->next = n; p = n;　(B) (*p).next = n; (*p) = n;
(C) (*p).next = n; p = n;　(D) 以上皆可

APCS 105 年 3 月實作題解析

CHAPTER 13

13.1 成績指標

問題描述

一次考試中，於所有及格學生中獲取最低分數者最為幸運，反之，於所有不及格同學中，獲取最高分數者，可以說是最為不幸，而此二種分數，可以視為成績指標。

請你設計一支程式，讀入全班成績 (人數不固定)，請對所有分數進行排序，並分別找出不及格中最高分數，以及及格中最低分數。

當找不到最低及格分數，表示對於本次考試而言，這是一個不幸之班級，此時請你印出：「worst case」；反之，當找不到最高不及格分數時，請你印出「best case」。

註：假設及格分數為 60，每筆測資皆為 0~100 間整數，且筆數未定。

輸入格式

第一行輸入學生人數，第二行為各學生分數 (0~100 間)，分數與分數之間以一個空白間格。每一筆測資的學生人數為 1~20 的整數。

輸出格式

每筆測資輸出三行。

第一行由小而大印出所有成績，兩數字之間以一個空白間格，最後一個數字後無空白；

第二行印出最高不及格分數，如果全數及格時，於此行印出 best case；

第三行印出最低及格分數，當全數不及格時，於此行印出 worst case。

範例一：輸入

10
0 11 22 33 55 66 77 99 88 44

範例一：正確輸出

0 11 22 33 44 55 66 77 88 99
55
66

【說明】不及格分數最高為 55，及格分數最低為 66。

範例二：輸入

1
13

範例二：正確輸出

13
13
worst case

【說明】由於找不到最低及格分，因此第三行須印出「worst case」。

範例三：輸入

2
73 65

範例三：正確輸出

65 73
best case
65

【說明】由於找不到不及格分，因此第二行須印出「best case」。

評分說明

輸入包含若干筆測試資料，每一筆測試資料的執行時間限制 (time limit) 均為 2 秒，依正確通過測資筆數給分。

解題分析

1. 先設計陣列的排序函式，給予傳入的陣列 arr[] 和陣列大小 k，便可將存放整數資料的陣列元素由小到大排序。

```
//排序函式
void sort(int arr[], int k) {
    int temp;
```

```
    for(int i=0; i<k-1; i++) {
        for(int j=i+1; j<k; j++) {
            //若前元素值大於後元素值，則前後兩元素的值互換
            if (arr[i] > arr[j]) {
                temp = arr[i];
                arr[i] = arr[j];
                arr[j] = temp;
            }
        }
    }
}
```

2. 宣告存放成績的整數陣列 score，陣列大小為所輸入的學生人數 n。再逐一輸入學生的分數成績。

```
int n;
cin >> n;                          //輸入學生人數
int score[n];
for(int i=0; i<n; i++) {
    cin >> score[i];               //輸入學生分數
}
```

3. 將成績陣列 score 和學生人數 n，代入排序函式 sort(score, n)。將 score 成績由小到大排列印出，作為第一列輸出文字。

```
sort (score, n);                   //排序成績
for (int j = 0; j<n; j++) {        //將成績由小到大排列印出
    cout << score[j] << " ";
}
```

4. 第二列輸出文字為最高不及格分數。使用迴圈由陣列最後元素往前尋找小於 60 的分數，第一個被找到的元素為最高不及格分數。若在迴圈內都找不到，則印出 "best case" (最佳狀態)。

```
int flag1=0;                   //標記,0 表示沒找著;1 表示有找著
for(int k=n-1; k>=0; k--) {
    if(score[k] < 60) {                //尋找最高不及格分數
        cout << score[k] << endl;      //印出最高不及格分數
        flag1=1;
        break;
    }
}
if (flag1 == 0)
    cout << "best case" << endl;       //印出最佳狀態
```

5. 第三列輸出文字為最低及格分數：使用迴圈由陣列第一個元素往後尋找大於或等於 60 的分數，第一個被找到的元素為最低及格分數。若在迴圈內都找不到，則印出 "worst case" (最差狀態)。

```
int flag2=0;        //標記,0 表示沒找著;1 表示有找著
for(int h=0; h<=n-1; h++) {
    if(score[h] >= 60) {              //尋找最低及格分數
        cout << score[h] << endl;  //印出最低及格分數
        flag2=1;
        break;
    }
}
if (flag2 == 0)
    cout << "worst case" << endl;  //印出最差狀態
```

程式碼 FileName : apcs_10503_01.cpp

```
01 #include <iostream>
02 using namespace std;
03
04 //排序函式
05 void sort(int arr[], int k) {
06     int temp;
07     for(int i=0; i<k-1; i++) {
08         for(int j=i+1; j<k; j++) {
09             //若前元素值大於後元素值,則前後兩元素的值互換
10             if (arr[i] > arr[j] ) {
11                 temp = arr[i];
12                 arr[i] = arr[j];
13                 arr[j] = temp;
14             }
15         }
16     }
17 }
18
19 int main()
20 {
21     int n;
22     cin >> n;                          //輸入學生人數
23     int score[n];
24     for(int i=0; i<n; i++) {
25         cin >> score[i];               //輸入學生分數
26     }
27     cout << endl;
28
29     sort (score, n);                   //排序成績
30     for (int j = 0; j<n; j++) {       //將成績由小到大排列印出
31         cout << score[j] << " ";
32     }
33     cout << endl;
```

```
34
35     int flag1=0;                           //標記,0 表示沒找著;1 表示有找著
36     for(int k=n-1; k>=0; k--) {
37         if(score[k] < 60) {                //尋找最高不及格分數
38             cout << score[k] << endl;      //印出最高不及格分數
39             flag1=1;
40             break;
41         }
42     }
43     if (flag1 == 0)
44         cout << "best case" << endl;       //印出最佳狀態
45
46     int flag2=0;                           //標記,0 表示沒找著;1 表示有找著
47     for(int h=0; h<=n-1; h++) {
48         if(score[h] >= 60) {               //尋找最低及格分數
49             cout << score[h] << endl;      //印出最低及格分數
50             flag2=1;
51             break;
52         }
53     }
54     if (flag2 == 0)
55         cout << "worst case" << endl;  //印出最差狀態
56
57     return 0;
58 }
```

執行結果

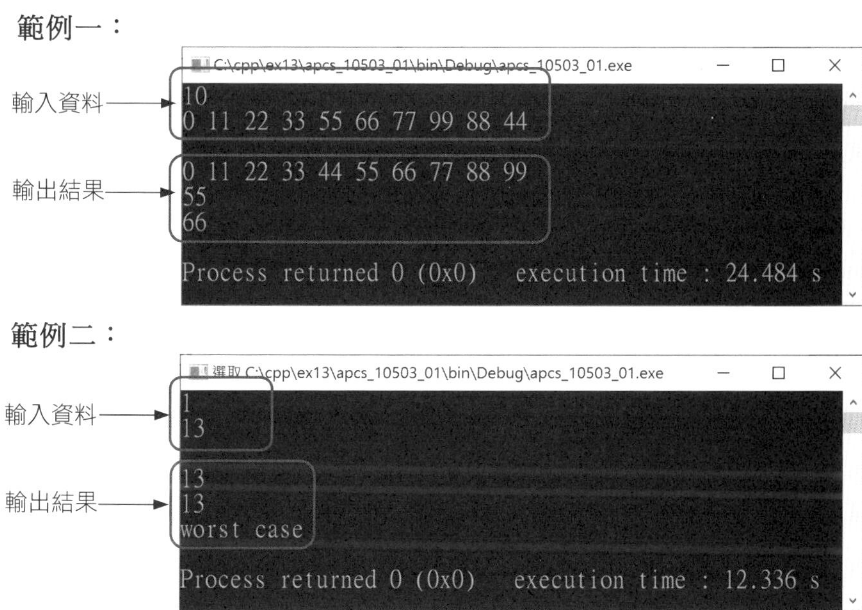

範例三：

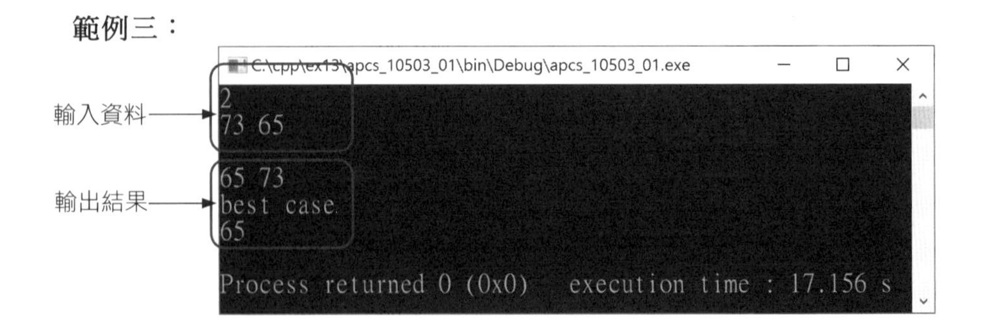

13.2 矩陣轉換

問題描述

矩陣是將一群元素整齊的排列成一個矩形，在矩陣中的橫排稱為列 (row)，直排稱為行 (column)，其中以 X_{ij} 來表示矩陣 X 中的第 i 列第 j 行的元素。如圖一中，$X_{32}= 6$。

我們可以對矩陣定義兩種操作如下：

翻轉：即第一列與最後一列交換、第二列與倒數第二列交換、...依此類推。

旋轉：將矩陣以順時針方向轉 90 度。

例如：矩陣 X 翻轉後可得到 Y，將矩陣 Y 再旋轉後可得到 Z。

X

1	4
2	5
3	6

Y

3	6
2	5
1	4

Z

1	2	3
4	5	6

圖一

一個矩陣 A 可以經過一連串的旋轉與翻轉操作後，轉換成新矩陣 B。如圖二中，A 經過翻轉與兩次旋轉後，可以得到 B。給定矩陣 B 和一連串的操作，請算出原始的矩陣 A。

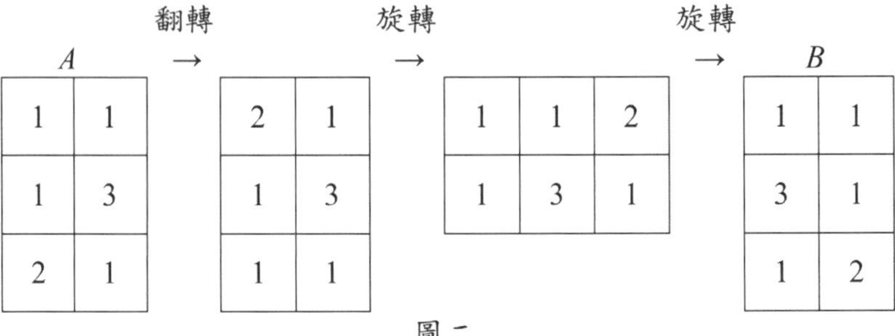

圖二

輸入格式

第一行有三個介於 1 與 10 之間的正整數 R, C, M。接下來有 R 行 (line) 是矩陣 B 的內容，每一行(line)都包含 C 個正整數，其中的第 i 行第 j 個數字代表矩陣 B_{ij} 的值。在矩陣內容後的一行有 M 個整數，表示對矩陣 A 進行的操作。第 k 個整數 m_k 代表第 k 個操作，如果 $m_k= 0$ 則代表旋轉，$m_k= 1$ 代表翻轉。同一行的數字之間都是以一個空白間格，且矩陣內容為 0~9 的整數。

輸出格式

輸出包含兩個部分。第一個部分有一行，包含兩個正整數 R' 和 C'，以一個空白隔開，分別代表矩陣 A 的列數和行數。接下來有 R' 行，每一行都包含 C' 個正整數，且每一行的整數之間以一個空白隔開，其中第 i 行的第 j 個數字代表矩陣 A_{ij} 的值。每一行的最後一個數字後並無空白。

範例一：輸入

```
3 2 3
1 1
3 1
1 2
1 0 0
```

範例一：正確輸出

```
3 2
1 1
1 3
2 1
```

【說明】

如圖二所示

範例二：輸入

```
3 2 2
3 3
2 1
1 2
0 1
```

範例二：正確輸出

```
2 3
2 1 3
1 2 3
```

【說明】

2	1	3
1	2	3

旋轉 →

1	2
2	1
3	3

翻轉 →

3	3
2	1
1	2

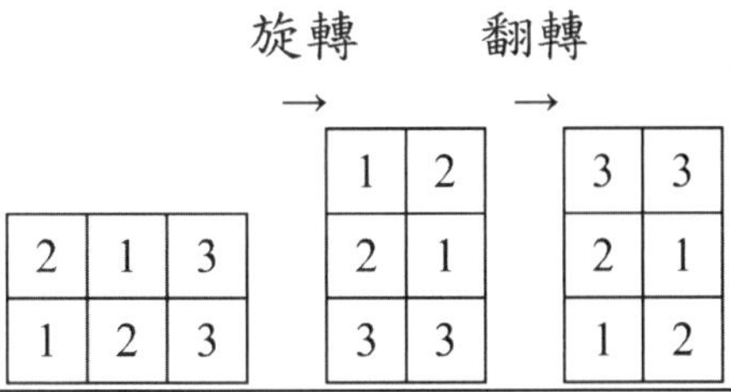

評分說明

輸入包含若干筆測試資料，每一筆測試資料的執行時間限制 (time limit) 均為 2 秒，依正確通過測資筆數給分。其中：

第一子題組共 30 分，其每個操作都是翻轉。

第二子題組共 70 分，操作有翻轉也有旋轉。

解題分析

1. 本題目是使矩陣來做翻轉和旋轉的搬移動作，而且要從已搬移後的矩陣去反推順序操作求出搬移前的原始矩陣。

2. 翻轉搬移動作是將矩陣上下顛倒，即第一列和最後一列交換、第二列和倒數第二列交換、…。若反向翻轉搬移動作，就是將矩陣再上下顛倒一次。也就是說矩陣翻轉與反向翻轉的搬移動作，結果是相同的。矩陣上下翻轉的函式如下:

```
01 //矩陣上下翻轉函式
02 void mirror(int A[10][10], int r, int c) {
03     int T[10][10];      //暫時使用的替換陣列
04     for(int i=0; i<r; i++){
05         for(int j=0; j<c; j++) {
06             T[i][j] = A[(r-1)-i][j];    //翻轉搬移
07         }
08     }
09     //將暫存在 T 陣列的資料指定給 A 陣列
10     for(int i=0; i<r; i++){
11         for(int j=0; j<c; j++) {
12             A[i][j] = T[i][j];   //指定
13         }
14     }
15 }
```

① 第 2 行：傳入搬移前的陣列 A，10 是行、列數的最大值。r 是傳入陣列 A 的列數，c 是傳入陣列 A 的行數。

② 第 3 行：T 陣列為暫時使用的替換陣列，T 陣列的元素用來暫時存放 A 陣列元素搬移後的對應位置。

③ 第 4~8 行：矩陣翻轉搬移的過程以下圖為例：(假設 r=3, c=2)

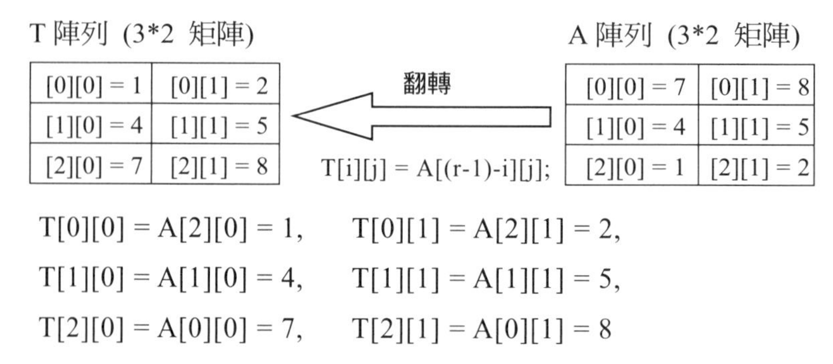

T[0][0] = A[2][0] = 1,　　T[0][1] = A[2][1] = 2,

T[1][0] = A[1][0] = 4,　　T[1][1] = A[1][1] = 5,

T[2][0] = A[0][0] = 7,　　T[2][1] = A[0][1] = 8

④ 第 10~14 行：將暫存在 T 陣列的資料指定給 A 陣列(原陣列)，使 A 原陣列的元素為翻轉搬移後的矩陣資料。

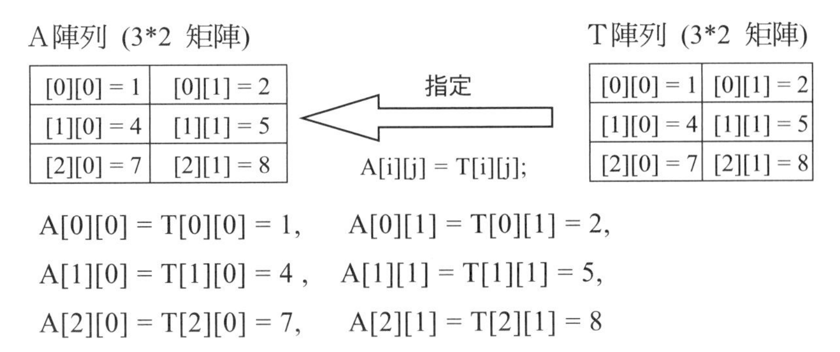

A[0][0] = T[0][0] = 1,　　A[0][1] = T[0][1] = 2,

A[1][0] = T[1][0] = 4 ,　　A[1][1] = T[1][1] = 5,

A[2][0] = T[2][0] = 7,　　A[2][1] = T[2][1] = 8

3. 旋轉搬移動作是將矩陣以順時針方向向右轉 90 度。若反向旋轉就是將矩陣以逆時針方向向左轉 90 度，即原左上角位置的數字會移至左下角、原右下角位置的數字會移至右上角、…。矩陣向左轉 90 度的函式如下:

```
01 //矩陣向左旋轉 90 度函式
02 void rotate(int A[10][10], int r, int c) {
03     int T[10][10];         //暫時使用的替換陣列
04     for(int i=0; i<c; i++){
05         for(int j=0; j<r; j++) {
06             T[i][j] = A[j][c-1-i];   //旋轉搬移
07         }
08     }
09
10     for(int i=0; i<c; i++){
11         for(int j=0; j<r; j++) {
12             A[i][j] = T[i][j];     //指定
13         }
14     }
15 }
```

① 第 2 行：傳入搬移前的陣列A， r 是傳入陣列A 的列數，c 是傳入陣列A 的行數。

② 第 3 行：T 陣列為暫時使用的替換陣列。

③ 第 4~8 行：矩陣向左旋轉的搬移過程以下圖為例；(假設 r=3, c=2)

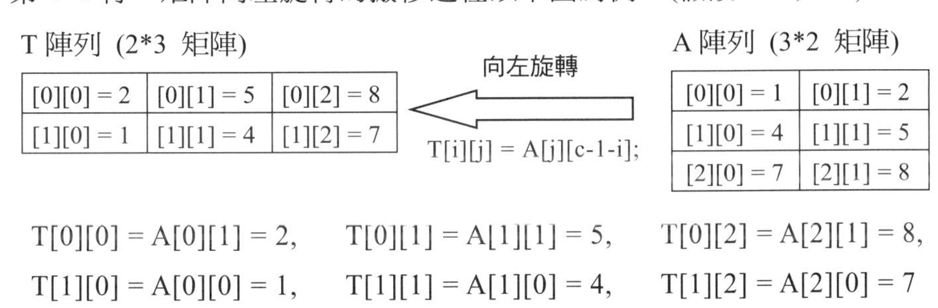

T[0][0] = A[0][1] = 2,　　T[0][1] = A[1][1] = 5,　　T[0][2] = A[2][1] = 8,

T[1][0] = A[0][0] = 1,　　T[1][1] = A[1][0] = 4,　　T[1][2] = A[2][0] = 7

④ 第 10~14 行：將暫存在 T 陣列的資料指定給 A 原陣列，使 A 原陣列的元素為旋轉搬移後的矩陣資料。

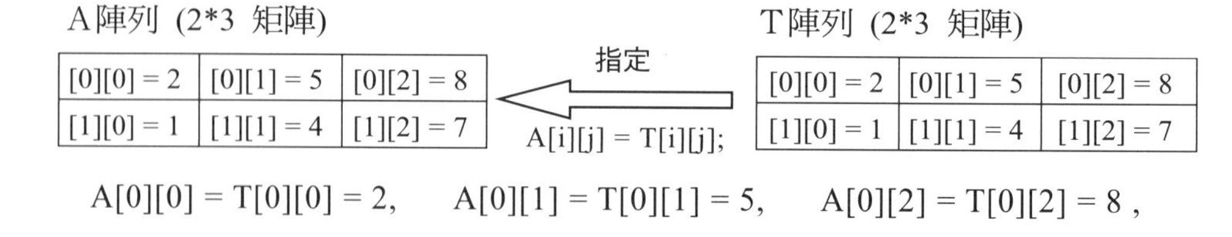

A[0][0] = T[0][0] = 2,　A[0][1] = T[0][1] = 5,　A[0][2] = T[0][2] = 8 ,
A[1][0] = T[1][0] = 1,　A[1][1] = T[1][1] = 4,　A[1][2] = T[1][2] = 7

4. 反推順序操作，是將輸入的操作方式，由後往前反向操作一遍。

```
01 for(int k=0; k<M; k++){
02     cin >> mk[k];           //依順序輸入搬移操作的方式
03 }
04
05 for(int h=M-1; h>=0; h--) {                 //反推順序操作
06    if(mk[h] == 1) mirror(A, R, C);          //反翻轉操作
07    if(mk[h] == 0) {                         //反旋轉操作
08        rotate(A, R, C);
09        int tmp = R;
10        R = C;
11        C = tmp;
12    }
13 }
```

① 第 1~3 行：依順序輸入搬移的方式存放到 mk 陣列中。若輸入元素資料是 1，則是翻轉搬移；若輸入元素資料是 0，則是旋轉搬移。

② 第 5~13 行：迴圈的執行方式是反推順序。

③ 第 6 行：若元素值是 1，則是反翻轉搬移操作，呼叫 mirror(A, R, C) 翻轉函式。其中 A 為矩陣陣列、R 為陣列 A 的列數，C 是陣列 A 的行數。

④ 第 7~12 行：若元素值是 0，則是反旋轉搬移操作，呼叫 rotate(A, R, C) 向左旋轉函式。因旋轉後，矩陣行列數會互換，故使 R 和 C 的變數值互調。

5. 印出反順序操作後的原始矩陣內容。

```
01 for(int i=0; i<R; i++){
02     for(int j=0; j<C; j++) {
03         cout << A[i][j] << " ";    //印出原始矩陣內容
04     }
05     cout << endl;
06 }
```

程式碼 FileName : apcs_10503_02.cpp

```
01 #include <iostream>
02 using namespace std;
03
04 //矩陣上下翻轉函式
05 void mirror(int A[10][10], int r, int c) {
06     int T[10][10];                          //暫時使用的替換陣列
07     for(int i=0; i<r; i++){
08         for(int j=0; j<c; j++) {
09             T[i][j] = A[(r-1)-i][j];        //翻轉搬移
10         }
11     }
12     //將暫存在 T 陣列的資料指定給 A 陣列
13     for(int i=0; i<r; i++){
14         for(int j=0; j<c; j++) {
15             A[i][j] = T[i][j];              //指定
16         }
17     }
18 }
19
20 //矩陣向左旋轉 90 度函式
21 void rotate(int A[10][10], int r, int c) {
22     int T[10][10];              //暫時使用的替換陣列
23     for(int i=0; i<c; i++){
24         for(int j=0; j<r; j++) {
25             T[i][j] = A[j][c-1-i];      //旋轉搬移
26         }
27     }
28     //將暫存在 T 陣列的資料指定給 A 陣列
29     for(int i=0; i<c; i++){
30         for(int j=0; j<r; j++) {
31             A[i][j] = T[i][j];          //指定
32         }
33     }
34 }
35
36 int main()
37 {
38     int R, C, M;
39     int mk[10];
40     int A[10][10];
41     cin >> R >> C >> M ;
42     for(int i=0;i<R;i++){           //輸入搬移後的矩陣內容
43         for(int j=0;j<C;j++){
```

```
44            cin >> A[i][j];
45         }
46     }
47     for(int k=0; k<M; k++){
48         cin >> mk[k];          //依順序輸入搬移操作的方式
49     }
50     cout << endl;
51
52     for (int h=M-1; h>=0; h--) {          //反推順序操作
53         if(mk[h] == 1) mirror(A, R, C); //反翻轉操作
54         if(mk[h] == 0) {                //反旋轉操作
55             rotate(A, R, C);
56             int tmp = R;
57             R = C;
58             C = tmp;
59         }
60     }
61
62     cout << R << " " << C << endl;    //輸出資料
63     for(int i=0; i<R; i++){
64         for(int j=0; j<C; j++) {
65             cout << A[i][j] << " ";   //印出原始矩陣內容
66         }
67         cout << endl;
68     }
69
70     return 0;
71 }
```

執行結果

範例一：

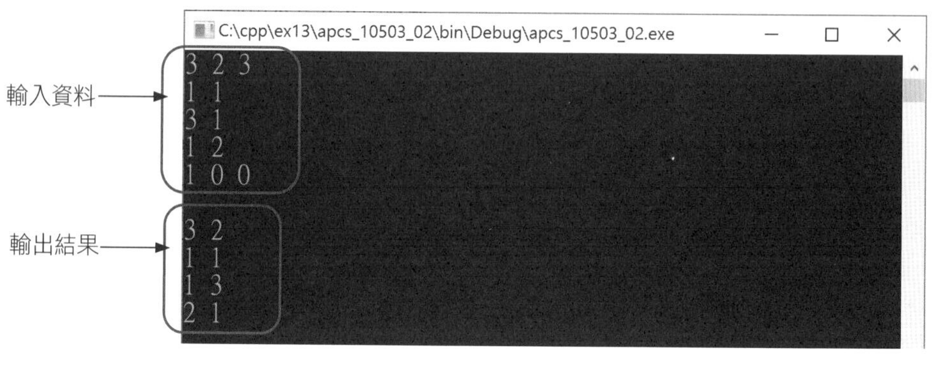

範例二：

13.3 線段覆蓋長度

問題描述

給定一維座標上一些線段，求這些線段所覆蓋的長度，注意，重疊的部分只能算一次。例如給定四個線段：(5, 6)、(1, 2)、(4, 8)、和(7, 9)，如下圖，線段覆蓋長度為 6。

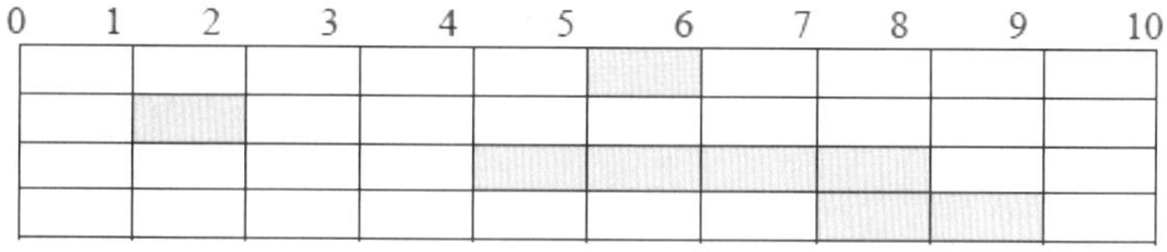

0 1 2 3 4 5 6 7 8 9 10

輸入格式：

第一列是一個正整數 N，表示此測試案例有 N 個線段。

接著的 N 列每一列是一個線段的開始端點座標和結束端點座標整數值，開始端點座標值小於等於結束端點座標值，兩者之間以一個空格區隔。

輸出格式：

輸出其總覆蓋的長度。

範例一：輸入

輸入	說明
5	此測試案例有 5 個線段
160 180	開始端點座標值與結束端點座標值
150 200	開始端點座標值與結束端點座標值
280 300	開始端點座標值與結束端點座標值
300 330	開始端點座標值與結束端點座標值
190 210	開始端點座標值與結束端點座標值

範例一：輸出

輸出	說明
110	測試案例的結果

範例二：輸入

輸入	說明
1	此測試案例有 1 個線段
120 120	開始端點座標值與結束端點座標值

範例二：輸出

輸出	說明
0	測試案例的結果

評分說明

輸入包含若干筆測試資料，每一筆測試資料的執行時間限制(time limit)均為 2 秒，依正確通過測資筆數給分。每一個端點座標是一個介於 0~M 之間的整數，每筆測試案例線段個數上限為 N。其中：

第一子題組共 30 分，M<1000，N<100，線段沒有重疊。

第二子題組共 40 分，M<1000，N<100，線段可能重疊。

第三子題組共 30 分，M<10000000，N<10000，線段可能重疊。

解題分析

1. 在一維的直線座標中，給予一些長短不一的線段來覆蓋直線，重疊部份只能取覆蓋一次。
2. 宣告一個 bool 型別的 line 陣列，將 line 陣列的每一個元素的初始值皆設為 false，表示是一條直線的每一個座標區域預設皆還沒被覆蓋。

0	1	2	3	4	5	6	7	8	9	10
false	false	false	false	false	false	false	false	false	false	

```
01 const int M = 10000000;    //一維直線座標的長度
02 bool* line = new bool[M]; //宣告一個 bool 型別的 line 陣列
03
04 for (int i=0; i<=M; i++) {
05     line[i]=false;     //將 line 陣列的初始值皆設為 false
06 }
```

3. 若給予覆蓋線段區域的頭尾兩個端點，則 line 陣列的元素值被標記為 true，其函式設計如下：

```
01 //標記直線被線段覆蓋的座標區域
02 void SetLine(bool line[], int nStart, int nEnd)
03 {
04     for (int i = nStart; i < nEnd; i++) {
05         line[i] = true;        //被覆蓋座標標記為 true
06     }
07 }
```

如傳入兩個端點分別為 3, 6，則陣列的元素被標記為 true 的情形如下圖：

0	1	2	3	4	5	6	7	8	9	10
false	false	false	**true**	**true**	**true**	false	false	false	false	

4. 若有 N 個線段，分別給予這些線段的頭尾端點座標 pA, pB，再一一去呼叫 SetLine(line, pA, pB) 函式。當有座標被重疊覆蓋時，原覆蓋的座標已被標記為 true，重疊覆蓋時還是再標記為 true，所以重疊覆蓋的座標只會被標記為 true。

```
01 int N;                //覆蓋線段數目
02 cin >> N;
03
04 int pA, pB;           //線段頭尾兩端點
05 for(int j=0; j<N; j++) {
06     cin >> pA >> pB ;
07     SetLine(line, pA, pB);  //標記被線段覆蓋的座標區域
08 }
```

5. 總計 line 陣列元素值為 true 的數量，就是這些線段所覆蓋的座標區域總長度。

```
01 int lineNum = 0;          //記錄被覆蓋的線段長度
02 for (int i=0; i<M; i++) {
03     if (line[i] == true) lineNum++;   //累加被覆蓋的長度
04 }
```

程式碼 FileName：apcs_10503_03.cpp

```
01 #include <iostream>
02 using namespace std;
03
04 //標記直線被線段覆蓋的座標區域
05 void SetLine(bool line[], int nStart, int nEnd)
06 {
07     for (int i = nStart; i < nEnd; i++) {
08         line[i] = true;        //被覆蓋座標標記為 true
09     }
10 }
11
12 int main()
```

```
13 {
14     const int M = 10000000;     //一維直線座標的長度
15     bool* line = new bool[M];  //宣告一個 bool 型別的 line 陣列
16
17     for (int i=0; i<=M; i++) {
18         line[i]=false;          //將 line 陣列的初始值皆設為 false
19     }
20
21     int N;                  //覆蓋線段數目
22     cin >> N;
23
24     int pA, pB;             //線段頭尾兩端點
25     for(int j=0; j<N; j++) {
26         cin >> pA >> pB ;
27         SetLine(line, pA, pB);   //標記被線段覆蓋的座標區域
28     }
29     cout << endl;
30
31     //總計直線被線段覆蓋的總長度
32     int lineNum = 0;        //記錄被覆蓋的線段長度
33     for (int i=0; i<M; i++) {
34         if (line[i] == true) lineNum++;  //累加被覆蓋的長度
35     }
36
37     cout << lineNum << endl;
38     return 0;
39 }
```

執行結果

範例一：

範例二：

13.4 血緣關係

問題描述

小宇有一個大家族。有一天，他發現記錄整個家族成員和成員間血緣關係的家族族譜。小宇對於最遠的血緣關係 (我們稱之為"血緣距離") 有多遠感到很好奇。

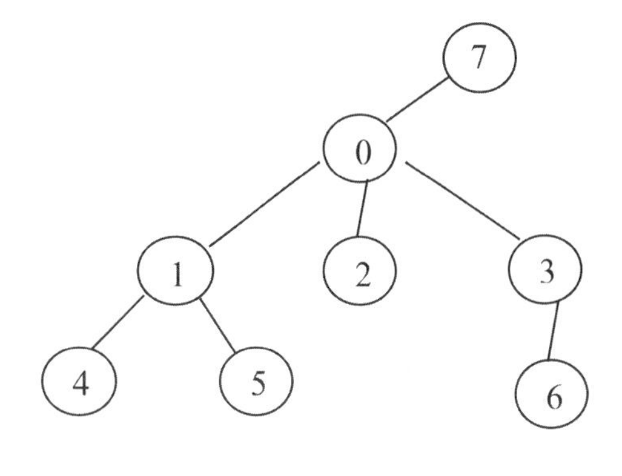

右圖為家族的關係圖。 0 是 7 的孩子， 1、2 和 3 是 0 的孩子， 4 和 5 是 1 的孩子， 6 是 3 的孩子。我們可以輕易的發現最遠的親戚關係為 4(或 5) 和 6 ，他們的"血緣距離"是 4 (4→1→0→3→6)。

給予任一家族的關係圖，請找出最遠的"血緣距離"。你可以假設只有一個人是整個家族成員的祖先，而且沒有兩個成員有同樣的小孩。

輸入格式

第一行為一個正整數 n 代表成員的個數，每人以 0~n-1 之間唯一的編號代表。接著的 n-1 行，每行有兩個以一個空白隔開的整數 a 與 b ($0 \le a, b \le n-1$)，代表 b 是 a 的孩子。

輸出格式

每筆測資輸出一行最遠"血緣距離"的答案。

範例一：輸入	範例二：輸入
8 0 1 0 2 0 3 7 0 1 4 1 5 3 6	4 0 1 0 2 2 3
範例一：正確輸出	**範例二：正確輸出**
4	3
【說明】 如題目所附之圖，最遠路徑為 4→1→0→3→6 或 5→1→0→3→6，距離為 4 。	**【說明】** 最遠路徑為 1→0→2→3，距離為 3。

評分說明

輸入包含若干筆測試資料，每一筆測試資料的執行時間限制 (time limit) 均為 2 秒，依正確通過測資筆數給分。其中：

第 1 子題組 10 分，整個家族的祖先最多 2 個小孩，其他成員最多一個小孩，$2 \le n \le 100$。

第 2 子題組 30 分， $2 \le n \le 100$。

第 3 子題組 30 分， $101 \le n \le 2{,}000$。

第 4 子題組 30 分， $1{,}001 \le n \le 100{,}000$。

解題分析

1. 先介紹樹狀結構的基本觀念，作為解題的先備知識。「樹」(Tree) 是模擬現實樹木型態的資料結構，像一棵根部在上倒掛的樹，也像家族的族譜。樹是由 1 或多個「節點」(Node) 擴展延伸所組成，根部稱為「根節點」(Root，或稱「根」)，根節點可有 0 到 n 個「子節點」(Children)，子節點可以再繼續向下延伸。

2. 樹的節點間會互相連結，但必須遵守階層架構不能形成封閉的迴圈 (cycle) (例如下圖若節點 2、3 相連結是不合法)，或不連結 (例如下圖若節點 0 不連結節點 3 是不合法)，所以任意兩個節點間只有一條路徑。下圖為合法樹狀結構的例子：

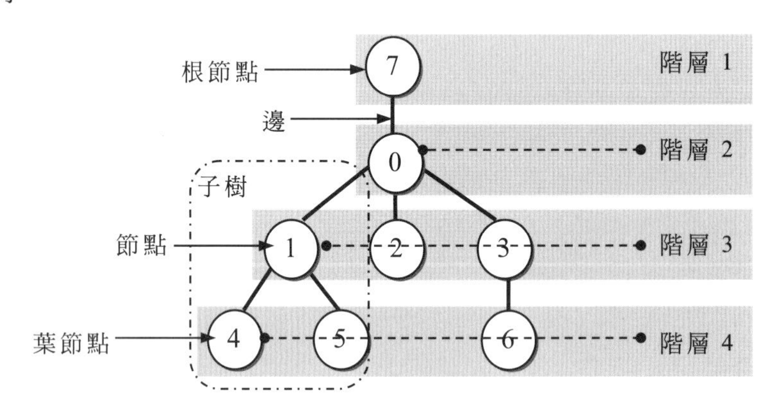

① **節點** (Node)：節點為樹的組成元素，其中沒有上層的節點稱為根節點，也就是說根節點沒有父節點，例如：上圖的節點 7。沒有下層的節點稱為葉節點 (Leaf) 或稱為終端節點 (Terminal Nodes)，例如：節點 4、5、6。除了葉節點之外的其它節點稱為非終端節點，例如：節點 7、0、1、2、3。

② **邊** (Edge)：將節點連接起來的線就是「邊」，樹若有 n 個節點會有 n-1 個邊。

③ **分支度** (Dregree)：分支度是指節點所擁有的子節點數。例如：節點 0 的分支度是 3，節點 1 的分支度是 2。

④ **階層** (Level)：階層是樹的層級，例如節點 7 屬階層 1，節點 0 屬階層 2，節點 1、2、3 屬階層 3，節點 4、5、6 屬階層 4。

⑤ **樹高** (Height)：指樹的最大階層數，例如：上圖的樹高是 4。樹高值等於樹深 (Depth)

⑥ **節點間關係**：節點所屬上方的一個節點稱為此節點的父節點 (Parent)，而節點向下分支出的節點稱為子節點 (Child)，例如：節點 4 的父節點為 1，節點 1 的子節點為 4、5。如同父子關係父節點只有一個，子節點可以有零、一個或多個。同一個父節點的子節點，稱為兄弟節點(Siblings)，例如節點 1、2、3 彼此為兄弟節點。一個節點往上走到根節點，所經過的節點都稱為祖先節點 (Ancenstors)，例如節點 5 的祖先節點為節點 1、0、7。一個節點往下走到葉節點 (包含所有分支)，所經過的節點都稱為子孫節點 (Descendant) ，例如節點 0 的子孫節點為節點 1~6。

⑦ **子樹** (Subtree)：除了根節點外，每個子節點可以分成多個不相交的子樹。

3. 樹結構的表示法，常用有鏈結串列和陣列兩種方式：

① **鏈結串列**：假設樹有 n 個節點、最大分支度為 d，則節點結構中 data 存放節點的資料，link_1 ~ link_d 分別存放各子節點的指標，結構如下：

data	link_1	link_2	…	link_d

例如前面的範例用鏈結串列來表示，結果如下：

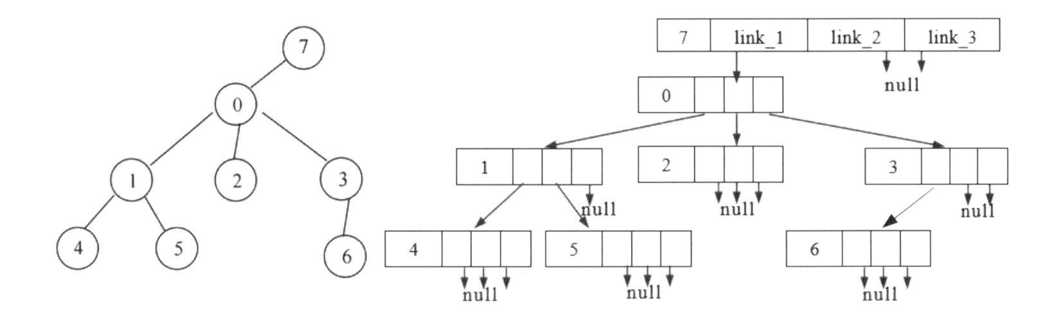

② **陣列**：使用鏈結串列來表示樹，不但浪費空間，而且不易找到父節點，本題將採陣列來實作樹。前面的範例利用兩個陣列來表示，其中 f[][]二維陣列儲存樹的結構、c[] 陣列儲存節點的分支度，結果如下：

樹的節點	
父節點	子節點
f[0][0]=7	f[0][1]=0
f[1][0]=0	f[1][1]=1
f[2][0]=0	f[2][1]=2
f[3][0]=0	f[3][1]=3
f[4][0]=1	f[4][1]=4
f[5][0]=1	f[5][1]=5
f[6][0]=3	f[6][1]=6

節點的分支度
c[0]=3
c[1]=2
c[2]=0
c[3]=1
c[4]=0
c[5]=0
c[6]=0
c[7]=1

4. 利用陣列實作樹的結構後，就可以來探索樹：

① **取得父節點**：利用 f[][] 陣列中所紀錄的父、子節點，可以取得指定節點的父節點，例如求節點 5 的父節點，程式寫法如下：

```
int father = -1;// 預設父節點為 -1
int node = 5;    // 指定為節點 5
for(int i=0; i < n-1; i++){
    if(f[i][1] == node){
        father = f[i][0];
        break;
    }
}
```

② **取得根節點**：用迴圈將 f[][] 陣列中所有的父節點，逐一和子節點比較，若相同就表示該父節點還有父節點，也就不是根節點所以跳離迴圈，直到找不到時該父節點就是根節點。如上例中子節點內沒有 7，7 不是所有父節點的子節點，所以 7 就是根節點。程式寫法如下：

```
root=-1; //預設根節點為-1
for(int i=0; i<n-1; i++){
   for(int j=0; i<n-1; j++){
      if(f[i][0] == f[j][1]){
         break;  //若父節點也是子節點就離開
      }
      else{
         if(j==(n-2)) root=family[i][0];//都不相同就是根節點
      }
   }
   if(root!=-1) break;   //若 root!=-1 表找到根節點就離開
}
```

③ **取得根到葉節點的最大距離**：利用遞迴從根節點起，不斷向下探詢到葉節點，求最大距離也就是經過的最多邊數，程式寫法如下：

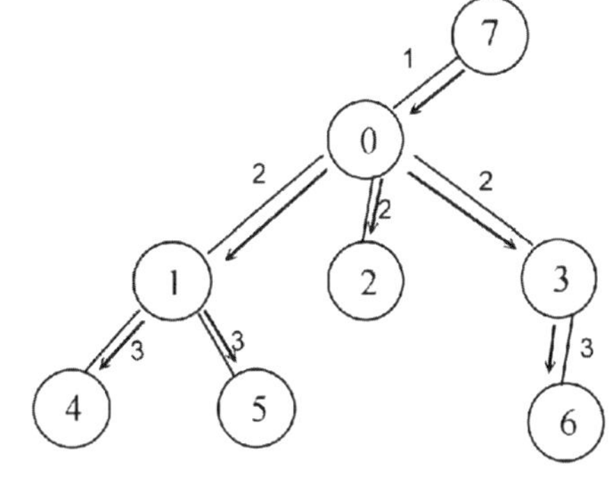

```
// 從根節點起到葉節點求最大距離的函式
int height(int node)
{
    int d, maxD;        //記錄深度和最大深度
    if(c[node]==0)      //沒有子節點時結束遞迴
        return 0;
    else if(c[node]==1) //只有一個子節點時深度加 1
        for(int i=0; i<n-1; i++)
        {
            if(f[i][0]==node)  //找到節點時
                return height(f[i][1])+1; //遞迴呼叫子節點
        }
    else //多個子節點時其深度加 1
    {
        for(int i=0; i<n-1; i++)
        {
            if(f[i][0]==node)  //找到節點時
            {
                d = height(f[i][1])+1;  //遞迴呼叫子節點
                if(d > maxD)             // 若傳回值大於最大深度
                    maxD = d;    //記錄最大深度
            }
        }
        return maxD; //傳回最大深度
    }
}
```

④ **取得樹的直徑**：樹的直徑就是樹上任意兩點間最長的距離，樹的直徑值就是樹各節點的最深兩個距離相加的最大值。例如節點 7、0、1 和 3 的最深兩個距離和，分別為 3、4(最大值)、2、1，所以該樹的直徑為 4。程式寫法如下：

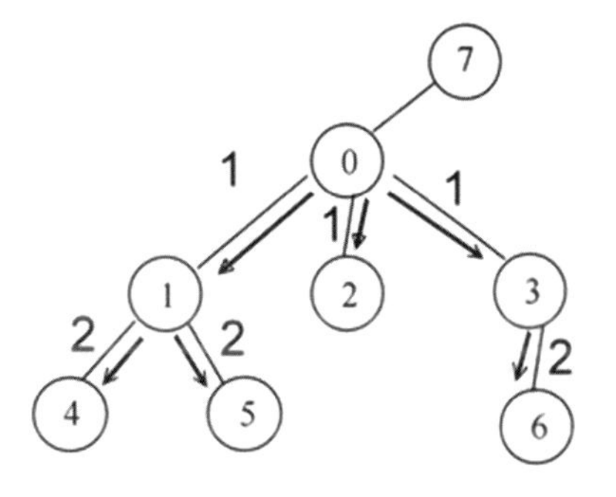

```
// 求節點的最大深度的函式(並計算樹直徑)
int diameter(int node)
{
    int depth; //記錄該節點的深度
    int dFir=0,dSec=0;    // 紀錄第 1 和第 2 深度
    if(c[node]==0)        //沒有子節點時結束遞迴
        return 0;
    else if(c[node]==1){ //只有一個子節點時深度加 1
        for(int j=0; j<n-1; j++){
            if(f[j][0]==node) //找到節點時
                return diameter(f[j][1])+1;//遞迴呼叫子節點
        }
    }
    else{ //多個子節點時深度加 1
        for(int j=0; j<n-1; j++){
            if(f[j][0]==node) {   //找到節點時
                depth=diameter(f[j][1])+1;//遞迴呼叫子節點
                if(depth>dFir)     //若深度>最大深度則兩者交換
                    swap(depth,dFir);
                if(depth>dSec)     //若深度>第二深度
                    dSec=depth;    //設第二深度=深度
            }
        }
        dAns = max(dAns, dFir + dSec);  //計算最大值為直徑
        return dFir;    // 傳回最大深度
    }
}
```

5. 本題是求家族成員間的最遠血緣距離，就是前面所介紹求樹的直徑。首先宣告 num(家庭成員總人數)、**family(紀錄家族成員和小孩的二維陣列)、*child(記錄家族成員小孩數的一維陣列)、dAns(記錄最長血緣距離)為全域變數。

6. 從 data1.txt 資料檔中讀取家庭成員總人數 num，根據 num 宣告**family 和*child 陣列的大小。寫法如下：

```
ifstream fp;//讀取檔案資料，需引用 <fstream>
fp.open("data1.txt", ios::in);
fp >> num;  //讀取家族成員總數
family = new int *[num]; //建立大小為 num*2 的二維陣列
for (int i=0; i<(num-1); i++){
   family[i] = new int [2];
}
Child = new int[num]; //建立大小為 num 的一維陣列
```

7. 繼續由資料檔中讀取父節點、子節點和孩子數，並存入 family 和 child 陣列，寫法如下：

```
for(int i=0; i<num-1; i++) {
    fp >> family[i][0] >> family[i][1];
    child[family[i][0]] += 1;
}
```

8. 接著找出家族樹的根節點，然後求樹的直徑，程式寫法在前面已經介紹。

程式碼 FileName : apcs_10503_04.cpp

```
01 #include <iostream>
02 #include <fstream>
03 using namespace std;
04
05 int num;            //家庭成員總人數
06 int **family;       //宣告紀錄家族成員和小孩的二維陣列
07 int *child;         //宣告記錄每位成員有多少小孩的一維陣列
08 int dAns=0;         //宣告記錄最長血緣距離
09 int diameter(int); //宣告 diameter 求樹直徑的函式
10
11 int main(void) {
12   ifstream fp; //讀取檔案資料，需引用 <fstream>
13   fp.open("data2.txt", ios::in);
14   fp >> num;  //讀取家族成員總數
15   family = new int *[num]; //建立大小為 num*2 的二維陣列
16   for (int i = 0; i < (num-1); i++){
17     family[i] = new int [2];
18   }
19   child=new int[num]; //建立大小為 num 的一維陣列
20
21   //逐行讀取各成員的小孩資訊
22   for(int i = 0; i < num-1; i++) {
23      fp >> family[i][0] >> family[i][1];
24      child[family[i][0]] += 1;
25   }
26
27   int root = -1;  //預設家族的根節點為-1
28   for(int i = 0; i < num-1; i++){
29      for(int j = 0; j < num-1; j++){
30         if(family[i][0] == family[j][1]){
31            break;  //若父節點也是子節點就離開
32         }
33         else{
```

```
34              if(j==(num-2)) root=family[i][0];//都不相同就是根節點
35          }
36      }
37      if(root!=-1) break;     //若 root!=-1 表找到根節點就離開
38  }
39
40  int max_d;   //紀錄從根節點出發的最大深度
41  max_d = diameter(root); //從根節點出發的最大深度
42  dAns = max(max_d, dAns);
43  cout << dAns;
44  return 0;
45 }
46
47 // 求節點的最大深度的函式(並計算樹直徑)
48 int diameter(int node)
49 {
50  int depth; //記錄該家族成員的深度
51      int dFir = 0, dSec = 0; // 紀錄最深的兩個深度預設為 0
52
53  if(child[node] == 0) //沒有孩子時結束遞迴
54      return 0;
55  else if(child[node] == 1){ //只有一個孩子時將深度加 1
56      for(int j = 0; j < num-1; j++){
57          if(family[j][0] == node)    // 找到指定節點時
58              return diameter(family[j][1]) + 1; //遞迴呼叫子節點
59      }
60  }
61  else{ //多個孩子時
62      for(int j=0; j < num-1; j++){
63          if(family[j][0] == node){    // 找到指定節點時
64              depth = diameter(family[j][1]) + 1;//深度加 1
65              if(depth > dFir)    //若深度>最大深度則兩者交換
66                  swap(depth, dFir);
67              if(depth > dSec)    //若深度>第二深度
68                  dSec = depth;   //設第二深度=深度
69          }
70      }
71      dAns = max(dAns, dFir + dSec);  //計算最大值為直徑
72      return dFir;    // 傳回最大深度
73  }
74 }
```

執行結果

範例一：讀入 data1.txt 資料檔的執行結果。

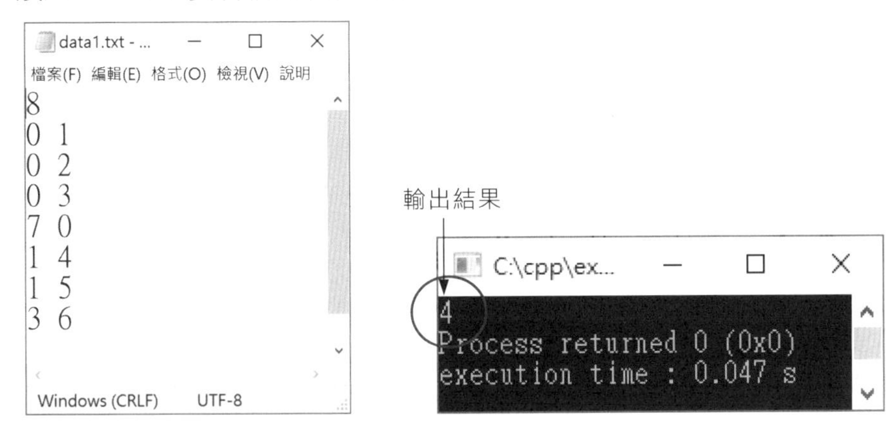

範例二：讀入 data2.txt 資料檔的執行結果。

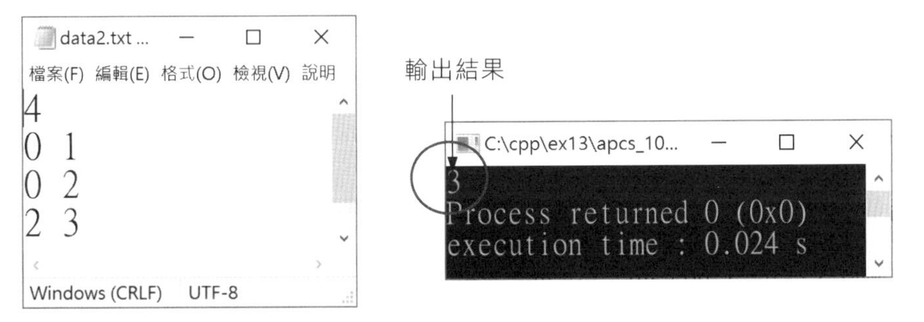

APCS 105 年 10 月實作題解析

CHAPTER 14

14.1 三角形辨別

問題描述

三角形除了是最基本的多邊形外，亦可進一步細分為鈍角三形、直角三角形及銳角三角形。若給定三個線段的長度，透過下列公式運算，即可得知此三線段能否構成三角形，亦可判斷是直角、銳角和鈍角三角形。

提示：若 a、b、c 為三個線段的邊長，且 c 為最大值，則

若 $a + b \leqq c$，三線段無法構成三角形

若 $a\times a + b\times b < c\times c$，三線段構成鈍角三角形 (Obtuse triangle)

若 $a\times a + b\times b = c\times c$，三線段構成直角三角形 (Right triangle)

若 $a\times a + b\times b > c\times c$，三線段構成銳角三角形 (Acute triangle)

請設計程式以讀入三個線段的長度判斷並輸出此三線段可否構成三角形？若可，判斷並輸出其所屬三角形類型。

輸入格式

輸入僅一行包含三正整數，三正整數皆小於 30,001，兩數之間有一空白。

輸出格式

輸出共有兩行，第一行由小而大印出此三正整數，兩字之間以一個空白格間格，最後一個數字後不應有空白；第二行輸出三角形的類型：

若無法構成三角形時輸出「No」；

若構成鈍角三形時輸出「Obtuse」；

若直角三形時輸出「Right」；

若銳角三形時輸出「Acute」。

範例一：輸入	範例二：輸入	範例三：輸入
3 4 5	101 100 99	10 100 10
範例一：正確輸出	範例二：正確輸出	範例三：正確輸出
3 4 5 Right	99 100 101 Acute	10 10 100 No
【說明】 axa + bxb = cxc 成立時為直角三形。	【說明】 邊長排序由小到大輸出，axa + bxb > cxc 成立時為銳角三形。	【說明】 由於無法構成三角形，因此第二行須印出「No」。

評分說明

輸入包含若干筆測試資料，每一筆測試資料的執行時間限制 (time limit) 均為 1 秒，依正確通過測資筆數給分。

解題分析

1. 本題先將輸入三個線段的長度，逐一存入整數陣列 side 中。

```
int side[3];
cout << "輸入三角形的三邊長：(以空格間隔)" << endl;
for (int i=0; i<3; i++) // 將輸入值逐一存入陣列
{
    cin >> side[i];
}
```

2. 將 side 陣列值做遞增排序，然後逐一輸出排序後的陣列值。陣列值遞增排序的寫法如下：

```
int temp;
for(int i=0; i<2; i++) //陣列值由小到大排序
{
    for(int j=i+1; j<3; j++){
        if(side[i] > side[j]){
            temp=side[i];
            side[i]=side[j];
            side[j]=temp;
        }
    }
}
```

以上排序程式碼可以使用 sort 函式，但必須引用<algorithm>標頭檔。

```
#include <algorithm>
...
sort(side, side + 3);
```

3. 判斷 side[0]+side[1] 是否小於等於 side[2]，若成立表無法構成三角形，就輸出「No」；若不成立表可以構成三角形。確定三個線段可以構成三角形後，再利用 side[0]×side[0]+ side[1]×side[1] 和 side[2]×side[2] 的大小關係，來判斷是屬於何種三角形。若前者小於後者就輸出「Obtuse」；若兩者相同就輸出「Right」；其餘就輸出「Acute」。

```
if ((side[0] + side[1]) <= side[2]) //若 a+b ≦ c
    printf("No\n");
else{
    int ab = side[0] * side[0] + side[1] * side[1];
    int c = side[2] * side[2];
    if (ab < c) {   //若 a×a+b×b < c×c
        printf("Obtuse\n");
    } else if (ab == c) {   //若 a×a+b×b = c×c
        printf("Right\n");
    } else {
        printf("Acute\n");
    }
}
```

程式碼 FileName : apcs_10510_01.cpp

```
01 #include <iostream>
02 using namespace std;
03
04 int main()
05 {
06     int side[3];
07     cout << "輸入三角形的三邊長：(以空格間隔)" << endl;
08     for (int i=0; i<3; i++)    // 將輸入值逐一存入陣列
09     {
10        cin >> side[i];
11     }
12
13     int temp;
14     for(int i=0; i<2; i++)     //陣列值由小到大排序
15     {
16         for(int j=i+1; j<3; j++){
17             if(side[i]>side[j]){
18                temp=side[i];
19                 side[i]=side[j];
20                 side[j]=temp;
21             }
22         }
23     }
24
```

```
25     for (int i=0; i<3; i++) // 逐一顯示排序後的陣列值
26     {
27        printf("%d ",side[i]);
28     }
29     printf("\n");
30
31     if ((side[0] + side[1]) <= side[2]) //若 a+b ≦ c
32        printf("No\n");
33     else{
34        int ab = side[0] * side[0] + side[1] * side[1];
35        int c = side[2] * side[2];
36        if (ab < c) {   //若 a×a+b×b < c×c
37           printf("Obtuse\n");
38        } else if (ab == c) {   //若 a×a+b×b = c×c
39           printf("Right\n");
40        } else {
41           printf("Acute\n");
42        }
43     }
44     return 0;
45 }
```

執行結果

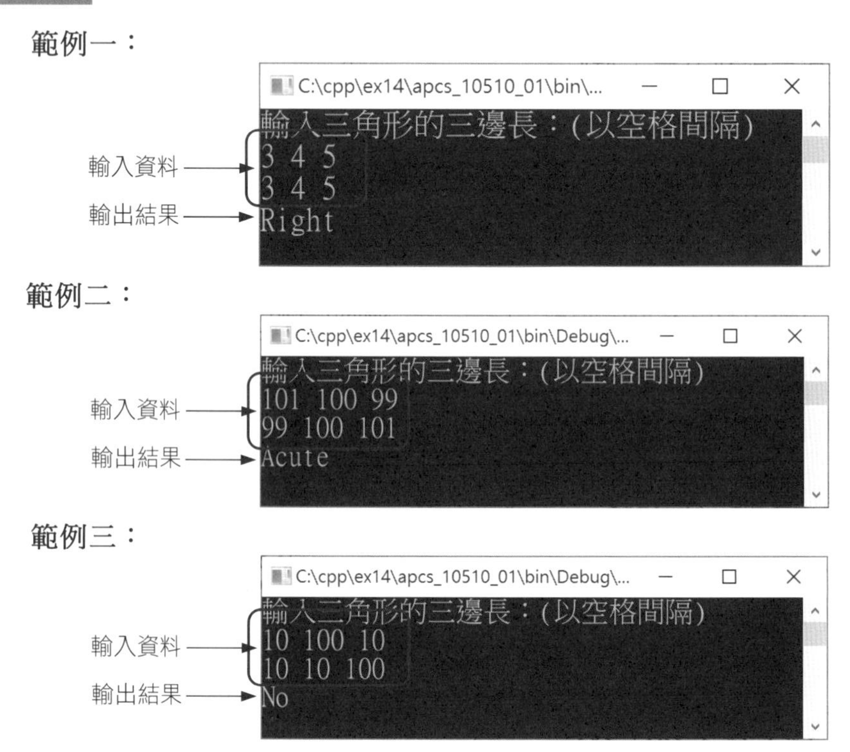

14.2 最大和

問題描述

給定 N 群數字，每群都恰有 M 個正整數。若從每群數字中各選擇一個數字 (假設第 i 群所選出數字為 t_i)，將所選出的 N 個數字加總即可得總和 S = $t_1+t_2+\ldots+t_N$。請寫程式計算 S 的最大值(最大總和)，並判斷各群所選出的數字是否可以整除 S。

輸入格式

第一行有二個正整數 N 和 M，1≦N ≦20，1≦M ≦20。

接下來的 N 行，每一行各有 M 個正整數 x_i ，代表一群整數，數字與數字間有一個空格，且 1≦i≦M，以及 1≦x_i≦256。

輸出格式

第一行輸出最大總和 S。

第二行按照被選擇數字所屬群的順序，輸出可以整除 S 的被選擇數字，數字與數字間以一個空格隔開，最後一個數字後無空白；若 N 個被選擇數字都不能整除 S，就輸出-1。

<table>
<tr>
<td>
範例一：輸入
3 2
1 5
6 4
1 1

範例一：正確輸出
12
6 1

【說明】
挑選的數字依序是 5, 6, 1，總和 S=12。而此三數中可整除 S 的是 6 與 1，6 在第二群，1 在第 3 群所以先輸出 6 再輸出 1。注意，1 雖然也出現在第一群，但她不是第一群中挑出的數字，所以順序是先 6 後 1。
</td>
<td>
範例二：輸入
4 3
6 3 2
2 7 9
4 7 1
9 5 3

範例二：正確輸出
31
-1

【說明】
挑選的數字依序是 6,9,7,9，總和 S= 31。而此四數中沒有可整除 S 的， 所以第二行輸出 -1。
</td>
</tr>
</table>

評分說明

輸入包含若干筆測試資料，每一筆測試資料的執行時間限制 (time limit) 均為 1 秒，依正確通過測資筆數給分。其中：

第 1 子題組 20 分：1≦N ≦20，M = 1。

第 2 子題組 30 分：1≦N ≦20，M = 2。

第 3 子題組 50 分：1≦N ≦20，1≦M ≦20。

解題分析

1. 給予 N 群數字，可從每群數字中輸入 M 個正整數。

```
01 int N, M;           // N 群數字，每群數字中有 M 個正整數
02 cin >> N >> M;
03 int num[N][M];      //用來存放 N 群數字的各 M 個正整數
```

2. 依序輸入 N 群的 M 個正整數。

```
01 for(int i=0; i<N; i++) {          //有 N 群數字
02     for(int j=0; j<M; j++) {      //每群有 M 個正整數
03         cin >> num[i][j];         //依序輸入正整數
04     }
05 }
```

3. 從每群數字中選出最大正整數，累計各最大數字的總和。

```
01 int t[N];          //用來存放 N 群數字的各最大正整數
02 int S = 0;         //用來存放各群最大正整數之總和
03 for(int i=0; i<N; i++) {             //有 N 群數字
04     int big = 0;                     //用來存放最大正整數
05     for(int j=0; j<M; j++) {         //每群有 M 個正整數
06         big = max(big, num[i][j]);   //選出最大正整數
07     }
08     t[i] = big;            //存放各群的最大正整數
09     S += big;              //累計各最大正整數的總和
10 }
```

4. 逐一判斷各群存放入 t 陣列中的最大正整數是否可以整除總和 S，若能整除的，則輸出該數字；若每群的最大數字皆不能整除 S，就輸出 -1。

```
01 int cnt = 0;
02 for (int i = 0; i < N; i++) {
03     if (S % t[i] == 0) {     //如果可以整除總和
04         cnt++;
05         cout << t[i] << " ";
06     }
07 }
08 //若沒有整除 S 的數字，就輸出 -1
09 if (cnt == 0) cout << "-1" << endl ;
```

程式碼 FileName : apcs_10510_02.cpp

```
01 #include <iostream>
02 using namespace std;
03
04 int main()
05 {
06     int N, M;              //N 群數字，每群數字中有 M 個正整數
07     cin >> N >> M;
08     int num[N][M];         //用來存放 N 群數字的各 M 個正整數
09
10     //輸入 N 群數字,每群有 M 個正整數
11     for (int i = 0; i < N; i++) {         //有 N 群數字
12         for (int j = 0; j < M; j++) {     //每群有 M 個正整數
13             cin >> num[i][j];             //依序輸入正整數
14         }
15     }
16     cout << endl ;
17
18     //從每群數字中選出最大正整數，累計各最大數字的總和
19     int t[N];          //用來存放 N 群數字的各最大正整數
20     int S = 0;         //用來存放各群最大正整數之總和
21     for (int i = 0; i < N; i++) {         //有 N 群數字
22         int big = 0;                      //用來存放最大正整數
23         for (int j = 0; j < M; j++) {     //每群有 M 個正整數
24             big = max(big, num[i][j]);    //選出最大正整數
25         }
26         t[i] = big;                    //存放各群的最大正整數
27         S += big;                      //累計各最大正整數的總和
28     }
29     cout << S << endl ;                //印出最大正整數的總和 S
30
31     //判斷各群所選出的最大正整數是否可以整除總和 S
32     int cnt = 0;
33     for (int i = 0; i < N; i++) {
34         if (S % t[i] == 0) {           //如果可以整除總和
35             cnt++;
36             cout << t[i] << " ";
37         }
38     }
39     //若沒有整除 S 的數字，就輸出 -1
40     if (cnt == 0) cout << "-1" << endl ;
41     cout << endl ;
42     return 0;
43 }
```

執行結果

範例一：

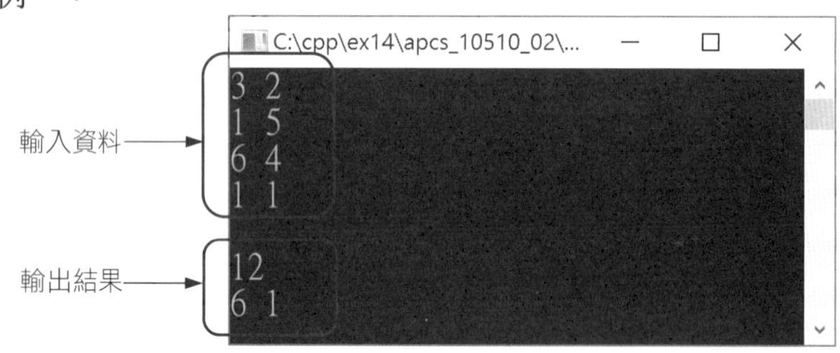

範例二：

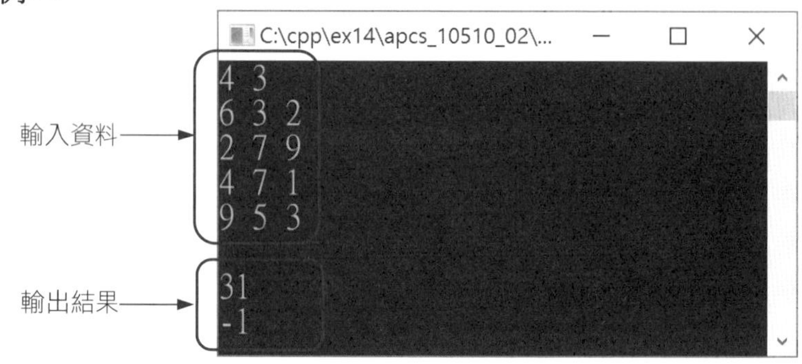

14.3 定時 K 彈

問題描述

「定時 K 彈」 是一個團康遊戲，N 個人圍成一圈，由 1 號依序到 N 號，從 1 號開始依序傳遞一枚玩具炸彈，每次到第 M 個人就會爆炸，此人即淘汰，被淘汰的人要離開圓圈，然後炸彈再從該淘汰者的下一個開始傳遞。遊戲之所以稱 K 彈是因為這枚炸彈只會爆 K 次，在第 K 次爆炸後，遊戲即停止，而此時在第 K 個淘汰者的下一位遊戲者被稱為幸運者，通常就會要求表演節目。例如 N=5，M=2，如果 K=2，炸彈會爆兩次，被爆炸淘汰的順序依是 2 與 4 (參見下圖)，這時 5 號就是幸運者。如果 K=3，剛才的遊戲會繼續，第三個淘汰是 1 號，所以幸運者是 3 號。 如果 K=4，下一輪淘汰 5 號，所以 3 號是幸運者。

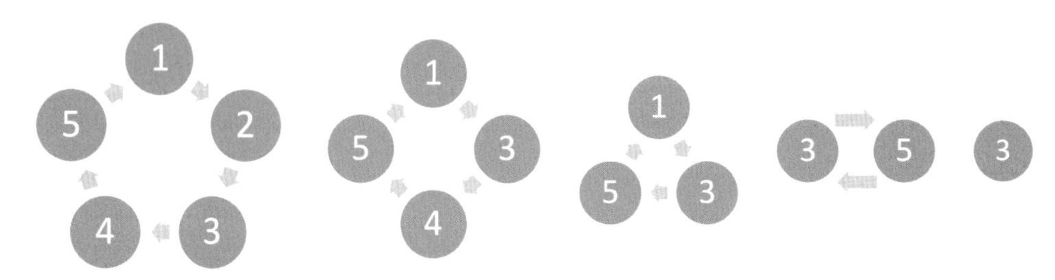

輸入格式

輸入只有一行包含三個正整數，依序為 N、M 與 K，兩數中間有一個空格分開。其中 $1 \leq K < N$。

輸出格式

請輸出幸運者的號碼，結尾有換行符號。

範例一：輸入	範例二：輸入
5 2 4	8 3 6
範例一：正確輸出	**範例二：正確輸出**
3	4
【說明】 被淘汰的順序是 2、4、1、5，此時 5 的下一位是 3，也是最後剩下的，所以幸運者是 3。	【說明】 被淘汰的順序是 3、6、1、5、2、8，此時 8 的下一位是 4，所以幸運者是 4。

評分說明

輸入包含若干筆測試資料，每一筆測試資料的執行時間限制 (time limit) 均為 1 秒，依正確通過測資筆數給分。其中：

第 1 子題組 20 分，$1 \leq N \leq 100$，且 $1 \leq M \leq 10$，$K = N-1$。

第 2 子題組 30 分，$1 \leq N \leq 10{,}000$，且 $1 \leq M \leq 1{,}000{,}000$，$K = N-1$。

第 3 子題組 20 分，$1 \leq N \leq 200{,}000$，且 $1 \leq M \leq 1{,}000{,}000$，$K = N-1$。

第 4 子題組 30 分，$1 \leq N \leq 200{,}000$，且 $1 \leq M \leq 1{,}000{,}000$，$1 \leq K < N$。

解題分析

1. 本題以陣列來模擬此遊戲的過程，每一個陣列元素代表一個玩家，玩家編號由 1 開始，陣列索引值是由 0 開始，所以若有 N 個玩家，陣列索引值會是從 0 到 N-1 排列，每一個陣列內儲存的是下一個陣列的索引值。例如：陣列索引值 0 的陣列內容是 1，代表第 1 個玩家的下一位玩家是 2 號。由於參與遊戲的人員是圍成一個圓圈，所以 N-1 的陣列內容是 0，如此陣列便頭尾相接，形成一個環狀。

```
for(int n = 0; n < N; n ++){
    man[n] = n + 1;
}
pre = N - 1;
man[pre] = 0;
```

2. 遊戲從玩家 1 開始，其陣列索引值是 0，其上家是玩家 5，索引值是 4，所以 ptr=0 (ptr 變數紀錄目前玩家的索引值)，pre=4 (pre 變數紀錄上家的索引值)。

3. 下表呈現的是範例一的遊戲過程：

玩家編號	1	2	3	4	5	ptr	pre
陣列索引值	0	1	2	3	4		
初始值	1	2	3	4	0	0	4
1-1	1	2	3	4	0	1	0
1-2	1→2	2	3	4	0	2	0
2-1	2	2	3	4	0	3	2
2-2	2	2	3→4	4	0	4	2
3-1	2	2	4	4	0	0	4
3-2	2	2	4	4	2	2	4
4-1	2	2	4	4	2	4	2
4-2	2	2	4→2	4	2	2	2

① 遊戲過程中 m 值如果大於零 (03 行)，則炸彈不會引爆，遊戲流程向下進行，目前玩家成為上家 (04 行)，下一個玩家成為新玩家 (05 行)。

② 遊戲過程中，如果炸彈引爆 (m 值等於零)，則該玩家將被淘汰，所以該玩家要告知其上家，自己的下一位玩家編號，然後退出遊戲。實作上是以陣列 [ptr] 的內容值複製到陣列 [pre] (07 行)，同時陣列 [ptr] 的內容值為下一回合的起始 (08 行)，此時被淘汰的玩家的索引值不再出現在遊戲序列中。

```
01 ptr = 0;
02 for(int k = 0; k < K; k ++){
03     for(int m = M - 1; m > 0; m --){
04         pre = ptr;
05         ptr = man[ptr];
06     }
07     man[pre] = man[ptr];
08     ptr = man[ptr];
09 }
```

4. 以此類推，直到炸彈引爆 K 次為止。此時的 ptr 加 1 就是幸運者的玩家索引值。

程式碼 FileName : apcs_10510_03.cpp

```
01 #include <iostream>
02 using namespace std;
03
04 int main()
05 {
06     int man[200000];
07     int N, M, K;
08     int ptr, pre;
09
10     scanf("%d %d %d", &N, &M, &K);
11     for(int n = 0; n < N; n ++){
12         man[n] = n + 1; // 設定每一個玩家的元素值為下家的索引值
13     }
14     pre = N - 1;
15     man[pre] = 0;          // 設定最後一個玩家的下家是第一號玩家
16     ptr = 0;
17     for(int k = 0; k < K; k ++){
18         for(int m = M - 1; m > 0; m --){
19             pre = ptr;    // 目前的玩家成為上一個玩家
20             ptr = man[ptr];      // 讀取下一個玩家的索引值
21         }
22         man[pre] = man[ptr]; // 更新上家的陣列內容
23         ptr = man[ptr]; // 指定下一回合的起始索引值
24     }
25     printf("%d\n", ptr + 1);
26     return 0;
27 }
```

執行結果

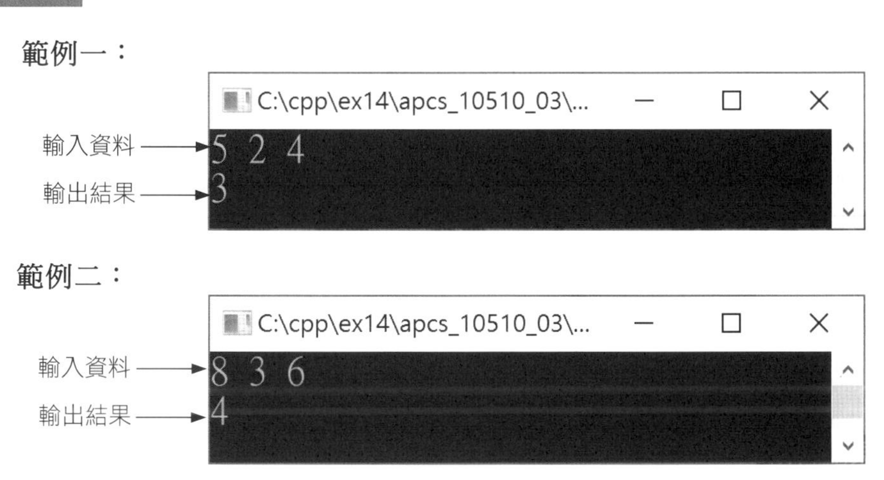

14.4 棒球遊戲

問題描述

謙謙最近迷上棒球，他想自己寫一個簡化的棒球遊戲計分程式。這個程式會讀入球隊中每位球員的打擊結果，然後計算出球隊的得分。

這是個簡化版的模擬，假設擊球員的打擊結果只有以下情況：

(1) 安打：以 1B，2B，3B 和 HR 分別代表一壘打、二壘打、三壘打和全 (四) 壘打。

(2) 出局：以 FO，GO，和 SO 表示。

這個簡化版的規則如下:

(1) 球場上有四個壘包，稱為本壘、一壘、二壘和三壘。

(2) 站在本壘握著球棒打球的稱為「擊球員」，站在另外三個壘包的稱為「跑壘員」。

(3) 當擊球員的打擊結果為「安打」時，場上球員 (擊球員與跑壘員) 可以移動；結果為「出局」時，跑壘員不動,擊球員離場，換下一位擊球員。

(4) 球隊總共有九位球員，依序排列。比賽開始由第 1 位開始打擊，當第 1 位球員打擊完畢後，由第 (i+1) 位球員擔任擊球員。當第九位球員完畢後，則輪回第一位球員。

(5) 當打出 K 壘打時，場上球員 (擊球員和跑壘員) 會前進 K 個壘包。從本壘前進一個壘包會移動到一壘，接著是二壘、三壘，最後回到本壘。

(6) 每位球員回到本壘時可得 1 分。

(7) 每達到三個出局數時，一、二和三壘就會清空 (跑壘員都得離開)，重新開始。

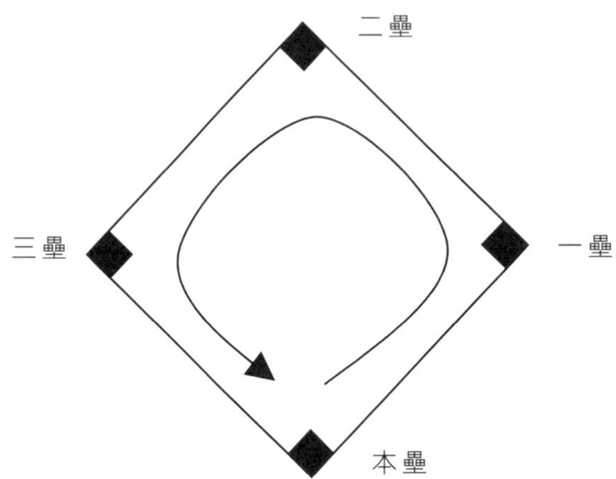

現在請你也寫出具備這樣功能的程式，計算球隊的總得分。

輸入格式

1. 每組測試資料固定有十行。
2. 第一到九行，依照球員順序，每一行代表一位球員的打擊資訊。每一行開始有一個正整數 a(1≤ a ≤5)，代表球員總共打了 a 次。接下來有 a 個字串(均為兩個字元)，依序代表每次打擊的結果。資料之間均以一個空白字元隔開。球員的打擊資訊不會有錯誤也不會缺漏。
3. 第十行有一個正整數 b(1 ≤ b≤ 27)，表示我們想要計算當總出局數累計到 b 時，該球隊的得分。輸入的打擊資訊中至少包含 b 個出局。

輸出格式

計算在總計第 b 個出局數發生時的總得分，並將此得分輸出於一行。

<table>
<tr>
<td>

範例一：輸入

```
5 1B 1B FO GO 1B
5 1B 2B FO FO SO
4 SO HR SO 1B
4 FO FO FO HR
4 1B 1B 1B 1B
4 GO GO 3B GO
4 1B GO GO SO
4 SO GO 2B 2B
4 3B GO GO FO
3
```

範例一：正確輸出

0

【說明】
1B:一壘有跑壘員。
1B:一、二壘有跑壘員。
SO:一、二壘有跑壘員,一出局。
FO:一、二壘有跑壘員,兩出局。
1B:一、二、三壘有跑壘員,兩出局。
GO:一、二、三壘有跑壘員,三出局。

達到第三個出局數時,一、二、三壘均有跑壘員,但無法得分。因為 b=3,代表三個出局就結束比賽,因此得到 0 分。

</td>
<td>

範例二：輸入

```
5 1B 1B FO GO 1B
5 1B 2B FO FO SO
4 SO HR SO 1B
4 FO FO FO HR
4 1B 1B 1B 1B
4 GO GO 3B GO
4 1B GO GO SO
4 SO GO 2B 2B
4 3B GO GO FO
6
```

範例二：正確輸出

5

【說明】接續範例一,達到第三個出局數時未得分,壘上清空。
1B:一壘有跑壘員。
SO:一壘有跑壘員,一出局。
3B:三壘有跑壘員,一出局,得一分。
1B:一壘有跑壘員,一出局,得兩分。
2B:二、三壘有跑壘員,一出局,得兩分。
HR:一出局,得五分。
FO:兩出局,得五分。
1B:一壘有跑壘員,兩出局,得五分。
GO:一壘有跑壘員,三出局,得五分。

</td>
</tr>
</table>

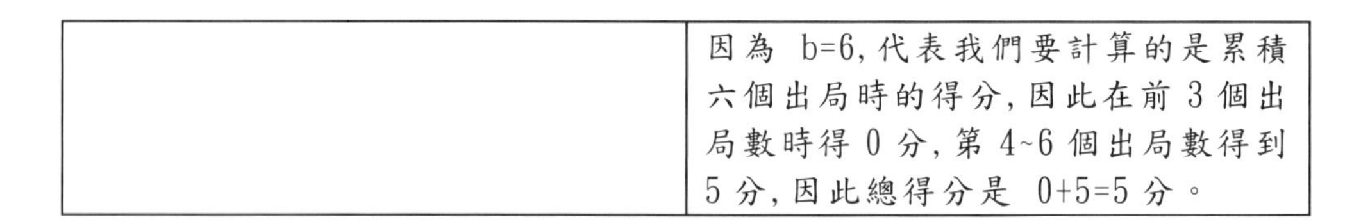

	因為 b=6, 代表我們要計算的是累積六個出局時的得分, 因此在前 3 個出局數時得 0 分, 第 4~6 個出局數得到 5 分, 因此總得分是 0+5=5 分。

評分說明

輸入包含若干筆測試資料，每一筆測試資料的執行時間限制 (time limit) 均為 1 秒，依正確通過測資筆數給分。其中:

第 1 子題組 20 分，打擊表現只有 HR 和 SO 兩種。

第 2 子題組 20 分，安打表現只有 1B，而且 b 固定為 3。

第 3 子題組 20 分，b 固定為 3。

第 4 子題組 40 分，無特別限制。

解題分析

1. 本題資料量較多，因此請在程式檔相同路徑下建立 data1.txt 和 data2.txt 資料檔當做輸入的資料，data1.txt 與 data2.txt 資料檔如下：

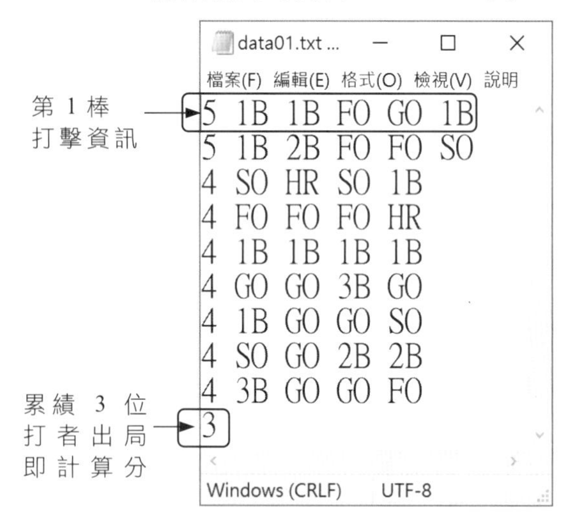

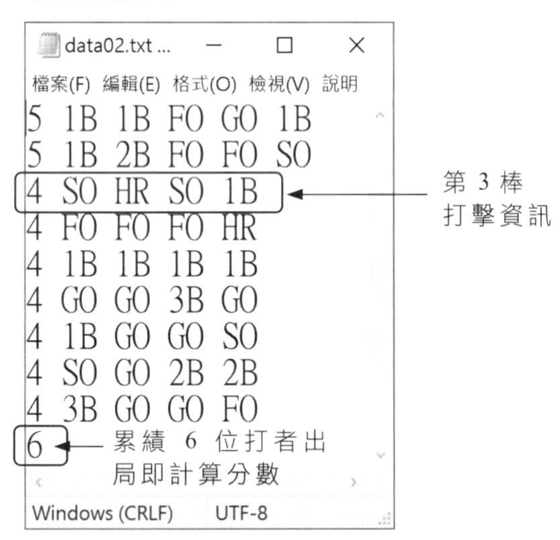

2. 資料檔共有 10 行，第 1 ~ 9 行為每位打擊者的打擊資訊。例如：data1.txt 第 1 行「5 1B 1B FO GO 1B」表示第 1 棒打了 5 次，打擊資訊依序為 1B(一壘打)、1B(一壘打)、FO(出局)、GO(出局)、1B(一壘打)；又例如：data2.txt 第 3 行「4 SO HR SO 1B」表示第 3 棒打了 4 次，打擊資訊依序為 SO(出局)、HR(全壘打)、SO(出局)、1B(一壘打)。

3. 資料檔第 10 行表示要累積到第幾個打者出局時的得分。例如：data1.txt 第 10 行為 3 表示要累計到第 3 個打者出局時的得分；例如：data2.txt 第 10 行為 6 表示要累計到第 6 個打者出局時的得分。計分方式可參閱本題 **輸出格式** 說明。

4. 為方便計算打者上壘資訊與得分，將資料檔每位打者打擊資訊進行轉換，並放入 hit_result 陣列中。例如：讀入的打擊資料為 FO、GO、SO 即記錄為 0，1B 一壘打即記錄為 1，2B 二壘打即記錄為 2，3B 一壘打即記錄為 3，HR 壘打即記錄為 4。

```
//記錄這場比賽的打擊結果
//0 表出局，1 表一壘打，2 表二壘打，3 表三壘打，4 表全壘打
int hit_result[100];
int a;            //記錄每位球員打擊次數
//暫存打擊結果，以字串表示，如 FO，1B、2B...等
char hit_result_str[3];
//將所有球員打擊資料置入 hit_result 陣列元素內
for(int i=0; i<9; i++){  //有 9 位打者所有執行 9 次
   in >> a;       //讀取每位球員打擊次數並置入 a
   for(int k=0; k < a; k++){
        in >> hit_result_str;   //讀取每位球員打擊結果
        //若打擊結果 hit_result_str 為 FO, GO, SO 表示出局
        if(strcmp("FO",hit_result_str)==0 ||
           strcmp("GO", hit_result_str)==0 ||
           strcmp("SO", hit_result_str)==0){
            hit_result[k*9+i]=0;     //出局
        }else if(strcmp("1B",hit_result_str)==0){
            hit_result[k*9+i]=1;     //一壘打
        }else if(strcmp("2B",hit_result_str)==0){
            hit_result[k*9+i]=2;     //二壘打
        }else if(strcmp("3B",hit_result_str)==0){
            hit_result[k*9+i]=3;     //三壘打
        }else{
            hit_result[k*9+i]=4;     //全壘打
        }
   }
}
```

5. 依本題棒球計分規則撰寫程式，可參閱程式第 42-94 行程式，有相關註解說明。

程式碼 FileName : apcs_10510_04.cpp

```
01 #include <iostream>
02 #include <cstring>//含入此標頭檔才能使用 strcmp()函式
03 #include <fstream>//含入此標頭檔才能使用 ifstream 檔案讀入類別
04
05 using namespace std;
06 #define TESTDATA "data1.txt"       //定義 TESTDATA 常數用來存放資料檔
07
08 int main()
09 {
10   ifstream in;                     //宣告 ifstream 讀入物件 in
```

```
11    in.open(TESTDATA , ios::in);    //開啟資料檔
12    //記錄這場比賽的打擊結果
13    //0 表示出局，1 表示一壘打，2 表示二壘打，3 表示三壘打，4 表示全壘打
14    int hit_result[100];
16    int a;      //記錄每位球員打擊次數
17    char hit_result_str[3];           //暫存打擊結果，以字串表示，如 FO，1B、2B...等
18
19    //將所有球員打擊資料置入 hit_result 陣列內
20    for(int i=0; i<9; i++){
21       in >> a;     //讀取每位球員打擊次數並置入 a
22       for(int k=0; k < a; k++){
23          in >> hit_result_str;          //讀取每位球員打擊結果並置 hit_result_str
24          //若打擊結果 hit_result_str 為 FO, GO, SO 表示出局
25          if(strcmp("FO",hit_result_str)==0 ||
                strcmp("GO", hit_result_str)==0 ||
                strcmp("SO", hit_result_str)==0){
26             hit_result[k*9+i]=0;        //出局
27          }else if(strcmp("1B",hit_result_str)==0){
28            //若 hit_result_str 為 1B 表示一壘打
29             hit_result[k*9+i]=1;        //一壘打
30          }else if(strcmp("2B",hit_result_str)==0){
31            //若 hit_result_str 為 2B 表示二壘打
32             hit_result[k*9+i]=2;        //二壘打
33          }else if(strcmp("3B",hit_result_str)==0){
34            //若 hit_result_str 為 3B 表示三壘打
35             hit_result[k*9+i]=3;        //三壘打
36          }else{                         //不符合上述情形即為全壘打
37             hit_result[k*9+i]=4;        //全壘打
38          }
39       }
40    }
41
42    int base[3]={0};       //記錄一二三壘包是否有人，1 表示有人，0 表示沒有人
43    int index=0;           //記錄目前讀到第幾筆打擊結果
44    int points=0;          //記錄得分
45    int out_current=0;     //記錄目前這局的出局數
46    int out_total=0;       //記錄總出局數
47    int b=0;               //記錄累計出局數
48
49    in >> out_total;       //讀取總出局數並置入 out_total
50    in.close();            //關閉檔案
51
52    //累計出局數小於總出局數即進入 while 迴圈計算分數
```

```
53  while(out_total>b){
54      if(hit_result[index]==1){           //若為一壘打
55          if(base[2]==1) points+=1;       //若三壘有人加 1 分
56          base[2]=base[1];                //二壘前進到三壘
57          base[1]=base[0];                //一壘前進到二壘
58          base[0]=1;                      //打者上一壘
59      }else if(hit_result[index]==2){     //若為二壘打
60          if(base[2]==1) points+=1;       //若三壘有人加 1 分
61          if(base[1]==1) points+=1;       //若二壘有人加 1 分
62          base[2]=base[0];                //一壘前進到三壘
63          base[1]=1;                      //打者上二壘
64          base[0]=0;                      //一壘清空
65      }else if(hit_result[index]==3){     //若為三壘打
66          if(base[2]==1) points+=1;       //若三壘有人加 1 分
67          if(base[1]==1) points+=1;       //若二壘有人加 1 分
68          if(base[0]==1) points+=1;       //若一壘有人加 1 分
69          base[2]=1;                      //打者上三壘
70          base[1]=0;                      //二壘清空
71          base[0]=0;                      //一壘清空
72      }else if(hit_result[index]==4){     //若為全壘打
73          //使用 for 迴圈同時判斷一二三壘包是否有人
74          for(int i=0; i<3; i++){
75              if(base[i]==1){ //若壘包上有人即加 1 分，同時清空該壘包
76                  points+=1;
77                  base[i]=0;
78              }
79          }
80          points+=1;  //全壘打打擊者加 1 分
81      }else{
82          //出局
83          out_current+=1;         //此局出局數加 1
84          //若此局有三位打者出局即清空壘包，同時設定 out_current=0
85          if(out_current==3){
86              out_current=0;
87              base[2]=0;
88              base[1]=0;
89              base[0]=0;
90          }
91          b+=1;   //累計出局數加 1
92      }
93      index+=1;   //index 加 1，準備讀取下一筆打擊結果
94  }
95
```

```
96    cout << points; //顯示得分
97    return 0;
98 }
```

執行結果

1. **範例一**：如下圖使用 data1.txt 輸入的執行結果，計算 3 位打擊者出局時得 0 分。

輸出結果

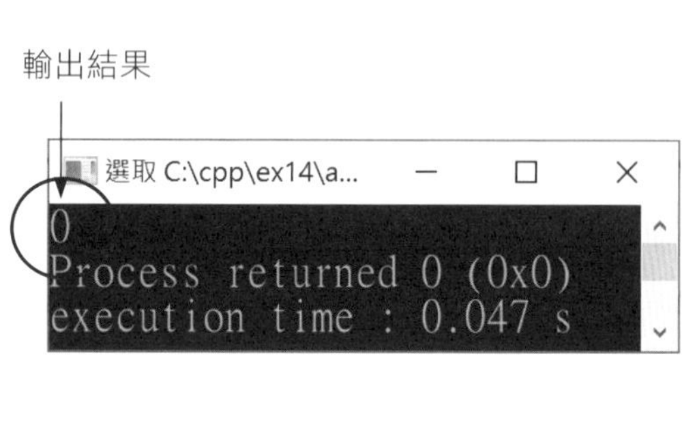

2. **範例二**：如下圖使用 data2.txt 輸入的執行結果，計算 6 位打擊者出局時得 5 分。

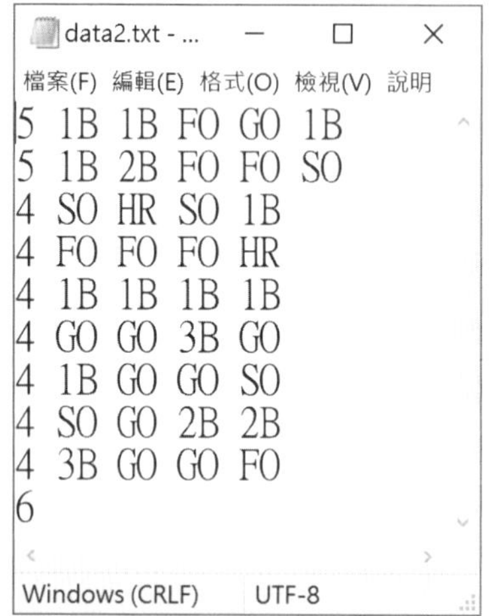

輸出結果

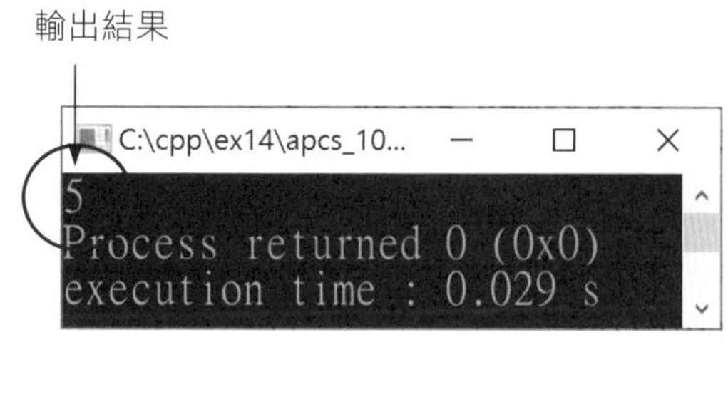

CHAPTER 15

APCS 106 年 3 月實作題解析

15.1 秘密差

問題描述

將一個十進位正整數的奇數位數的和稱為 A，偶數位數的和稱為 B，則 A 與 B 的絕對差值 |A－B| 稱為這個正整數的秘密差。

例如：263541 的奇數位數的和 A = 6+5+1 = 12，偶數位數的和 B = 2+3+4 = 9，所以 263541 的秘密差是 |12－9| = 3。

給定一個十進位正整數 X，請找出 X 的秘密差。

輸入格式

輸入為一行含有一個十進位表示法的正整數 X，之後是一個換行字元。

輸出格式

請輸出 X 的秘密差 Y (以十進位表示法輸出)，以換行字元結尾。

範例一：輸入 263541 範例一：正確輸出 3 【說明】263541 的 A=6+5+1=12，B=2+3+4=9，|A-B|=|12-9|=3。	範例二：輸入 131 範例二：正確輸出 1 【說明】131 的 A=1+1=2，B=3，|A-B|=|2-3|=1。

評分說明

輸入包含若干筆測試資料，每一筆測試資料的執行時間限制 (time limit) 均為 1 秒，依正確通過測資筆數給分。其中：

第 1 子題組 20 分，X 一定恰好四位數。

第 2 子題組 30 分，X 的位數不超過 9。

第 3 子題組 50 分，X 的位數不超過 1000。

解題分析

1. 題目雖然說明輸入格式是一個十進位表示法的正整數，但是測試資料可能會超出整數的有效範圍，所以讀取時必須當作字串來讀取。
2. 字串的最後 1 位數一定是奇數，所以字串由後向前讀取，同時交替累加奇、偶位數的和。
3. char 字元常值可用 ASCII 碼表示，'0' 的 ASCII 碼為 48，'1' 為 49…'9' 為 57。所以利用數字字元-'0'，就可以得到對應的數值，例如：'9'-'0'=57-48=9。
4. 題目要求輸出 A 與 B 的絕對差值，所以在輸出程式 A 與 B 的差值之前必須呼叫 abs() 函式。

程式碼 FileName：apcs_10603_01.cpp

```
01 #include <iostream>
02 #include <cstring>
03 using namespace std;
04
05 int main()
06 {
07     char X[1000];
08     int A = 0; // 奇數位數的和
09     int B = 0; // 偶數位數的和
10     bool oddNum=true;           //是否為奇數位數，預設值是奇數位數
11
12     cin >> X;
13     int iLen = strlen(X);       // 取得字串長度
14     for(int i = iLen-1; i >=0 ; i--){   //由後向前讀
15         if(oddNum)  //若是奇數位數
16             A += X[i] - '0';    // '9'-'0'=9 即 數字字元 - '0' 得數字數值
17         else
18             B += X[i] - '0';
19         oddNum=!oddNum;         //奇偶數旗標互換
20     }
21     printf("%d\n", abs(A-B)); // 輸出 A 與 B 的絕對差值
22     return 0;
23 }
```

執行結果

範例一：

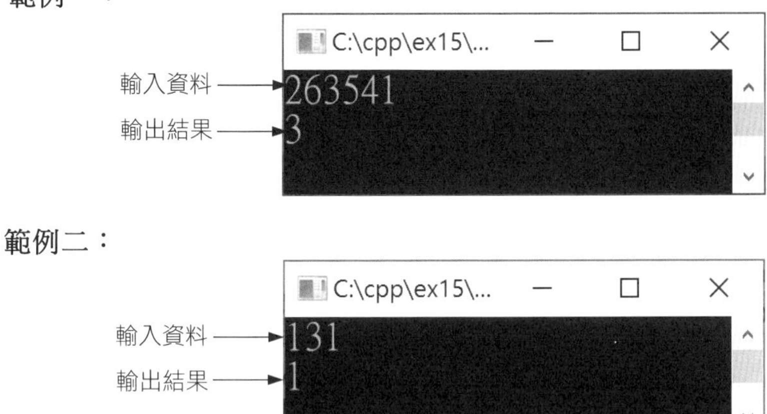

範例二：

15.2 小群體

問題描述

Q 同學正在學習程式，P 老師出了以下的題目讓他練習。

一群人在一起時經常會形成一個一個的小群體。假設有 N 個人，編號由 0 到 N-1，每個人都寫下他最好朋友的編號（最好朋友有可能是他自己的編號，如果他自己沒有其他好友），在本題中，每個人的好友編號絕對不會重複，也就是說 0 到 N-1 每個數字都恰好出現一次。

這種好友的關係會形成一些小群體。例如 N=10，好友編號如下：

	0	1	2	3	4	5	6	7	8	9
好友編號	4	7	2	9	6	0	8	1	5	3

0 的好友是 4，4 的好友是 6，6 的好友是 8，8 的好友是 5，5 的好友是 0，所以 0、4、6、8、和 5 就形成了一個小群體。另外，1 的好友是 7 而且 7 的好友是 1，所以 1 和 7 形成另一個小群體，同理，3 和 9 是一個小群體，而 2 的好友是自己，因此他自己是一個小群體。總而言之，在這個例子裡有 4 個小群體：{0,4,6,8,5}、{1,7}、{3,9}、{2}。本題的問題是：輸入每個人的好友編號，計算出總共有幾個小群體。

Q 同學想了想卻不知如何下手，和藹可親的 P 老師於是給了他以下的提示：如果你從任何一人 x 開始，追蹤他的好友，好友的好友，….，這樣一直下去，一定會形成一個圈回到 x，這就是一個小群體。如果我們追蹤的過程中把追蹤過的加以標記，很容易知道哪些人已經追蹤過，因此，當一個小群體找到之後，我們再從任何一個還未追蹤過的開始繼續找下一個小群體，直到所有的人都追蹤完畢。

Q 同學聽完之後很順利的完成了作業。

在本題中，你的任務與 Q 同學一樣：給定一群人的好友，請計算出小群體個數。

輸入格式：

第一行是一個正整數 N，說明團體中人數。

第二行依序是 0 的好友編號、1 的好友編號、……、N-1 的好友編號。共有 N 個數字，包含 0 到 N-1 的每個數字恰好出現一次，數字間會有一個空白隔開。

輸出格式：

請輸出小群體的個數。不要有任何多餘的字或空白，並以換行字元結尾。

範例一：輸入 10 4 7 2 9 6 0 8 1 5 3 範例一：正確輸出 4 【說明】 4 個小群體是{0,4,6,8,5},{1,7},{3,9}和{2}。	範例二：輸入 3 0 2 1 範例二：正確輸出 2 【說明】 2 個小群體分別是{0},{1,2}。

評分說明

輸入包含若干筆測試資料，每一筆測試資料的執行時間限制 (time limit) 均為 1 秒，依正確通過測資筆數給分。其中：

第 1 子題組 20 分，$1 \le N \le 100$，每一個小群體不超過 2 人。

第 2 子題組 30 分，$1 \le N \le 1{,}000$，無其他限制。

第 3 子題組 50 分，$1{,}001 \le N \le 50{,}000$，無其他限制。

解題分析

1. 本題可依照題目中 P 老師所提示的演算法來實作，即可以完成。
2. 追蹤過的好友編號標記為-1，下表呈現的是範例一的追蹤過程：

陣列索引值	0	1	2	3	4	5	6	7	8	9
好友編號	4	7	2	9	6	0	8	1	5	3

0-1	4→-1	7	2	9	6	0	8	1	5	3
0-2	-1	7	2	9	6→-1	0	8	1	5	3
0-3	-1	7	2	9	-1	0	8→-1	1	5	3
0-4	-1	7	2	9	-1	0	-1	1	5→-1	3
0-5	-1	7	2	9	-1	0→-1	-1	1	-1	3
1-1	-1	7→-1	2	9	-1	-1	-1	1	-1	3
1-2	-1	-1	2	9	-1	-1	-1	1→-1	-1	3
2-1	-1	-1	2→-1	9	-1	-1	-1	-1	-1	3
3-1	-1	-1	-1	9→-1	-1	-1	-1	-1	-1	3
3-2	-1	-1	-1	-1	-1	-1	-1	-1	-1	3→-1

3. 假設從 i 開始，追蹤其好友，好友的好友，...，其程式流程如下：

```
01 next = i;
02 while(1)
03 {
04     temp = a[next];
05     a[next] = -1;
06     if(a[temp] == i)
07     {
08         a[temp] = -1;
09         group ++;       //小群體個數+1
10         break;
11     }
12     next = temp;
13 }
```

02~13 行：該迴圈會一直執行，直到其好友為追蹤起點 i 為止。

4. 假設從 i 開始，其好友就是自己時，執行以下敘述。

```
01 if(a[i] == i){
02     a[i] = -1;
03     group ++;           //小群體個數+1
04 }
```

5. 測試資料儲存於「data1.txt」，執行時直接讀取檔案。讀取時儲存於 a[] 陣列內，a[] 陣列的長度即團體人數 N。

```
01 fp.open("data1.txt", ios::in);
02 fp >> N;
03 int a[N];
04 for(i = 0; i < N; i ++){
```

```
05     fp >> a[i];
06 }
07 fp.close();
```

程式碼 FileName : apcs_10603_02.cpp

```
01 #include <iostream>
02 #include <fstream>
03 using namespace std;
04
05 int main()
06 {
07     ifstream fp;
08     int N = 0;
09     int group = 0; //群體數
10     int i, next, temp;
11
12     fp.open("data1.txt", ios::in);
13     fp >> N;         // 團體總人數
14     int a[N];
15     for(i = 0; i < N; i ++){
16         fp >> a[i]; // 讀取好友編號
17     }
18     fp.close();
19     for(i = 0; i < N; i ++){
20         if(a[i] != -1){          // -1 表示已納入小群體，不用再追蹤
21             if(a[i] == i){       // 好友就是自己，自成小群體
22                 a[i] = -1;       // 設為-1，不用再追蹤
23                 group ++;        // 小群體數增加 1 個
24             }
25             else{
26                 next = i;        // 追蹤的起點
27                 while(1)         // 無窮迴圈
28                 {
29                     temp = a[next];  // 讀取好友編號
30                     a[next] = -1;    // 納入小群體
31                     if(a[temp] == i) // 如果指回到起點，結束追蹤
32                     {
33                         a[temp] = -1;       // 設為-1，不用再追蹤
34                         group ++;           // 小群體數增加 1 個
35                         break;              // 結束追蹤
36                     }
37                     next = temp;            // 下個追蹤的起點
38                 }
39             }
```

```
40         }
41     }
42     printf("%d\n", group);
43     return 0;
44 }
```

執行結果

範例一：讀入 data1.txt 資料檔的執行結果。

範例二：讀入 data2.txt 資料檔的執行結果。

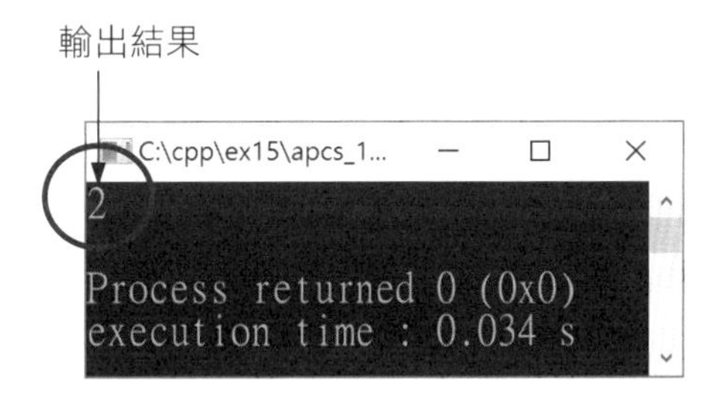

15.3 數字龍捲風

問題描述

給定一個 N*N 的二維陣列，其中 N 是奇數，我們可以從正中間的位置開始，以順時針旋轉的方式走訪每個陣列元素恰好一次。對於給定的陣列內容與起始方向，請輸出走訪順序之內容。下面的例子顯示了 N=5 且第一步往左的走訪順序：

3	4	2	1	4
4	2	3	8	9
2	1	9	5	6
4	2	3	7	8
1	2	6	4	3

依此順序輸出陣列內容則可以得到「9123857324243421496834621」。

類似地，如果是第一步向上，則走訪順序如下：

3	4	2	1	4
4	2	3	8	9
2	1	9	5	6
4	2	3	7	8
1	2	6	4	3

依此順序輸出陣列內容則可以得到「9385732124214968346214243」。

輸入格式

輸入第一行是整數 N，N 為奇數且不小於 3。第二行是一個 0~3 的整數代表起始方向，其中 0 代表左、1 代表上、2 代表右、3 代表下。第三行開始 N 行是陣列內容，順序是由上而下，由左至右，陣列的內容為 0~9 的整數，同一行數字中間以一個空白間隔。

輸出格式

請輸出走訪順序的陣列內容，該答案會是一連串的數字，數字之間不要輸出空白，結尾有換行符號。

範例一：輸入

```
5
0
3 4 2 1 4
4 2 3 8 9
2 1 9 5 6
4 2 3 7 8
1 2 6 4 3
```

範例一：正確輸出

```
9123857324243421496834621
```

範例二：輸入

```
3
1
4 1 2
3 0 5
6 7 8
```

範例二：正確輸出

```
012587634
```

評分說明

輸入包含若干筆測試資料，每一筆測試資料的執行時間限制 (time limit) 均為 1 秒，依正確通過測資筆數給分。其中：

第 1 子題組 20 分，$3 \leq N \leq 5$，且起始方向均為向左。

第 2 子題組 80 分，$3 \leq N \leq 49$，起始方向無限定。

提示：本題有多種處理方式，其中之一是觀察每次轉向與走的步數。例如，起始方向是向左時，前幾步的走法是：左 1、上 1、右 2、下 2、左 3、上 3、……一直到出界為止。

解題分析

1. 本題依照題目所提示的演算法來實作。

2. 資料檔 data1.txt 所儲存的資料與本題範例一的輸入資料相同；如下寫法是將 data1.txt 的資料讀入 a 二維陣列。

```
01 fp.open("data1.txt", ios::in);
02 fp >> N;
03 fp >> direction;
04 int a[N][N];
05
06 for(int i = 0; i < N; i ++){
07     for(int j = 0; j < N; j ++)
08         fp >> a[i][j];
09 }
```

3. 觀察轉向與走訪的步數，可得知步數的數列是 1、1、2、2、3、3、…，依數列的步數走完之後，會再順時針方向轉向。所以實作中產生類似數列 step[] 陣列，用來控制步數。

```
01 int step[N*2];
02 int temp = 0;
03 for(int i = 0; i < N; i ++){
04     step[temp++] = i + 1;
05     step[temp++] = i + 1;
06 }
```

4. 程式執行時 step[] 陣列值即前進步數，每走一步，陣列值同步減一，陣列值歸零時，前進方向順時針轉向，並取下一數列值繼續執行。觀察全部行走步數，可得知總步數為 N×N-1。所以實作中以變數 stepSum 控制執行次數，以避免出界。

5. 題目要求順時針走，順序是左(0)、上(1)、右(2)、下(3)。實作中以 dir[][] 二維陣列，控制 x、y 座標的變化。向左時 y 值不變，x 值減 1，所以陣列內容為 {0,-1}。向上時 y 值減 1，x 值不變，所以陣列內容為{-1,0}。向右時 y 值不變，x 值加 1，所以陣列內容為 {0,1}。向下時 y 值加 1，x 值不變，所以陣列內容為 {1,0}。

```
int dir[4][2] = {{0,-1},{-1,0},{0,1},{1,0}};
```

程式碼 FileName : apcs_10603_03.cpp

```
01 #include <iostream>
02 #include <cmath>
03 #include <fstream>
04 using namespace std;
05
06 int main()
07 {
08     ifstream fp;
09     int N, x, y, direction;
10     int iStep;
11     int dir[4][2] = {{0,-1},{-1,0},{0,1},{1,0}};
12
13     fp.open("data1.txt", ios::in);
14     fp >> N;              //陣列長度
15     fp >> direction;      //起始方向
16     int a[N][N];          //長寬皆為 N 的二維陣列
17
18     for(int i = 0; i < N; i ++){
19         for(int j = 0; j < N; j ++)
20             fp >> a[i][j];
21     }
22     int step[N*2];
23     int temp = 0;
24     for(int i = 0; i < N; i ++){ // 產生步數數列
25         step[temp++] = i + 1;
26         step[temp++] = i + 1;
27     }
28
29     int stepSum = N * N; // 設定總步數
30     x = floor(N / 2);     // 設定起始座標
31     y = floor(N / 2);
32     iStep = 0; // 步數數列由陣列 0 開始
33     while(stepSum){
34         printf("%d", a[x][y]);
35         x += dir[direction][0]; // 移動 X 座標
36         y += dir[direction][1]; // 移動 Y 座標
37         step[iStep] = step[iStep] - 1;  // 步數數列減少一步
38         if(step[iStep] == 0){  // step[iStep]為 0 時前進方向要順時針轉向
39             direction ++; // 前進方向旗標加 1
40             if(direction == 4) // 方向旗標超出陣列範圍時，執行下一行敘述
41                 direction = 0; // 方向旗標設為 0，前進路線才會形成順時針循環
42             iStep ++;    // 指向下一個步數數列
43         }
```

```
44         stepSum --;      // 總步數減 1
45     }
46     printf("\n");
47     return 0;
48 }
```

執行結果

範例一：讀入 data1.txt 資料檔的執行結果。

範例二：讀入 data2.txt 資料檔的執行結果。

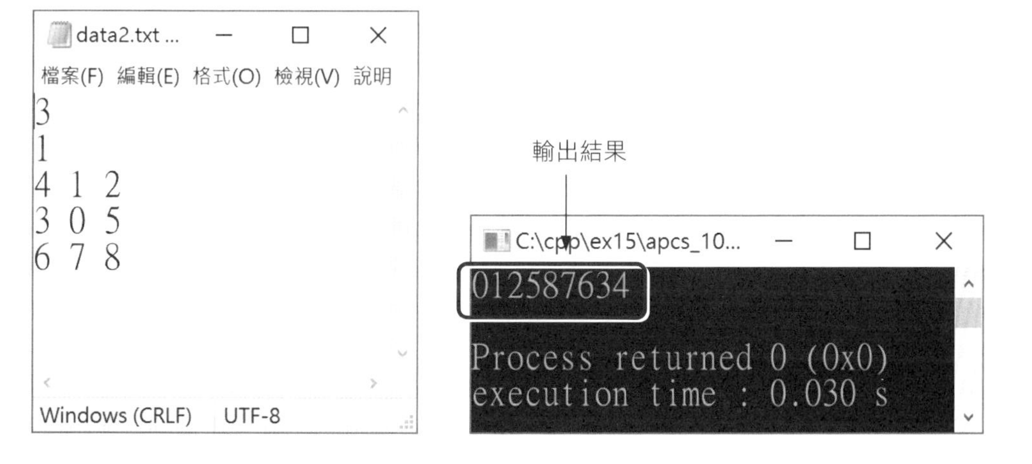

15.4 基地台

問題描述

為因應資訊化與數位化的發展趨勢，某市長想要在城市的一些服務點上提供無線網路服務，因此他委託電信公司架設無線基地台。某電信公司負責其中 N 個服務點，這 N 個服務點位在一條筆直的大道上，它們的位置（座標）係以與該大道一端的距離 P[i] 來表示，其中 i=0~N-1。由於設備訂製與維護的因素，每個基地台的服務範圍必須都一樣，當基地台架設後，與此基地台距離不超過 R (稱為基地台的半徑) 的服務點都可以使用無線網路服務，也就是說每一個基地台可以服務的範圍是 D=2R (稱為基地台的直徑)。現在電信公司想要計算，如果要架設 K 個基地台，那麼基地台的最小直徑是多少才能使每個服務點都可以得到服務。

基地台架設的地點不一定要在服務點上，最佳的架設地點也不唯一，但本題只需要求最小直徑即可。以下是一個 N=5 的例子，五個服務點的座標分別是 1、2、5、7、8。

0	1	2	3	4	5	6	7	8	9
	▲	▲			▲		▲	▲	

假設 K=1，最小的直徑是 7，基地台架設在座標 4.5 的位置，所有點與基地台的距離都在半徑 3.5 以內。假設 K=2，最小的直徑是 3，一個基地台服務座標 1 與 2 的點，另一個基地台服務另外三點。在 K=3 時，直徑只要 1 就足夠了。

輸入格式

輸入有兩行。第一行是兩個正整數 N 與 K，以一個空白間格。第二行 N 個非負整數 P[0],P[1],....,P[N-1]表示 N 個服務點的位置，這些位置彼此之間以一個空白間格。請注意，這 N 個位置並不保證相異也未經過排序。本題中，K<N 且所有座標是整數，因此，所求最小直徑必然是不小於 1 的整數。

輸出格式

輸出最小直徑，不要有任何多餘的字或空白並以換行結尾。

範例一：輸入 5 2 5 1 2 8 7 **範例一：正確輸出** 3 **【說明】** 如題目中之說明。	**範例二：輸入** 5 1 7 5 1 2 8 **範例二：正確輸出** 7 **【說明】** 如題目中之說明。

評分說明

輸入包含若干筆測試資料，每一筆測試資料的執行時間限制 (time limit) 均為 2 秒，依正確通過測資筆數給分。其中:

第 1 子題組 10 分，座標範圍不超過 100，$1 \le K \le 2$，$K < N \le 10$。

第 2 子題組 20 分，座標範圍不超過 1,000，$1 \le K < N \le 100$。

第 3 子題組 20 分，座標範圍不超過 1,000,000,000，1≤ K < N ≤ 500。

第 4 子題組 50 分，座標範圍不超過 1,000,000,000，1≤ K < N ≤ 50,000。

解題分析

1. 依照題目說明基地台服務範圍最小直徑是 1，而最大直徑則是 ((服務點最大座標 － 最小座標) / 基地台個數) + 1。

2. 根據範例一來做解題步驟的說明：

   ① 題目指定 N=5(服務點有 5 個)、K=2(基地台有 2 個)，服務點座標分別為 5、1、2、8、7，將座標存入陣列中然後作遞增排序。

   ② D 由最小直徑 1 開始逐一檢查到最大直徑 4【(最大座標 － 最小座標) / K + 1，((8 － 1) / 2) + 1 = 4】，看需要設立幾個基地台才能涵蓋所有的服務點。

   ③ 當 D=1 時需要設立三個基地台，不符合題目要求 (K=2)。當 D=2 時需要三個基地台，也不符合題目要求。

   ④ 當 D=3 時需要設立兩個基地台，符合題目要求 (K=2)，結束檢查，輸出最小直徑為 3。

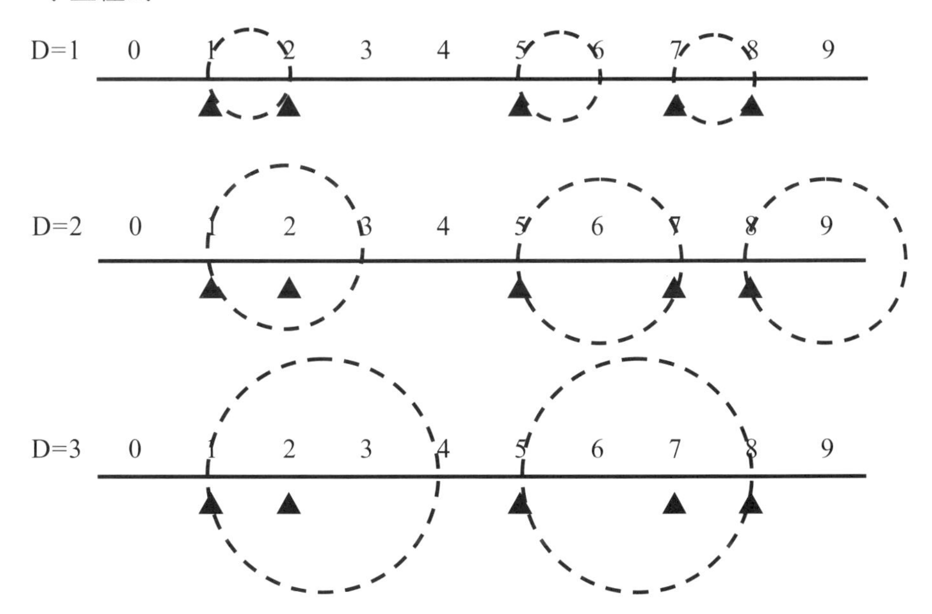

3. 以上是 D 依序由 1 檢查到 4 (循序搜尋法)，當數量大時會比較沒有效率，下面改用二分搜尋法 (Binary Search) 來撰寫，可以提高執行速度。使用二分搜尋法之前，必須先將陣列值排序完畢。然後設定搜索範圍，每次都用這範圍最中間的值當直徑，來查看要設立的基地台總數。如果要設定的基地台總數大於指定基地台數，表示目前直徑太小所以正確的直徑在右半邊，就設搜尋範圍為中間值+1 到最大值。反之，如果要設定的基地台總數小於指定基地台數，表示目前直徑太大所以正確的直徑在左半邊，就設搜尋範圍為最小值到中間值。反覆執行以上步驟，直到找到最小值為止。範例一採用二分搜尋法步驟如下：

① 第 1 次搜尋範圍為 1 ~ 4，中間值 D=2，((1 + 4) / 2)。以 D=2 檢查需要設立三個基地台，所以正確直徑在右半邊。

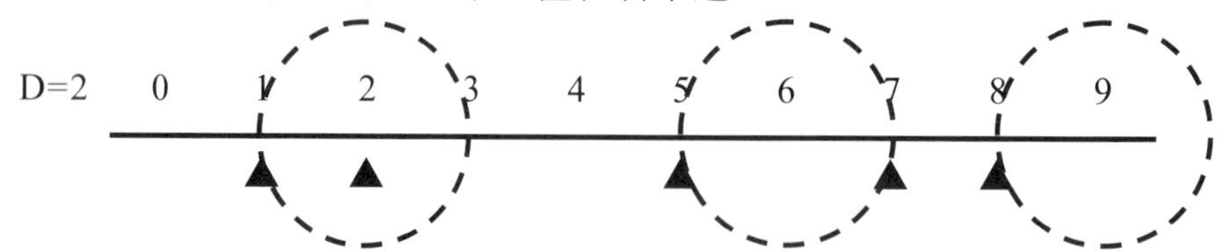

② 第 2 次搜尋範圍為 3 (第 1 次的中間值+1) ~ 4，中間值 D=3，((3 + 4) / 2)。以 D=3 檢查需要二個基地台，符合題目要求結束搜尋，只要兩次運算就可以找到答案。

③ 二分搜尋法的寫法如下：

```
int minD = 1;        // 直徑最小範圍
int maxD = (Point[N-1] - Point[0]) / K + 1; // 直徑最大範圍
int midD = 1;        // 直徑中間值

while (minD < maxD){    // 若直徑最小範圍<最大範圍
    midD = (minD + maxD) / 2;    // 計算直徑的中間值
    if (cover(Point, N, K, midD)){ //若 cover 回傳 true
        maxD = midD; // 設直徑最大範圍為中間值，繼續檢查左半邊
    } else {
        minD = midD + 1 ;//設直徑最小範圍為中間值+1,繼續檢查右半邊
    }
}
```

4. cover 函式根據傳入的直徑 (midD) 逐一檢查服務點，若設定基地台總數大於指定基地台數量，就表示目前的直徑太小，就傳回 true。若基地台數量小於等於指定基地台數量，且能涵蓋所有服務點時，就傳回 false。

```
bool cover(int* pArray, int N, int K,int midD){
    int right = 0;           // 預設基地台涵蓋的右界座標為 0
    int p_total = 0;         // 預設基地台總數為 0
    int index = 0;           // 預設陣列索引值為 0
    for (int i = 0; i < N; i++){     // 逐一檢查服務點
        right = pArray[index] + midD;// 計算基地台涵蓋的右界座標
        p_total++; // 基地台總數加 1
        if(p_total > K){     // 若基地台總數大於 K(表直徑太小)
            return true;     // 回傳 true
        }
        // 其他若基地台數量小於等於 K 且能涵蓋所有服務點
```

```
        else if((p_total <= K) && (pArray[N-1] <= right)){
            return false;    // 回傳 false
        }
        do{ //跳到下一個沒有被涵蓋的服務點
            index++;  // 索引值加 1
        }while(pArray[index] <= right);
    }
}
```

程式碼 FileName : apcs_10603_04.cpp

```
01 #include <iostream>
02 #include <algorithm>
03 #include <fstream>
04 using namespace std;
05 bool cover(int*, int, int, int);   //宣告 cover 函式
06
07 int main()
08 {
09    int N, K;          // N 為服務點數量、K 為指定基地台數量
10    ifstream fp;       // 需要引用 <fstream>
11    fp.open("data1.txt",ios::in);   //開啟 data1.txt 資料檔供讀取
12    fp >> N >> K;     // 讀入服務點和指定基地台數量到 N 和 K 變數
13    int Point[N];     // 宣告紀錄服務點座標值的陣列
14    for (int i = 0; i < N; i++){     // 逐一讀入服務點座標到陣列
15        fp >> Point[i];
16    }
17    // 使用 sort 函式遞增排序 Point 陣列，需要引用 <algorithm>
18    sort(Point, Point + N);
19
20    int minD = 1;          // 直徑最小範圍
21    int maxD = (Point[N-1] - Point[0]) / K + 1; // 直徑最大範圍
22    int midD = 1;          // 直徑中間值
23
24    while (minD < maxD){                // 若直徑最小範圍<最大範圍
25        midD = (minD + maxD) / 2;     // 計算直徑的中間值
26        if (cover(Point, N, K, midD)){    // 若 cover 回傳 true
27            minD = midD + 1 ;     // 設直徑最小範圍為中間值+1，繼續檢查右半邊
28        } else {
29            maxD = midD;          // 設直徑最大範圍為中間值，繼續檢查左半邊
30        }
31    }
32
33    printf("%d\n", minD);
34    return 0;
```

```
35 }
36
37 bool cover(int* pArray, int N, int K, int midD){
38     int right = 0;          // 預設基地台涵蓋的右界座標為 0
39     int p_total = 0;        // 預設基地台總數為 0
40     int index = 0;          // 預設陣列索引值為 0
41     for (int i = 0; i < N; i++){             // 逐一檢查服務點
42         right = pArray[index] + midD;      // 計算基地台涵蓋的右界座標
43         p_total++;              // 基地台總數加 1
44         if(p_total > K){   // 若基地台總數大於 K(表直徑太小)
45             return true;     // 回傳 true
46         }
47         // 其他若基地台數量小於等於 K 且能涵蓋所有服務點
48         else if((p_total <= K) && (pArray[N-1] <= right)){
49             return false;   // 回傳 false
50         }
51         do{ //跳到下一個沒有被涵蓋的服務點
52             index++;            // 索引值加 1
53         }while(pArray[index] <= right);
54     }
55 }
```

執行結果

範例一：讀入 data1.txt 資料檔的執行結果。

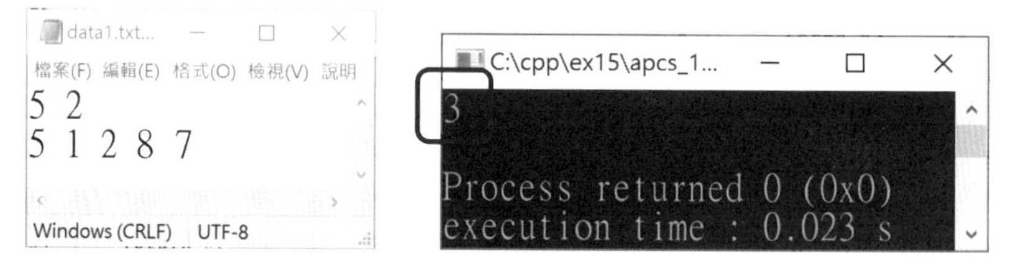

範例二：讀入 data2.txt 資料檔的執行結果。

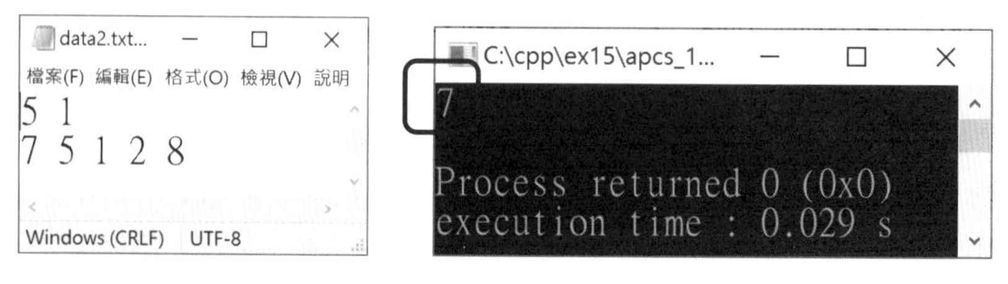

APCS 106 年 10 月實作題解析

CHAPTER 16

16.1 邏輯運算子

問題描述

小蘇最近在學三種邏輯運算子 AND、OR 和 XOR。這三種運算子都是二元運算子，也就是說在運算時需要兩個運算元，例如 a AND b。對於整數 a 與 b，以下三個二元運算子的運算結果定義如下列三個表格：

a AND b

	b為0	b不為0
a為0	**0**	**0**
a不為0	**0**	**1**

a OR b

	b為0	b不為0
a為0	**0**	**1**
a不為0	**1**	**1**

a XOR b

	b為0	b不為0
a為0	**0**	**1**
a不為0	**1**	**0**

舉例來說：

(1) 0 AND 0 的結果為 0，0 OR 0 以及 0 XOR 0 的結果也為 0。

(2) 0 AND 3 的結果為 0，0 OR 3 以及 0 XOR 3 的結果則為 1。

(3) 4 AND 9 的結果為 1，4 OR 9 的結果也為 1，但 4 XOR 9 的結果為 0。

請撰寫一個程式，讀入 a、b 以及邏輯運算的結果，輸出可能的邏輯運算為何。

輸入格式

輸入只有一行，共三個整數值，整數間以一個空白隔開。第一個整數代表 a，第二個整數代表 b，這兩數均為非負的整數。第三個整數代表邏輯運算的結果，只會是 0 或 1。

輸出格式

輸出可能得到指定結果的運算，若有多個，輸出順序為 AND、OR、XOR，每個可能的運算單獨輸出一行，每行結尾皆有換行。若不可能得到指定結果，輸出 IMPOSSIBLE。(注意輸出時所有英文字母均為大寫字母。)

範例一：輸入	範例二：輸入
0 0 0	1 1 1
範例一：正確輸出	範例二：正確輸出
AND OR XOR	AND OR

範例三：輸入	範例四：輸入
3 0 1	0 0 1
範例三：正確輸出	範例四：正確輸出
OR XOR	IMPOSSIBLE

評分說明

輸入包含若干筆測試資料，每一筆測試資料的執行時間限制 (time limit) 均為 1 秒，依正確通過測資筆數給分。其中：

第 1 子題組 80 分，a 和 b 的值只會是 0 或 1。

第 2 子題組 20 分，0≤a，b<10,000。

解題分析

1. 本題使用 & (AND、且)、| (OR、或) 和 ^ (XOR、互斥) 位元運算子，做法是先將運算元轉成二進制，然後根據位元運算子的運算規則做運算。下表為 AND、OR、XOR 位元運算子的運算結果：

a	b	a & b (AND)	a | b (OR)	a ^ b (XOR)
1	1	1	1	0
1	0	0	1	1
0	1	0	1	1
0	0	0	0	0

2. 宣告 a、b、c 三個整數變數，再使用 cin 取得鍵盤輸入的三個整數置入給 a、b、c 三個整數變數。

3. 因位元運算子是對 0 和 1 做運算，但如下題目舉例發現可進行大於 1 的值的運算，例如：0 AND 3 或 4 OR 9 …等。

   ① 0 AND 0 的結果為 0，0 OR 0 以及 0 XOR 0 的結果也為 0。

② 0 AND 3 的結果為 0，0 OR 3 以及 0 XOR 3 的結果則為 1。

③ 4 AND 9 的結果為 1，4 OR 9 的結果也為 1，但 4 XOR 9 的結果為 0。

為簡化程式可使用 if 選擇敘述判斷 a 或 b 兩整數變數是否大於 0，若大於 0 則另該變數值為 1。寫法如下：

```
if(a>0) a=1;     //a 大於 0 時,令 a 為 1
if(b>0) b=1;     //b 大於 0 時,令 b 為 1
```

4. 宣告 and_result、or_result、xor_result 三個整數變數用來存放 AND、OR、XOR 位元運算的結果，若結果為 1 表示該位元運算成立。

   再依序判斷 a、b 進行 AND、OR、XOR 位元運算的結果是否等於 c，若成立將對應的 and_result、or_result、xor_result 的值設為 1。寫法如下：

```
int and_result=0, or_result=0, xor_result=0;

// 依序判斷 a 和 b 進行 AND、OR、XOR 位元運算的結果是否等於 c
if((a & b) == c) and_result = 1;
if((a | b) == c) or_result = 1;
if((a ^ b) == c) xor_result = 1;
```

5. 依序判斷 and_result、or_result、xor_result 的值是否為 1，若成立即印出該位元運算子的英文字，輸出順序為 AND、OR、XOR，每行結尾皆有換行。寫法如下：

```
if(and_result == 1) cout << "AND\n";
if(or_result == 1) cout << "OR\n";
if(xor_result == 1) cout << "XOR\n";
```

6. 當 and_result、or_result、xor_result 三個變數值皆為 0 時，即印出 "IMPOSSIBLE"。寫法如下：

```
if(and_result==0 && or_result==0 && xor_result==0)
    cout << "IMPOSSIBLE\n";
```

程式碼 FileName：apcs_10610_01.cpp

```
01 #include <iostream>
02 using namespace std;
03
04 int main()
05 {
06     // 宣告 a, b, c 三個整數變數
07     int a, b, c;
08     // 輸入三個整數置入 a, b, c 整數變數
09     cin >> a >> b >> c;
10
```

```
11      if(a>0) a=1;      //a 大於 0 時,令 a 為 1
12      if(b>0) b=1;      //b 大於 0 時,令 b 為 1
13
14      // 宣告 and_result, or_result, xor_result 三個變數
15      // 用來存放 AND、OR、XOR 位元運算子的運算結果
16      // 若 and_result, or_result, xor_result 的值為 1，表示該運算子成立
17      int and_result=0, or_result=0, xor_result=0;
18
19      // 依序判斷 a 和 b 進行 AND、OR、XOR 位元運算的結果是否等於 c
20      if((a & b) == c) and_result = 1;
21      if((a | b) == c) or_result = 1;
22      if((a ^ b) == c) xor_result = 1;
23
24      // 依序判斷 and_result, or_result, xor_result 的值是否為 1
25      // 若成立即印出該運算子的英文字
26      if(and_result == 1) cout << "AND\n";
27      if(or_result == 1) cout << "OR\n";
28      if(xor_result == 1) cout << "XOR\n";
29
30      // 當 and_result, or_result, xor_result 的值為 0 時即印出 IMPOSSIBLE
31      if(and_result==0 && or_result==0 && xor_result==0)
32          cout << "IMPOSSIBLE\n";
33      return 0;
34  }
```

執行結果

範例一：輸入 0△0△ 0 的執行結果。

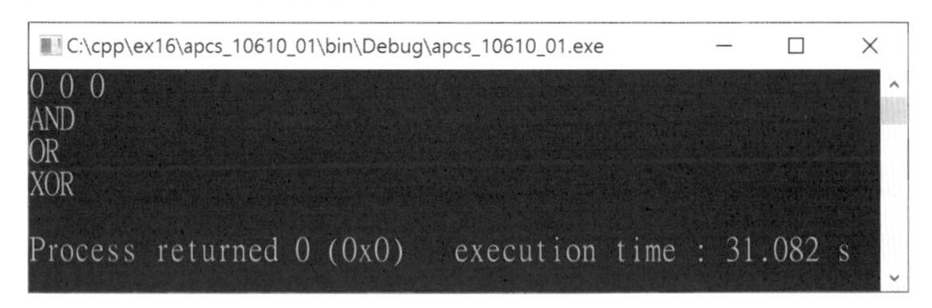

範例二：輸入 1△1△1 的執行結果。

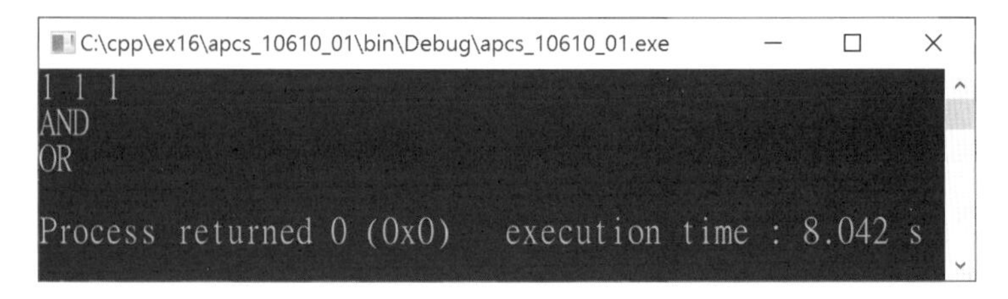

範例三：輸入 3△0△1 的執行結果。

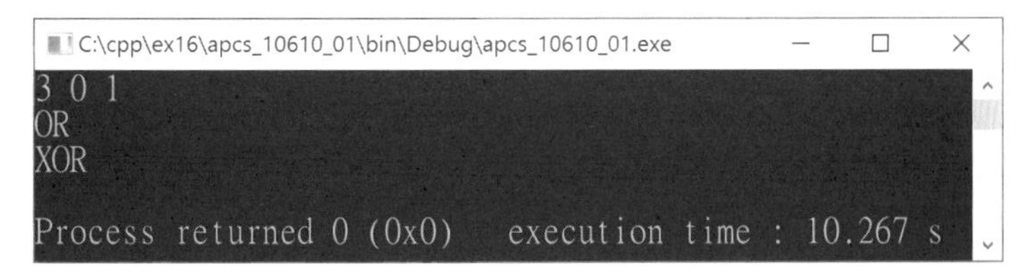

範例四：輸入 0△0△1 的執行結果。

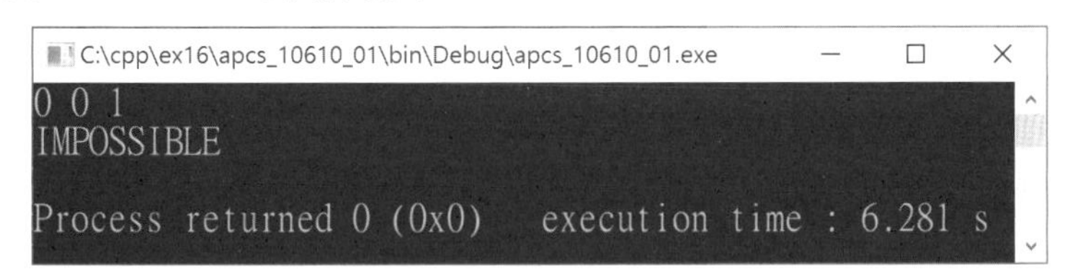

16.2 交錯字串

問題描述

一個字串如果全由大寫英文字母組成，我們稱為大寫字串；如果全由小寫字母組成則稱為小寫字串。字串的長度是它所包含字母的個數，在本題中，字串均由大小寫英文字母組成。假設 k 是一個自然數，一個字串被稱為「k-交錯字串」，如果它是由長度為 k 的大寫字串與長度為 k 的小寫字串交錯串接組成。

舉例來說，「StRiNg」是一個 1-交錯字串，因為它是一個大寫一個小寫交替出現；而「heLLow」是一個 2-交錯字串，因為它是兩個小寫接兩個大寫再接兩個小寫。但不管 k 是多少，「aBBaaa」、「BaBaBB」、「aaaAAbbCCCC」都不是 k-交錯字串。

本題的目標是對於給定 k 值，在一個輸入字串找出最長一段連續子字串滿足 k-交錯字串的要求。例如 k=2 且輸入「aBBaaa」，最長的 k-交錯字串是「BBaa」，長度為 4。又如 k=1 且輸入「BaBaBB」，最長的 k-交錯字串是「BaBaB」，長度為 5。

請注意，滿足條件的子字串可能只包含一段小寫或大寫字母而無交替，如範例二。此外，也可能不存在滿足條件的子字串，如範例四。

輸入格式

輸入的第一行是 k，第二行是輸入字串，字串長度至少為 1，只由大小寫英文字母組成 (A~Z, a~z) 並且沒有空白。

輸出格式

輸出輸入字串中滿足 k-交錯字串的要求的最長一段連續子字串的長度，以換行結尾。

範例一：輸入 1 aBBdaaa	範例二：輸入 3 DDaasAAbbCC	範例三：輸入 2 aafAXbbCDCCC	範例四：輸入 3 DDaaAAbbCC
範例一：正確輸出 2	範例二：正確輸出 3	範例三：正確輸出 8	範例四：正確輸出 0

評分說明

輸入包含若干筆測試資料，每一筆測試資料的執行時間限制 (time limit) 均為 1 秒，依正確通過測資筆數給分。其中

第 1 子題組 20 分，字串長度不超過 20 且 k=1。

第 2 子題組 30 分，字串長度不超過 100 且 k ≤ 2。

第 3 子題組 50 分，字串長度不超過 100,000 且無其他限制。

提示：根據定義，要找的答案是大寫片段與小寫片段交錯串接而成。本題有多種解法的思考方式，其中一種是從左往右掃描輸入字串，我們需要紀錄的狀態包含：目前是在小寫子字串中還是大寫子字串中，以及在目前大(小)寫子字串的第幾個位置。根據下一個字母的大小寫，我們需要更新狀態並且記錄以此位置為結尾的最長交替字串長度。

另外一種思考是先掃描一遍字串，找出每一個連續大(小)寫片段的長度並將其記錄在一個陣列，然後針對這個陣列來找出答案。

解題分析

1. 利用範例一將解題的演算法說明如下：

① 先將字串的所有大寫字母都用「A」取代，所有小寫字母都用「a」取代。例如範例一的 aBBdaaa 字串，會轉換成 aAAaaaa。

② 根據題目指定的 k 值產生交錯字串，交錯字串可能以大寫字母開頭，以 k=1 為例：Aa、AaA、AaAa、AaAaA、AaAaAa...。也可能以小寫字母開頭，例如：aA、aAa、aAaA、aAaAa、aAaAaA...。若以 k=2 為例：AAaa、AAaaAA、AAaaAAaa、AAaaAAaaAA... 和 aaAA、aaAAaa、aaAAaaAA、aaAAaaAAaa...。

③ 將大寫開頭交錯字串，由字串長度從短到長，依序在字串中搜尋，若找到就繼續搜尋；否則就結束。例如以 Aa 在 aAAaaaa 中搜尋可以找到，再以 AaA 搜尋結果找不到就結束搜尋，最後符合的交錯字串為 Aa。

④ 將小寫開頭交錯字串，依照上述方法搜尋。例如以 aA 在 aAAaaaa 中搜尋可以找到，再以 aAa 搜尋結果找不到就結束搜尋，最後符合的交錯字串為 aA。

⑤ 大寫和小寫開頭交錯字串的最後字串長度，兩者的最大值就是答案。例如範例一大寫開頭交錯字串的最後字串為 Aa，小寫開頭則為 aA，兩者的長度都是 2，所以答案就是 2。

2. 為降低本題邏輯的判斷複雜度，所以先將字串的所有大寫字母都用 A 取代，所有小寫字母都用 a 取代。例如範例二的 DDaasAAbbCC 字串，會轉換成 AAaaaAAaaAA。程式寫法如下：

```
int pos;     // 搜尋字母傳回的位置
for(int i = 0; i < 26;i++){ //從 B、b 開始逐一指定字母
    while ((pos = str.find((char)(i + 66))) != -1){//直到傳回-1
        str.replace(pos, 1, "A");  //將指定的大寫字母以 A 取代
    }
    while ((pos = str.find((char)(i + 98))) != -1) {
        str.replace(pos, 1, "a");  //將指定的小寫字母以 a 取代
    }
}
```

上面程式碼使用字串的 find() 函式來尋找字母，找到指定字母時會傳回所在的位置，找不到時會傳回-1，就離開 while 迴圈。找到時用字串的 replace()函式，將指定位置的字母以 A 或 a 取代，然後繼續尋找。指定字母時利用字母的 ASCII 碼，例如 B 為 66 就用 (char)66，b 為 98 就用 (char)98，如此就可以用 for 迴圈指定所有字母。

3. 將產生交錯字串的程式，獨立成為 kStr 函式。傳入的引數為 n (幾組交錯字串)、k (每組字串的字數)、upper (true 時表大寫字母開頭；false 時表小寫字母開頭)。程式寫法如下：

```
string kStr(int n, int k, bool upper){
    string strUp = string(k,'A');    // A 字母重複 k 個
    string strLow = string(k,'a');   // a 字母重複 k 個
    string str="";  // 傳回的字串
    for(int i = 1; i <= n; i++){     //執行 n 次
        if(upper)   //若開頭為大寫字母
            if(i % 2)   //若餘數為 1
                str += strUp;   //加上大寫 A 字串
            else
                str += strLow;  //加上小寫 a 字串
        else
            if(i % 2)
                str += strLow;
            else
                str += strUp;
```

```
    }
    return str; //傳回 str
}
```

上面程式碼使用 string(k, 'A')，來產生 k 個 A 字母的字串。利用 for 迴圈 i 變數由 1 到 n，產生 n 組交錯字串。利用 i % 2 產生 1 或 0 餘數，再配合 upper 引數值決定大小寫交錯字串。

4. 利用 for 迴圈 i 變數由 1 到 str.length() / k (搜尋字串最大組數)，分別將大、小寫開頭交錯字串由長度短到長，逐一在 str 字串中搜尋。若找到就記錄交錯字串的長度並繼續搜尋；否則就結束。

```
int maxNum = str.length() / k;    //搜尋字串最大組數
string strFind; // 搜尋的交錯字串
int lenUp = 0, lenLow = 0;         //紀錄大、小寫開頭交錯字串的長度

for(int i = 1; i <= maxNum; i++){      //逐一指定字串組數
    strFind = kStr(i, k, true); //指定搜尋的交錯字串為大寫開頭
    if(str.find(strFind) == -1){       //若傳回值-1 就離開迴圈
        break;
    }
    else{
        lenUp = strFind.length();      //紀錄大寫開頭交錯字串的長度
    }
}
...
```

5. lenLow、lenUp 分別記錄交錯字串的長度，取兩者的最大值就是答案。

```
if(lenLow > lenUp){       //lenLow、lenUp 取最大值
    lenUp = lenLow;
}
```

程式碼 FileName：apcs_10610_02.cpp

```
01 #include <iostream>
02 #include <fstream>
03 using namespace std;
04
05 string kStr(int n, int k, bool upper){
06    string strUp = string(k,'A');     // A 字母重複 k 個
07    string strLow = string(k,'a');    // a 字母重複 k 個
08    string str = "";       // 傳回的字串
09    for(int i = 1; i <= n; i++){//執行 n 次
10        if(upper)          //若開頭為大寫字母
11            if(i % 2)   //若餘數為 1
12                str += strUp;   //加上大寫 A 字串
13            else
```

```
14                str += strLow;  //加上小寫 a 字串
15        else
16            if(i % 2)
17                str += strLow;
18            else
19                str += strUp;
20    }
21    return str; //傳回 str
22 }
23
24 int main()
25 {
26    int k;              // 交錯字串字數
27    ifstream fp;        // 需要引用 <fstream>
28    fp.open("data1.txt", ios::in);    //開啟 data1.txt 資料檔供讀取
29    fp >> k;            // 讀入交錯字串字數到 k 變數
30
31    string str;       // 搜尋的字串
32    fp >> str;        // 讀入搜尋的字串到 str 變數
33
34    int pos;      // 搜尋字母傳回位置
35    for(int i = 0; i < 26; i++){ //逐一指定字母
36        while ((pos = str.find((char)(i + 66))) != -1){     //直到傳回值為-1 才停
37            str.replace(pos, 1, "A");    //將指定的大寫字母以 A 取代
38        }
39
40        while ((pos = str.find((char)(i + 98))) != -1) {
41            str.replace(pos, 1, "a");    //將指定的小寫字母以 a 取代
42        }
43    }
44
45    int maxNum = str.length() / k;   // 搜尋字串最大組數
46    string strFind; // 搜尋的交錯字串
47    int lenUp = 0, lenLow = 0;        // 紀錄大、小寫開頭最終交錯字串的長度
48
49    for(int i = 1; i <= maxNum; i++){    //逐一指定字串組數
50        strFind = kStr(i, k, true);      // 指定搜尋的交錯字串為大寫開頭
51        if(str.find(strFind) == -1){       // 若傳回值-1 就離開迴圈
52            break;
53        }
54        else{
55            lenUp = strFind.length();     //紀錄大寫開頭交錯字串的最大長度
56        }
```

```
57      }
58
59      for(int i=1; i <= maxNum; i++){
60          strFind=kStr(i, k, false);          // 指定搜尋的交錯字串為小寫開頭
61          if(str.find(strFind) == -1){
62              break;
63          }
64          else{
65              lenLow = strFind.length();      // 紀錄小寫開頭交錯字串的最大長度
66          }
67      }
68
69      if(lenLow > lenUp){         // lenLow、lenUp 取最大值
70          lenUp = lenLow;
71      }
72      printf("%d\n", lenUp);      // 顯示 lenUp 值
73      return 0;
74  }
```

執行結果

範例一：讀入 data1.txt 資料檔的執行結果。

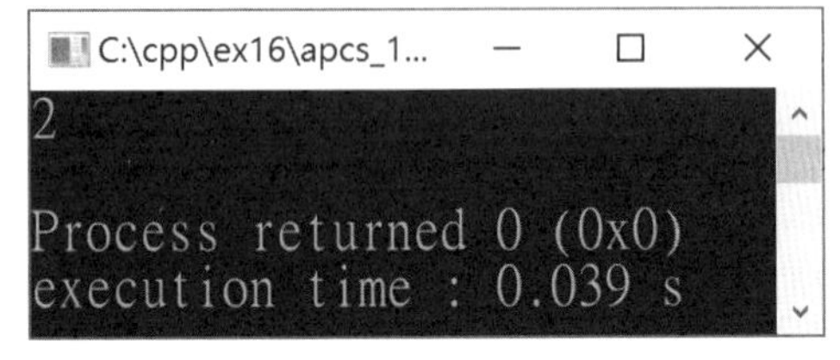

範例二：讀入 data2.txt 資料檔的執行結果。

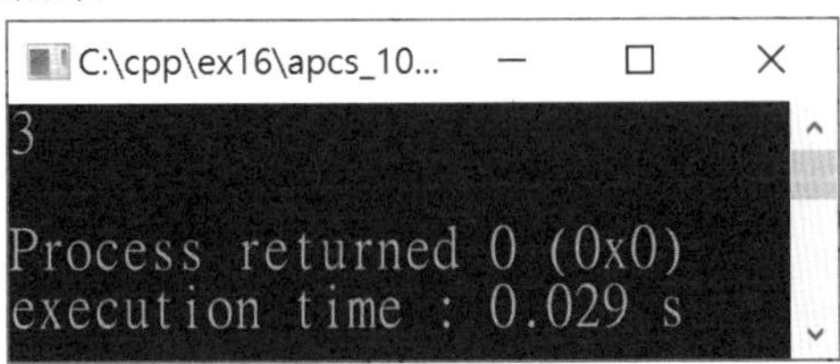

範例三：讀入 data3.txt 資料檔的執行結果。

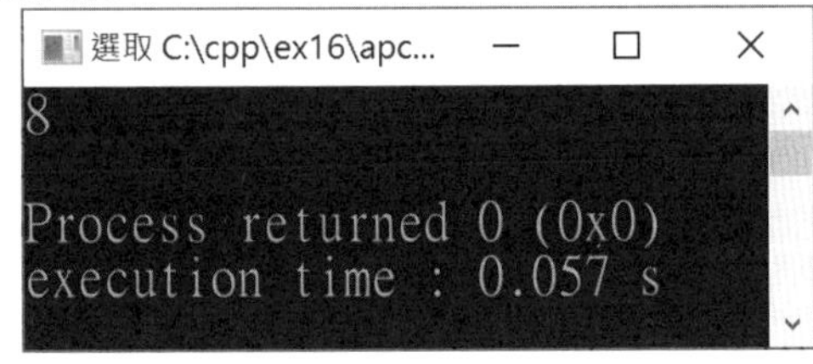

範例四：讀入 data4.txt 資料檔的執行結果。

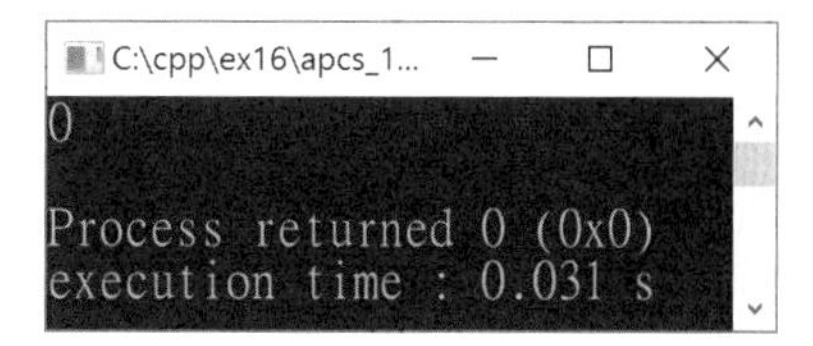

16.3 樹狀圖分析

問題描述

本題是關於有根樹 (rooted tree)。在一棵 n 個節點的有根樹中，每個節點都是以 1~n 的不同數字來編號，描述一棵有根樹必須定義節點與節點之間的親子關係。一棵有根樹恰有一個節點沒有父節點 (parent)，此節點被稱為根節點(root)，除了根節點以外的每一個節點都恰有一個父節點，而每個節點被稱為是它父節點的子節點 (child)，有些節點沒有子節點，這些節點稱為葉節點(leaf)。在當有根樹只有一個節點時，這個節點既是根節點同時也是葉節點。

在圖形表示上，我們將父節點畫在子節點之上，中間畫一條邊 (edge) 連結。例如，圖一中表示的是一棵 9 個節點的有根樹，其中，節點 1 為節點 6 的父節點，而節點 6 為節點 1 的子節點；又 5、3 與 8 都是 2 的子節點。節點 4 沒有父節點，所以節點 4 是根節點；而 6、9、3 與 8 都是葉節點。

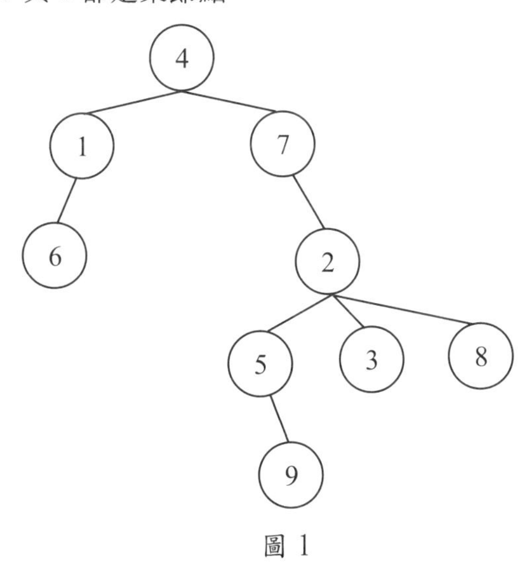

圖 1

樹狀圖中的兩個節點 u 和 v 之間的距離 d(u,v) 定義為兩節點之間邊的數量。如圖一中，d(7,5)=2，而 d(1,2)=3。對於樹狀圖中的節點 V，我們以 h(v)代表節點 V 的高度，其定義是節點 v 和節點 v 下面最遠的葉節點之間的距離，而葉節點的高度定義為 0。如圖一中，節點 6 的高度為 0，節點 2 的高度為 2，而節點 4 的高度為 4。此外，我們定義 H(T)為 T 中所有節點的高度總和，也就是說 $H(T)=\sum_{v\in T}h(v)$。給定一個樹狀圖 T，請找出 T 的根節點以及高度總和 H(T)。

輸入格式

第一行有一個正整數 n 代表樹狀圖的節點個數，節點的編號為 1 到 n。接下來有 n 行，第 i 行的第一個數字 k 代表節點 i 有 k 個子節點，第 i 行接下來的 k 個數字就是這些子節點的編號。每一行的相鄰數字間以空白隔開。

輸出格式

輸出兩行各含一個整數，第一行是根節點的編號，第二行是 H(T)。

範例一(第 1、3 子題)：輸入	範例二(第 2、4 子題)：輸入
7 0 2 6 7 2 1 4 0 2 3 2 0 0 **範例一：正確輸出** 5 4	9 1 6 3 5 3 8 0 2 1 7 1 9 0 1 2 0 0 **範例二：正確輸出** 4 11

評分說明

輸入包含若干筆測試資料，每一筆測試資料的執行時間限制 (time limit) 均為 1 秒，依正確通過測資筆數給分。測資範圍如下，其中 k 是每個節點的子節點數量上限：

第 1 子題組 10 分，1 ≤n ≤ 4, k ≤ 3, 除了根節點之外都是葉節點。

第 2 子題組 30 分，1 ≤n ≤ 1,000, k ≤ 3。

第 3 子題組 30 分，1 ≤n ≤ 100,000, k ≤ 3。

第 4 子題組 30 分，1 ≤n ≤ 100,000, k 無限制。

提示：輸入的資料是給每個節點的子節點有哪些或沒有子節點，因此，可以根據定義找出根節點。關於節點高度的計算，我們根據定義可以找出以下遞迴關係式：(1)葉節點的高度為 0；(2)如果 v 不是葉節點，則 v 的高度是它所有子節點的最大高度加一。也就是說，假設 v 的子節點有 a,b 與 c，則 h(v)=max { h(a), h(b), h(c)}+1。以遞迴方式可以計算出所有節點的高度。

解題分析

1. 要解本題首先要先認識資料檔代表樹狀圖結構，如下以範例一即 data1.txt 資料檔進行說明，第 1 行代表節點數量，第 2 行表節點 1 的資訊，第 3 行表節點 2 的資訊，其餘類推。節點資訊的第 1 個數值表示其子節點數量，其餘數值為各子節點編號。資料檔每行對應說明如下：

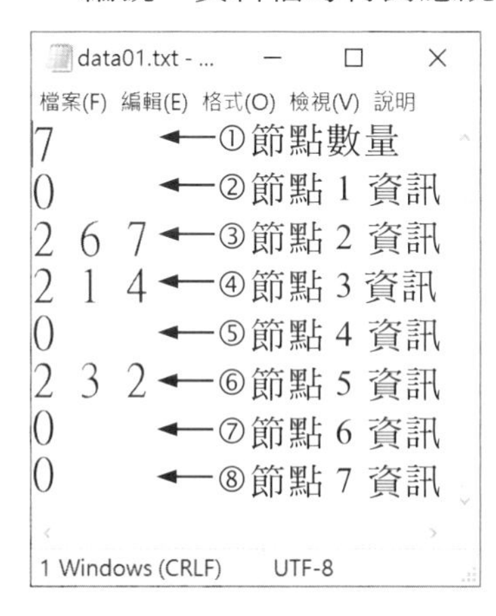

①第 1 行表示樹共有 7 個節點。
②第 2 行表示節點 1 有 0 個子節點。
③第 3 行表示節點 2 有 2 個子節點，其子節點為 6 和 7
④第 4 行表示節點 3 有 2 個子節點，其子節點為 1 和 4。
⑤第 5 行表示節點 4 有 0 個子節點。
⑥第 6 行表示節點 5 有 2 個子節點，其子節點為 3 和 2。
⑦第 7 行表示節點 6 有 0 個子節點。
⑧第 8 行表示節點 7 有 0 個子節點。

上述資料檔所對應樹狀圖結構如下：

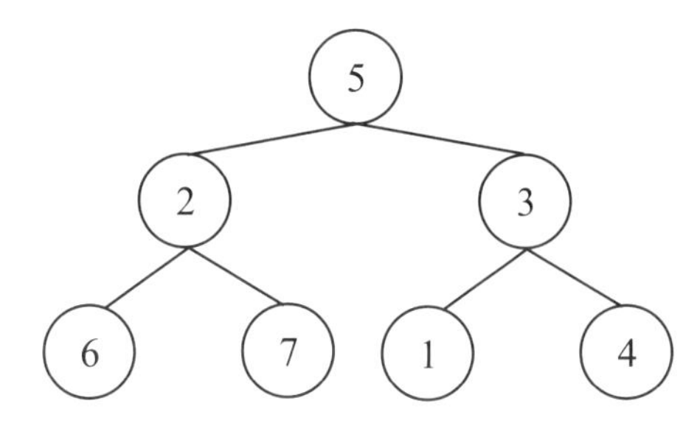

2. 本例宣告如下變數與陣列用來存放各個節點的資訊。

```
int n;          //記錄節點數量
int child_node_count[LENGTH]={0};  //記錄各個節點的子節點數量
int parent_node[LENGTH]={0};       //記錄各個節點的父節點
int node_height[LENGTH]={0};       //記錄各個節點的高度
```

3. 將資料檔第 1 行讀入取得節點的數量，接著再使用巢狀 for 迴圈讀取資料檔，進行建置樹狀圖資料結構，即建立每個節點有多少子節點，以及每個節點的父節點資訊。寫法如下：

```
ifstream in;            //宣告 ifstream 檔案讀入物件 in
in.open(TESTDATA, ios::in);  //開啟指定資料檔
in >> n;                //讀入檔案第 1 行為節點數量

for(int i=1; i<=n; i++){
    //讀取每個子節點數量，即 1~n 的子節點數量
```

```
    in >> child_node_count[i];
    for(int k=1; k<=child_node_count[i];k++){
        int data;
        in >> data;              //讀入每個子節點
        parent_node[data]=i;     //記錄子節點的父節點
    }
}
```

上述程式執行後 child_node_count 陣列會記錄該節點的子節點數量，parent_node 會記錄該節點的父節點。例如：節點 3 的 child_node_count[3]=2，表示節點 3 有兩個子節點，其父節點為 5，其他以此類推。

節點	child_node_count(子節點數量)	parent_node(父節點)
1	child_node_count[1]=0	parent_node[1]=3
2	child_node_count[2]=2	parent_node[2]=5
3	child_node_count[3]=2	parent_node[3]=5
4	child_node_count[4]=0	parent_node[4]=3
5	child_node_count[5]=2	parent_node[5]=0
6	child_node_count[6]=0	parent_node[6]=2
7	child_node_count[7]=0	parent_node[7]=2

4. 當知道每個節點的父節點，即可使用巢狀迴圈依序計算每個節點的高度，接著將每個節點的高度存放至 node_height 陣列中。寫法如下：

```
for(int i=1; i<=n; i++){
    int height = 0;              //記錄目前節點的高度
    int node=parent_node[i];     //移到 i 節點的父節點
    while(node!=0){     //若不為 0 表示有子節點，即計算該節點高度
        height++;       //該節點高度加 1
        if(height>node_height[node]){
            node_height[node]=height;
        }
        node=parent_node[node];
    }
}
```

上述程式執行後，node_height 陣列會記錄該節點高度。例如：節點 3 的 node_height [3]=1，表示節點 3 的高度為 1，其他以此類推。

節點	child_node_count (子節點數量)	parent_node (父節點)	node_height (節點高度)
1	child_node_count[1]=0	parent_node[1]=3	node_height[1]=0

2	child_node_count[2]=2	parent_node[2]=5	node_height[2]=1
3	child_node_count[3]=2	parent_node[3]=5	node_height[3]=1
4	child_node_count[4]=0	parent_node[4]=3	node_height[4]=0
5	child_node_count[5]=2	parent_node[5]=0	node_height[5]=2
6	child_node_count[6]=0	parent_node[6]=2	node_height[6]=0
7	child_node_count[7]=0	parent_node[7]=2	node_height[7]=0

5. 最後使用循序搜尋法找出 node_height 陣列中最大高度的節點，再以 for 迴圈計算 node_height 所有陣列元素總和即得到所有節點高度總和。

程式碼 FileName：apcs_10610_03.cpp

```
01 #include <iostream>
02 #include <fstream>
03
04 using namespace std;
05
06 #define TESTDATA "data1.txt"       //可自行替換 data1.txt 或 data2.txt
07 #define LENGTH 100000
08
09 int main()
10 {
11     int n;        //記錄節點數量
12     int child_node_count[LENGTH]={0};     //記錄各個節點的子節點數量
13     int parent_node[LENGTH]={0};          //記錄各個節點的父節點
14     int node_height[LENGTH]={0};          //記錄各個節點的高度
15
16     ifstream in;           //宣告 ifstream 檔案讀入物件 in
17     in.open(TESTDATA, ios::in);  //開啟指定資料檔
18     in >> n;               //讀入檔案第 1 行為節點數量
19
20     //使用巢狀 for 讀取資料檔進行建置樹狀圖資料結構
21     //即建立每個節點有多少子節點，以及每個節點的父節點資訊
22     for(int i=1; i<=n; i++){
23         //讀取每個子節點數量，即 1~n 的子節點數量
24         in >> child_node_count[i];
25         for(int k=1; k<=child_node_count[i];k++){
26             int data;
27             in >> data;              //讀入每個子節點
28             parent_node[data]=i;     //記錄子節點的父節點
29         }
30     }
```

```
31    //測試程式，印出所有節點的子節點數量和父節點
32    /*
33    for(int i=1; i<=n; i++){
34        cout << "節點 " <<  i << "，子節點數量 " <<  child_node_count[i]
              << "，父節點 " << parent_node[i] << endl;
35    }
36    */
37
38    //計算各個節點的高度
39    for(int i=1; i<=n; i++){
40        int height = 0;           //記錄目前節點的高度
41        int node=parent_node[i];//移到 i 節點的父節點
42        //若不為 0 表示有子節點，即計算該節點高度
43        while(node!=0){
44            height++;
45            if(height>node_height[node]){
46                node_height[node]=height;
47            }
48            node=parent_node[node];
49        }
50    }
51
52    //測試程式，印出所有節點的子節點數量和父節點，以及所有子節點的高度
53    /*
54    for(int i=1; i<=n; i++){
55        cout << "節點 " <<  i << "，子節點數量 " <<  child_node_count[i]
              << "，父節點 " << parent_node[i]
              << "，高度 " << node_height[i] << endl;
56    }
57    */
58
59    //循序搜尋法找出根節點，即父節點為 0 的節點
60    for(int i=1; i<=n; i++){
61        if(parent_node[i]==0){
62            cout << i << endl;  //印出根節點
63        }
64    }
65    //加總所有節點的高度
66    long sum_of_tree_height=0;
67    for(int i=1; i<=n; i++){
68        sum_of_tree_height+=node_height[i];
69    }
70    cout << sum_of_tree_height ;
71    return 0;
72 }
```

說明

1. 第 33~35 行：為測試程式，用來顯示 child_node_count 和 parent_node 所有陣列元素內容。若有需要可取消註解觀看 child_node_count 和 parent_node 所有陣列元素內容。

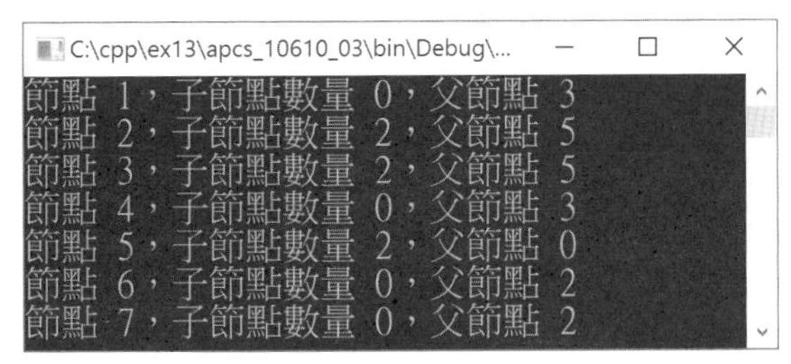

2. 第 54~56 行：為測試程式，用來顯示 child_node_count、parent_node 和 node_height 所有陣列元素內容。若有需要可取消註解觀看 child_node_count、parent_node 和 node_height 所有陣列元素內容。

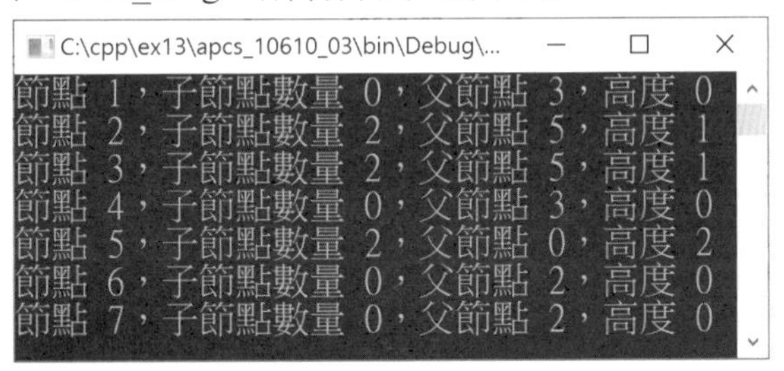

執行結果

範例一：讀入 data1.txt 資料檔的執行結果。

範例二：讀入 data2.txt 資料檔的執行結果。

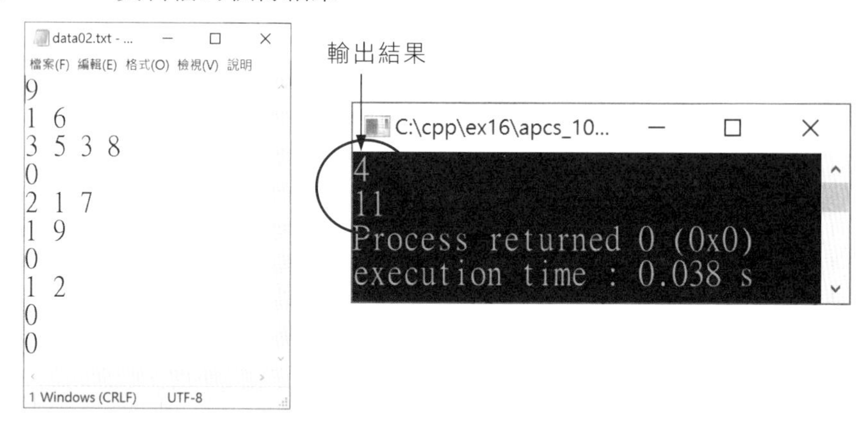

16.4 物品堆疊

問題描述

某個自動化系統中有一個存取物品的子系統，該系統是將 N 個物品堆在一個垂直的貨架上，每個物品各佔一層。系統運作的方式如下：每次只會取用一個物品，取用時必須先將在其上方的物品貨架升高，取用後必須將該物品放回，然後將剛才升起的貨架降回原始位置，之後才會進行下一個物品的取用。

每一次升高某些物品所需要消耗的能量是以這些物品的總重來計算，在此我們忽略貨架的重量以及其他可能的消耗。現在有 N 個物品，第 1 個物品的重量是 w(i) 而需要取用的次數為 f(i)，我們需要決定如何擺放這些物品的順序來讓消耗的能量越小越好。舉例來說，有兩個物品 w(1)=1、w(2)=2、f(1)=3、f(2)=4，也就是說物品 1 的重量是 1 需取用 3 次，物品 2 的重量是 2 需取用 4 次。我們有兩個可能的擺放順序(由上而下)：

- (1, 2)，也就是物品 1 放在上方，2 在下方。那麼，取用 1 的時候不需要能量，而每次取用 2 的能量消耗是 w(1)=1，因為 2 需取用 f(2)=4 次，所以消耗能量數為 w(1)*f(2)=4。
- (2, 1)，也就是物品 2 放在 1 的上方。那麼，取用 2 的時候不需要能量，而每次取用 1 的能量消耗是 w(2)=2，因為 1 需取用 f(1)=3 次，所以消耗能量數=w(2)*f(1)=6。

在所有可能的兩種擺放順序中，最少的能量是 4，所以答案是 4。再舉一例，若有三物品而 w(1)=3、w(2)=4、w(3)=5、f(1)=1、f(2)=2、f(3)=3。假設由上而下以 (3,2,1) 的順序，此時能量計算方式如下：取用物品 3 不需要能量，取用物品 2 消耗 w(3)*f(2)=10，取用物品 1 消耗 (w(3)+w(2))*f(1)=9，總計能量為 19。如果以(1,2,3)的順序，則消耗能量為 3*2+(3+4)*3=27。事實上，我們一共有 3 != 6 種可能的擺放順序，其中順序 (3,2,1) 可以得到最小消耗能量 19。

輸入格式

輸入的第一行是物品件數 N，第二行有 N 個正整數，依序是各物品的重量 w(1)、w(2)、...、w(N)，重量皆不超過 1000 且以一個空白間隔。第三行有 N 個正整數，依序是各物品的取用次數 f(1)、f(2)、...、f(N)，次數皆為 1000 以內的正整數，以一個空白間隔。

輸出格式

輸出最小能量消耗值，以換行結尾。所求答案不會超過 63 個位元所能表示的正整數。

範例一(第 1、3 子題)：輸入	範例二(第 2、4 子題)：輸入
2 20 10 1 1	3 3 4 5 1 2 3
範例一：正確輸出	**範例二：正確輸出**
10	19

評分說明

輸入包含若干筆測試資料,每一筆測試資料的執行時間限制 (time limit) 均為 1 秒，依正確通過測資筆數給分。其中：

第 1 子題組 10 分，N=2，且取用次數 f(1)=f(2)=1。

第 2 子題組 20 分，N=3。

第 3 子題組 45 分，N≤1,000，且每一個物品 i 的取用次數 f(i)=1。

第 4 子題組 25 分，N≤100,000。

解題分析

1. 本題在程式檔相同路徑下建立 data1.txt 和 data2.txt 資料檔當做輸入的資料，資料檔的第 1 列表示物品數量，第 2 列表示每一個物品重量，第 3 列表示每一物品取用次數。舉例左下圖說明 data1.txt 有兩筆物品，第一筆物品重量為 20 且取用次數為 1、第二筆物品重量為 10 且取用次數為 1；右下圖說明 data2.txt 有三筆物品，第二筆物品重量為 4 且取用次數為 2，第三筆物品重量為 5 且取用次數為 3。

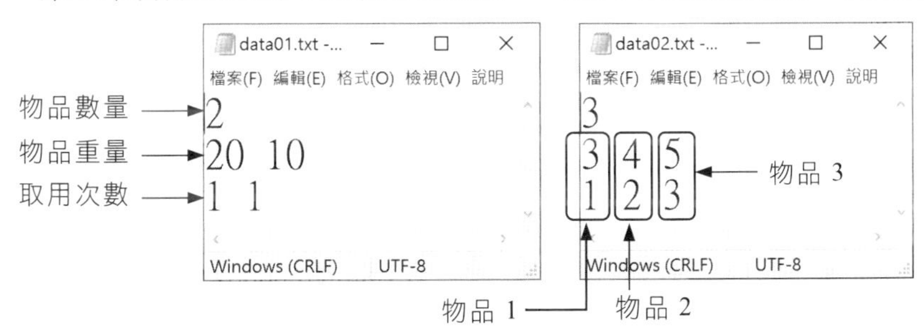

2. 本例物品所需要消耗的能量，是以這些物品的重量和取用次數來進行計算，因此可將物品視為一個資料型別。故可先定義 goods 結構擁有 weight 重量和 use_count 物品取用次數欄位，此時再使用 typedef 定義 goods 結構的別名為 Goods，接著即可使用 Goods 來宣告物品型別的結構變數。寫法如下：

```
struct goods{
    int weight;      //物品重量
    int use_count;   //物品取用次數
};
typedef struct goods Goods;
```

3. 使用 Goods 建立 aryGoods 物品結構陣列。建立 ifstream 讀入物件，將 data1.txt 或 data2.txt 資料檔的內容，讀入到 aryGoods 物品結構陣列的每一元素 weight 重量欄位與 use_count 取用次數欄位中。

4. 由上而下排列物件 3、物件 2、物件 1，(3,2,1) 的順序的總計消耗能量為 19。如下以圖示說明能量計算方式：

Step 1 取用物品 3 不需要能量，因貨架最上層物品可直接取用。

物品 3：重量：5、取用次數：3
物品 2：重量：4、取用次數：2
物品 1：重量：3、取用次數：1

Step2 取用物品 2 消耗 w(3)*f(2)=10。

即物品 3 重量 5 乘於物品 2 取用次數 2，結果消耗能量為 10，即 5*2=10。(取用物品 2 時，因為貨架上升要承受物品 3 的重量 5，且物品 2 要取用 2 次。)

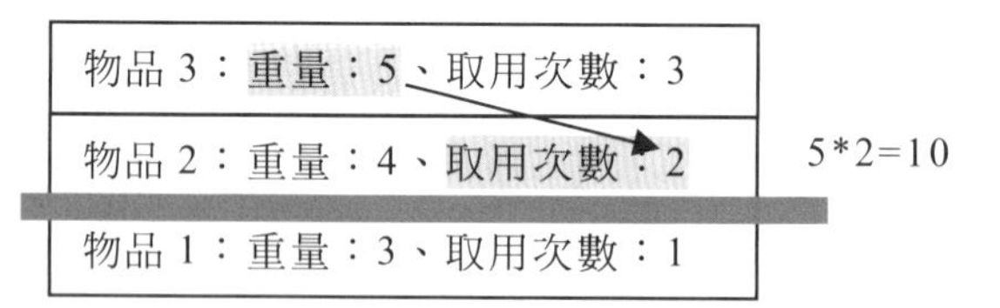

Step3 取用物品 1 消耗 (w(3)+w(2))*f(1)=9。

即物品 3 重量 5 加物品 2 重量 4 後再乘於物品 1 取用次數 1，即 (5+4)*1=9。(取用物品 1 時，因為貨架上升要承受物品 3 和物品 2 的重量，且物品 1 要取用 1 次。)

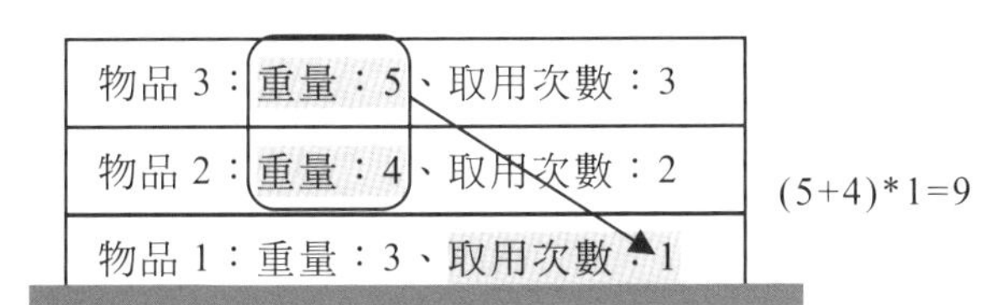

Step4 將取用物件 2 消耗能量 10 (即 5*2=10)，與取用物件 1 消耗能量 9 (即 (5+4)*1=9)，10 和 9 兩者相加，即得到由上而下疊放物件 3、物件 2、物件 1 (即 (3,2,1)) 順序的總計消耗能量為 19。

5. 為了讓總計消耗能量達到最小，因此本例使用氣泡排序法將物品重量愈小且取用次數愈小的物件放到下層。寫法如下：

```
Goods temp;
for(int i=0; i<count-1; i++){
    for(int k=0; k<count-i-1; k++){
       if(aryGoods[k].weight * aryGoods[k+1].use_count >
            aryGoods[k+1].weight * aryGoods[k].use_count){
            temp = aryGoods[k];
            aryGoods[k] = aryGoods[k+1];
            aryGoods[k+1] = temp;
       }
    }
}
```

6. 使用迴圈逐一將目前物品重量與上層物品重量加總後，再乘上目前物品取用次數並進行累加，即可得到最小消耗能量總和。寫法如下：

```
int total_weight = 0;          //目前物品重量與上層物品重量的總和
int min_total_energy = 0;      //最小消耗能量總和
//計算最小消耗能量總和
for(int i=0; i<count-1; i++){
    //累加目前物品重量加上層物品重量
    total_weight+=aryGoods[i].weight;
    //累加每層物品消耗能量
    min_total_energy +=
       total_weight * aryGoods[i+1].use_count;
}
```

程式碼 FileName : apcs_10610_04.cpp

```
01 #include <iostream>
02 #include <fstream>    //含入此標頭檔才能使用 ifstream 檔案讀入類別
03 using namespace std;
04 //宣告 TESTDATA 常數存放測試資料檔
05 //可自行替換 data1.txt 或 data2.txt
06 #define TESTDATA "data1.txt"
07 //定義物品結構 goods
08 struct goods{
```

```
09     int weight;      //物品重量
10     int use_count;   //物品取用次數
11 };
12 //定義 goods 物件結構名稱為 Goods
13 typedef struct goods Goods;
14
15 int main()
16 {
17     int count;              //存放物品筆數
18     ifstream in;            //宣告 ifstream 讀入物件 in
19     in.open(TESTDATA, ios::in);  //開啟資料檔
20     in >> count;            //讀入檔案的第 1 行，並放存放物件筆數 count 變數
21
22     //宣告 Goods 陣列結構 aryGoods，陣列元素為 aryGood[0]~aryGoods[count-1]
23     Goods aryGoods[count];
24     //讀入檔案的第 2 行，並將第 2 行每個資料放入 weight 物品重量欄位
25     for(int i; i<count; i++){
26         in >> aryGoods[i].weight;
27     }
28     //讀入檔案的第 3 行，並將第 3 行每個資料放入 use_count 物品取用次數欄位
29     for(int i; i<count; i++){
30         in >> aryGoods[i].use_count;
31     }
32     in.close(); //關閉檔案
33
34     //使用氣泡排序法，將物品重量愈小且取用次數愈小的物件放到下層
35     Goods temp;
36     for(int i=0; i<count-1; i++){
37         for(int k=0; k<count-i-1; k++){
38             if(aryGoods[k].weight * aryGoods[k+1].use_count >
                   aryGoods[k+1].weight * aryGoods[k].use_count){
39                 temp = aryGoods[k];
40                 aryGoods[k] = aryGoods[k+1];
41                 aryGoods[k+1] = temp;
42             }
43         }
44     }
45
46     int total_weight = 0;         //目前物品重量與上層物品重量的總和
47     int min_total_energy = 0;     //最小消耗能量總和
48     //計算最小消耗能量總和
49     for(int i=0; i<count-1; i++){
50         //累加上層物件的重量
51         total_weight+=aryGoods[i].weight;
```

```
52         //累加每層消耗能量總和
53         min_total_energy +=  total_weight * aryGoods[i+1].use_count;
54     }
55     cout << min_total_energy << endl;
56     return 0;
57 }
```

執行結果

範例一：讀入 data1.txt 資料檔的執行結果。

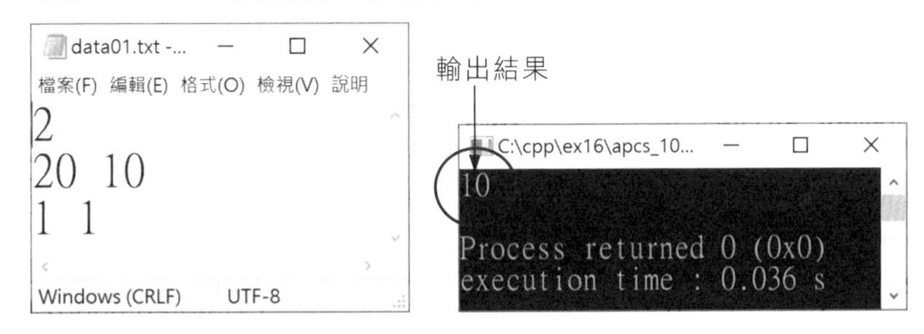

範例二：讀入 data2.txt 資料檔的執行結果。

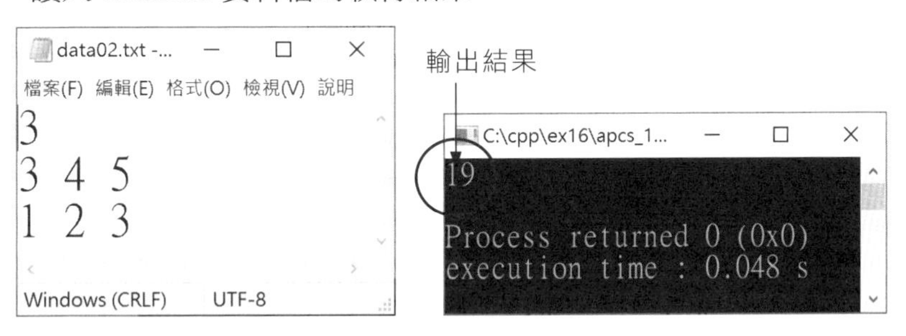

C++基礎必修課(涵蓋「APCS 大學程式設計先修檢測」試題詳解)

作　　者：蔡文龍 / 何嘉益 / 張志成 / 張力元
企劃編輯：江佳慧
文字編輯：詹祐甯
設計裝幀：張寶莉
發 行 人：廖文良

發 行 所：碁峰資訊股份有限公司
地　　址：台北市南港區三重路 66 號 7 樓之 6
電　　話：(02)2788-2408
傳　　真：(02)8192-4433
網　　站：www.gotop.com.tw
書　　號：AEL026900
版　　次：2023 年 05 月初版
建議售價：NT$480

商標聲明：本書所引用之國內外公司各商標、商品名稱、網站畫面，其權利分屬合法註冊公司所有，絕無侵權之意，特此聲明。

版權聲明：本著作物內容僅授權合法持有本書之讀者學習所用，非經本書作者或碁峰資訊股份有限公司正式授權，不得以任何形式複製、抄襲、轉載或透過網路散佈其內容。
版權所有 ● 翻印必究

國家圖書館出版品預行編目資料

C++基礎必修課(涵蓋「APCS 大學程式設計先修檢測」試題詳解) / 蔡文龍, 何嘉益, 張志成, 張力元著. -- 初版. -- 臺北市：碁峰資訊, 2023.05
面；　公分
ISBN 978-626-324-493-1(平裝)
1.CST：C++(電腦程式語言)
312.32C　　112005561

讀者服務

- 感謝您購買碁峰圖書，如果您對本書的內容或表達上有不清楚的地方或其他建議，請至碁峰網站：「聯絡我們」\「圖書問題」留下您所購買之書籍及問題。(請註明購買書籍之書號及書名，以及問題頁數，以便能儘快為您處理)
http://www.gotop.com.tw
- 售後服務僅限書籍本身內容，若是軟、硬體問題，請您直接與軟、硬體廠商聯絡。
- 若於購買書籍後發現有破損、缺頁、裝訂錯誤之問題，請直接將書寄回更換，並註明您的姓名、連絡電話及地址，將有專人與您連絡補寄商品。